数据管理能力成熟度评估模型（DCMM）实施详解

高素梅　赵国祥　李尧　编著

中国质量标准出版传媒有限公司
中　国　标　准　出　版　社

北　京

图书在版编目（CIP）数据

数据管理能力成熟度评估模型（DCMM）实施详解 / 高素梅，赵国祥，李尧编著 .—北京：中国质量标准出版传媒有限公司，2023.4

ISBN 978-7-5026-5149-7

Ⅰ.①数… Ⅱ.①高… ②赵… ③李… Ⅲ.①数据管理—评价模型 Ⅳ.① TP274

中国国家版本馆 CIP 数据核字（2023）第 030607 号

中国质量标准出版传媒有限公司
中 国 标 准 出 版 社 出版发行

北京市朝阳区和平里西街甲 2 号（100029）

北京市西城区三里河北街 16 号（100045）

网址：www.spc.net.cn

总编室：（010）68533533 发行中心：（010）51780238

读者服务部：（010）68523946

中国标准出版社秦皇岛印刷厂印刷

各地新华书店经销

*

开本 787 × 1092 1/16 印张 22 字数 428 千字

2023 年 4 月第一版 2023 年 4 月第一次印刷

*

定价：99.00 元

编著委员会名单

序一

信息技术与经济社会的交汇融合引发了数据爆发式增长。数据蕴含着重要的价值，已成为国家基础性战略资源。数据正日益对全球生产、流通、分配、消费活动以及经济运行机制、社会生活方式和国家治理能力产生重要影响。

目前我国大部分企业陆续建设了包括组织、运营、生产、决策等方面的信息化系统，这些信息化系统建设先后经历了搭建、运行、扩展升级、优化过程，取得了很大进步。但由于这些系统服务于企业内部不同部门，早期建设更多是以项目为中心，独立建设运行，缺乏企业范围的整体规划，容易形成业务竖井、信息孤岛。系统中的数据只能在系统内部有效，无法与其他系统数据进行关联分析、流动和共享。在GB/T 36073—2018《数据管理能力成熟度评估模型》（英文缩写为DCMM）的实施过程中，我们发现国内大量企业内部业务系统各自为政，出现数据标准不统一、数据质量参差不齐、数据冗余、数据共享集成成本高、数据决策分析结果可靠性差等问题，无法实现互联互通，导致数据资产无法有效管理，不能得到充分利用。数据价值的挖掘还有很长的路要走。上述问题究其原因，是由于企业缺乏涵盖所有信息系统的全面、清晰的数据管理的体系规划，缺乏高层认可的数据管理组织（统一建立数据管理标准及办法、监督管理措施落实情况、进行数据管理考核等），缺乏对数据管理的认识，数据管理业务开展缺乏IT工具支持（手工支持居多）。显而易见，现有的数据管理方式已经是信息化和业务深度融合过程中的瓶颈之一，迫切需要我国企业转变传统发展方式，加快补齐数据管理短板弱项，提高企业数据管理水平，协同推进技术、模式、业态和制度创新，切实用好数据要素，积极建设我国数字经济。

作为我国在数据管理领域首个正式发布的国家标准，DCMM正是借鉴国际上数据管理理论框架和方法，综合考虑我国数据管理发展的情况，整合标准规范、管理方法、数据管理模型、成熟度分级、数据生命周期管理等多方面内容，对数据管理能力进行分析、总结，内容涵盖数据战略、数据治理、数据架构、数据应用、数据安全、数据质量、数据标准、数据生存周期等8个能力域，旨在帮助组织机构利用先进的数据管理理念和方法，建立和评价自身数据管理能力，持续完善数据管理组织、程序和制度，充分发挥数据在促进组织/机构向信息化、数字化、智能化发展方面的价值。

为了DCMM能被国内更多企业理解和实施，强化企业和人员数字化思维和技能，提高自身数据管理能力水平，亟须对DCMM和评估流程进行详细解读。

在数据管理亟需人才的关键时刻，及时出版本书具有重要意义，希望本书可以为关注DCMM的组织和人员提供参考，帮助我国广大企业人员提高数据管理认识和水平，为推动我国企业数字化转型发展做出积极贡献。

2022年12月

序二

数据作为生产要素之一，是数字经济时代的基础性、战略性资源。传统工业化大生产是由标准化、规模化所主导的，正在受到定制化、个性化等需求的挑战，企业现有部署的各类业务信息系统，实现了业务中流程和数据的信息化处理，但却无法满足垂直规模化走向横向个性化、内生驱动走向外生牵引、制造生产走向智造服务、封闭制造走向协同共享制造、数据沉睡走向数据价值这一新生产方式的需求。因此，企业数字化转型的核心是业务驱动走向数据驱动，实现全连接、智能化、要素化，这就需要利用数字技术对具体业务、场景加以改造，需要数据字典、元数据、主题域、业务模型、知识库、商业智能（BI）、中台等承载数字化转型。

上述变化意味着数据与物质生产并行的时代已经来临：一方面，数字化加速了数据的海量积累，使得数据规模剧增；另一方面，数字化减少了价值密度，使得价值发现的难度提升。数据对时空的无限压缩，使其成为物质、能量、时间等传统经济的替代物，数据对比物质而言，具有可复制性强、迭代速度快、复用价值高、可无限供给等特点，这使得数据驱动、软件定义、平台赋能日益深入物质生产要素配置领域。

面对复杂、动荡、模糊、不确定的外部环境，需要跨机构、跨部门、跨层级、跨业务的数据流动来应对外部的挑战。而达到这一目标，在企业侧，必然需要在场景数据融合、数据链路、数据仓、主数据等方面深入开展建设。在产业侧，数据是实现数字化、网络化、智能化的基础，没有数据的采集、流通、汇聚、计算、分析，各类工业互联网的新模式就是无源之水，数字化转型也就成为无本之木。数据的价值在于分析利用，其途径必须依赖行业知识和工业机理，制造业千行百业、千差万别，每个模型、算法背后都需要长期积累和专业队伍，只有深耕细作才能发挥数据价值。企业数据来源于研、产、供、销、服等各环节，人、机、物、料、法、环等各要素，数据分布于OA、ERP、MES、SCADA、PLC、SCM、APS、PDM、CRM[①]等各系统中，需要将各业务系统中的数据在业务流程中融合应用。在产业链层面，需要供应链下游向供应链上游推进生产过程管理标准，上下游数字化平台、业务系统协同对接推进数据流动已经成为产业数字化必然。在政府侧，需要从数据要素市场建设的视角，推进数据可信流通，按照数据资源化、数据资产化、数据资本化不同发展阶段的目标与需求，从法律制度、市场机制、标准规范、国际规则等方面开展相关建设。

当前，数字经济已经上升为国家战略。数据的再生产，将以一体化大工程模式开启社会资源整合，以开放平台模式实现场景化创新。数据日益成为企业关键要素，当下，企业数据分散存储在很多个数据库中，在几百上千上万张物理表中，用户很难找到所需要的数据，即便找到数据，也需要IT人员大量的转换和人工校验。因此，在各行各业中开展数据管理能力成熟度的贯标评估，既是千行百业数字化转型的内生动力，也是数据价值、数据治理的应有之义。

2018年，GB/T 36073—2018《数据管理能力成熟度评估模型》（DCMM）发布，标准涉及数据战略、数据治理、数据架构、数据应用、数据安全、数据质量、数据标准、数据生存周期等8个能力域，共计28个能力项、445个能力指标项。2022年4月，工业和信息化部正式发布《企业数据管理国家标准贯标工作方案》，在全国推进DCMM的贯标。正值全国各地企业都在积极推进DCMM贯标评估之际，编制出版DCMM实施详解对推广DCMM是非常有意义的，希望本书有益于提高社会对数据价值的认知，有利于千行百业从数据视角思考、实践、评估企业的数字化转型，有助于培育我国数据人才。

蒋昌俊

2022.12.12

① OA：办公自动化；ERP：企业资源计划；MES：制造执行系统；SCADA：数据采集与监视控制系统；PLC：可编程逻辑控制器；SCM：软件配置管理；APS：高级计划与排程；PDM：产品数据管理；CRM：客户关系管理。

前言

“十四五”数字经济发展规划提出，数字经济是继农业经济、工业经济之后的主要经济形态，是以数据资源为关键要素，以现代信息网络为主要载体，以信息通信技术融合应用、全要素数字化转型为重要推动力，促进公平与效率更加统一的新经济形态。

在数字经济时代，利用数字技术将繁杂的数据转化为数据资产，参与到生产、经营、管理和市场活动中，让数据初步具备了经济价值属性。以数据资产流动为牵引，重塑企业的业务、流程和组织形态，进一步明确了数据的要素特征。围绕数据要素，企业、政府、服务机构、金融机构等参与到要素的交易、流通过程，将有效地创新数字经济时代的技术、模式、业态和制度，奠定数据要素的核心引擎地位。在这个过程中，企业作为创新主体参与了数字经济的全部活动，因此，在企业中构建良好的数据管理能力和数据管理文化显得尤为重要。

在工业和信息化部指导下，国内首个数据管理领域的国家标准《数据管理能力成熟度评估模型》（GB/T 36073—2018）于2018年发布。经过四年多的实践，华为、国家电网、南方电网、中国人寿、广汽集团、宝武集团、数字广东、云上贵州、科大讯飞、中国联通、中国移动、广东农信等行业龙头和知名企业陆续完成贯标评估，以这些企业为代表的国内骨干和龙头企业数据管理能力初步形成体系化、制度化和规模化特征，为数字经济高质量发展做出了标杆引领作用。

数据管理的发展也存在着不平衡。一是行业发展的不平衡。金融、能源和通信行业发展水平较高，数据从业人员较为集中，数字技术和工具应用也较为成熟。而以制造业为代表的传统企业发展水平较低，企业积极渴望拥抱数字经济，但囿于技术、时间和成本门槛，无法有效开展数字化转型。二是数据从业人员能力发展的不平衡。重技术轻业务轻管理的现象比较突出，能够具备体系化思维开展数据管理的数据从业人员还比较少，管理层、决策层领导重视数据但不知道如何实施数据管理战略的情况也比较普遍。

本书围绕前述问题，通过梳理数据管理的发展脉络，按照数据管理能力成熟度评估标准的 8 个能力域展开，逐条阐释条款内涵和典型做法，以完整的体系化的做法，为企业建设数字化能力提供参考和借鉴。一方面为数据从业人员建立起完整的数据管理视图，使其充分了解完整的数据管理体系。另一方面让企业找到适合自身数字化转型的方法和实践，对自身业务和管理能力进行优化和赋能。最后详细描述了标准评估模型的实施方法，企业可以参考评估方法对自身数据管理能力做出判断，并找出提升和改进方向。

本书的编写得到众多企业和机构的支持，特别感谢蒋昌俊院士的指导并为本书作序，感谢华为技术有限公司、软通动力信息技术（集团）股份有限公司、江西数字经济创新发展研究院、国网河北省电力有限公司、云上贵州大数据产业发展有限公司、上海宝信软件股份有限公司（中国宝武大数据中心）、数字广东网络建设有限公司、浪潮软件股份有限公司等单位提出了众多宝贵意见，感谢宾军志、骆阳、符山、程柏良等专家对本书提出的建议和实践做法。本书的编写参考和引用了国内外众多资料和实践内容，部分图片素材和个别实例的初始图形也来源于网络，再次向其作者表示感谢。

编著委员会

2022 年 12 月

目录

第1章 数据管理概述

1.1 国外的主要数据管理模型

近年来，我国新一代信息技术的高速发展，日益渗透到国民经济社会发展的全领域。数字经济发展之快、辐射之广、影响之深更是前所未有，已经成为重组全球要素资源、重塑全球经济结构、改变全球竞争格局的关键力量。数据要素作为数字经济的核心更是得到全球的广泛认可。组织管理数据的能力、形成数据要素的能力、运用数据要素的能力，就成为各行业的竞争制高点。全球范围内有众多的数据管理模型，以指导组织开展数据管理，如国际数据管理协会（DAMA）的DMBOK，美国卡内基梅隆大学的软件工程研究所（SEI）的DMM，美国企业数据管理协会（EDM Council）主导的DCAM等。数据管理模型可以为各组织/机构的数据管理工作提供一个多角度、多层次的服务指南和价值评价体系。

1.1.1 数据管理知识体系模型

国际数据管理协会成立于1988年，是一个由技术和业务专业人员组成的非营利的国际性数据管理专业协会。DAMA独立于任何特定的供应商、技术和方法，促进对数据信息管理以及把知识作为企业的重要资产的理解、发展和实践。

国际数据管理协会撰写的《DAMA数据管理知识体系指南（第1版）》认为，数据管理是规划、控制和提供数据及信息资产的一组业务职能，包括开发、执行和监督有关数据的计划、政策、方案、项目、流程、方法和程序，从而控制、保护、交付和提高数据和信息资产的价值。书中提出了数据管理职能过程模型，列出了数据管理的10个管理职能以及职能范围，包括数据治理、数据架构管理、数据开发、数据操作管理、数据安全管理、参考数据和主数据管理、数据仓库和商务智能管理、文档和内容管理、元数据管理、数据质量管理。模型还确定了7个环境要素（每个管理职能都通过7个环境要素进行描述），其中基本环境要素包括目标和原则、活动、主要交付物、角色和职责；配套环境要素包括实践和方法、技术、组织和文化。

国际数据管理协会出版的《DAMA数据管理知识体系指南（第2版）》去掉了“数据开发”，增加了“数据建模和设计”与“数据集成和互操作”，将数据管理职能扩展为 11 个，分别是数据治理、数据架构、数据建模和设计、数据存储和操作、数据安全、数据集成和互操作、文件和内容、参考数据和主数据、数据仓库和商务智能、元数据、数据质量（见图 1-1）。同时，环境要素中“实战和方法”与“主要交付物”合并为“交付成果”，增设“工具”，变化后的 7 个环境要素为：目标与原则、组织与文化、工具、活动、角色和职责、交付成果、技术（见图 1-2）。

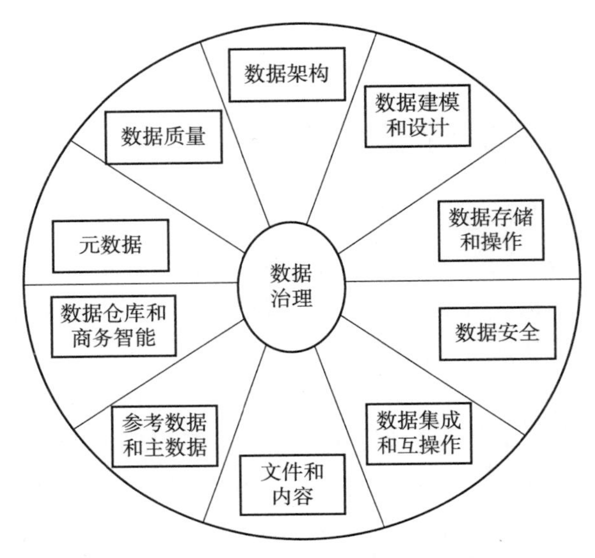

图 1-1　数据管理职能（第 2 版）

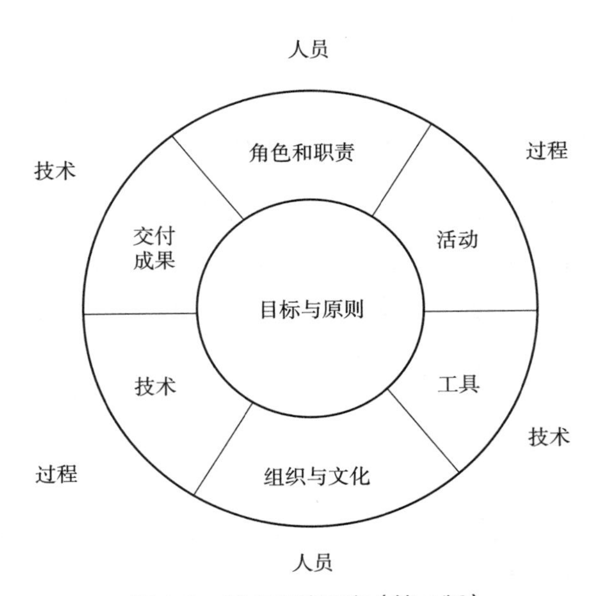

图 1-2　基本环境因素（第 2 版）

1.1.2　DMM 数据管理能力成熟度模型

数据管理能力成熟度模型（Data Management Maturity，DMM）是由 2014 年卡内基梅隆大学软件工程研究所正式提出。DMM 借鉴其 20 世纪 80 年代提出的针对软件开发过程中的能力成熟度评估模型（Capability Maturity Model，CMM），通过为组织提供一套评估数据管理能力的标准，准确获得组织的数据管理能力成熟度等级。DMM 可以评估和提升组织的数据管理水平，帮助组织进行可靠、准确的数据管理，控制成本、降低风险、增强信誉度、提供数据增值服务等，提升组织战略决策和商务智能化能力。

注：能力成熟度评估模型 CMM 是对软件组织在定义、实施、度量、控制和改善其软件过程的实践中各个发展阶段的描述，是一种用于评估软件承包能力并帮助其改善软件质量的方法，侧重于软件开发过程的管理及工程能力的提高与评估。

DMM 帮助组织建立一个关于其数据资产应该如何管理的通用术语和共识，将数据管理划分为数据管理战略、数据质量、数据操作、平台和架构、数据治理和支持过程 6 个职能域，职能域细分为 25 个过程域，进一步提出包括目标、核心问题、能力评价标准定义和要求产出的成果等具体的评估要求，由此进行成熟度评估和能力评估（见图 1-3）。

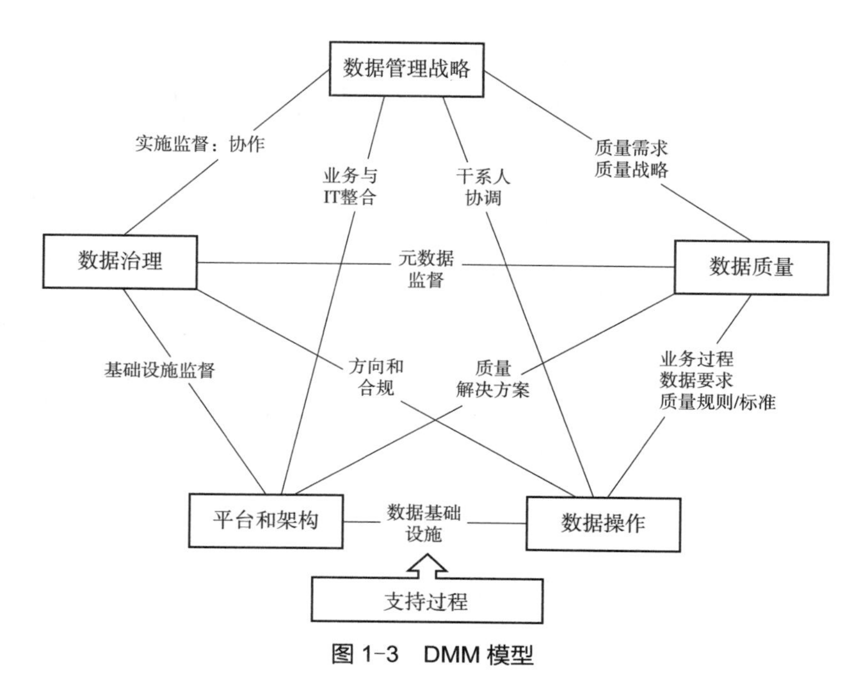

图 1-3　DMM 模型

DMM 模型将组织数据管理能力划分为 L1 执行级、L2 管理级、L3 定义级、L4 量化级、L5 优化级 5 个成熟度等级。L1 到 L5 意味着能力逐级提升，数据管理实践成效不断提高。

DMM 模型面向于每一个想要高效管理自身数据资产的组织，已经使用 DMM 模型的公司所涉及的行业范围非常广泛，包括 IT、航空、金融和政府。DMM 可以裁剪以适应任何组织的需求，它可以应用于整个组织、一个业务线条，及一个多利益相关者的主要项目。

1.1.3 DCAM 数据管理能力评价模型

数据管理能力评价模型（The Data Management Capability Model，DCAM）是由美国企业数据管理协会（EDM Council）主导，组织金融行业企业参与编制和验证，基于众多实际案例的经验总结来进行编写的。EDM Council 是北美地区的一个主要面向金融保险行业数据管理的公益性组织，在数据内容标准制定、数据管理最佳实践等方面有着丰富的经验，是业界的倡导者和领导者。EDM Council 组织内部的成员大部分都来自数据管理行业和金融保险行业的企业。

DCAM 定义了数据能力成熟度评估所涉及的能力范围和评估准则，并从战略、组织、技术和操作的最佳实践等方面描述了如何成功地进行数据管理，又结合数据的业务价值和数据操作的实际情况来定义数据管理的原则。DCAM 的数据管理能力成熟度评估模型主要分为数据管理策略、数据管理业务案例、数据管理程序、数据治理、数据架构、技术架构、数据质量和数据操作等 8 个职能域（见图 1-4）。DCAM 针对每个职能域都设置相关的问题和评价标准，共包括 36 个能力域和 115 个子能力域；针对每个子能力域，根据成文的、企业内部批准发现的文件进行成熟度评估，EDM Council 针对其会员提供相应的算法模型。DCAM 成熟度等级如图 1-5 所示。

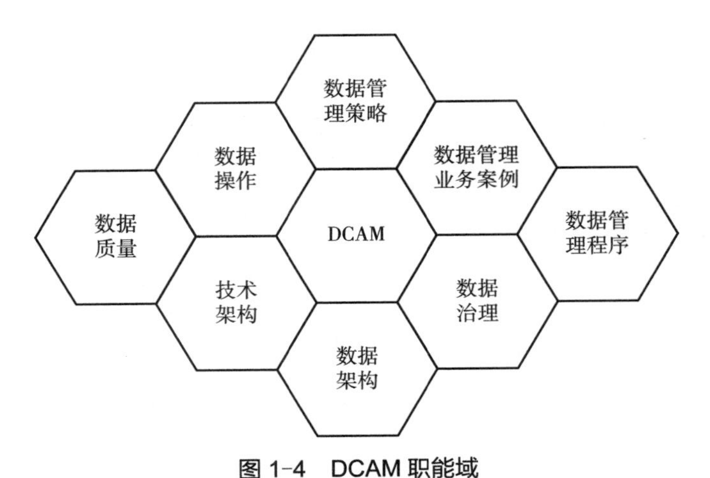

图 1-4　DCAM 职能域

DCAM 在金融业具有很大的影响力。由于金融是监管驱动的行业，各金融企业常常面临大量的监管需求，EDM 也尝试在 DCAM 的推广过程中把模型和监管需求进行映射，从而帮助金融企业更好地满足监管需求。

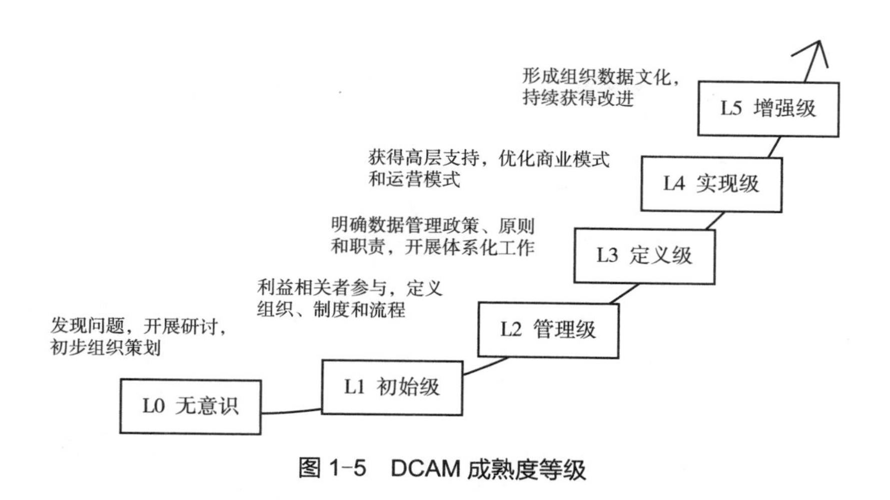

图 1-5　DCAM 成熟度等级

1.2　国内的数据管理模型——DCMM

GB/T 36073—2018《数据管理能力成熟度评估模型》（英文缩写为 DCMM），是我国在数据管理领域首个正式发布的国家标准，旨在帮助组织和机构利用先进的数据管理理念和方法，建立和评价自身数据管理能力，持续完善数据管理组织、程序和制度，充分发挥数据在促进组织 / 机构向信息化、数字化、智能化发展方面的价值。DCMM 自 2018 年 3 月正式发布以来，广受国内组织 / 机构好评。

1.2.1　由来

2014 年，工信部信息技术发展司（以下简称信发司）、国家市场监管总局标准技术管理司等联合成立全国信息技术标准化技术委员会大数据标准工作组，从事国家大数据领域标准化工作，负责 ISO/IEC JTC1/WG9 国际标准归口工作，由梅宏院士担任组长，秘书处设在中国电子技术标准化研究院。工作组成立当年，DCMM 国家标准立项，正式启动研制工作，经过近 4 年的标准研制，以及金融、能源、互联网、工业等行业试点的验证，2018 年 3 月 15 日正式发布，2018 年 10 月 1 日正式实施。

2019 年 12 月，信发司委托中国电子信息行业联合会（以下简称“电子联合会”）牵头负责 DCMM 评估工作体系建设。在信发司指导下，电子联合会发起成立了数据管理能力成熟度评估指导委员会，由原行业主管领导、院士、专家，以及相关部属单位和部分省市主管部门领导等组成，并进一步建立了监督委员会、专家委员会和评估工作部（见图 1-6），形成了拥有政府领导、行业专家、用户单位、企业和评审机构等多方参与的工作机制，确保评估工作稳步推进。并在广州、贵阳、南京、杭州、深圳、北京、宁波、石家庄等多地召开标准宣讲会。

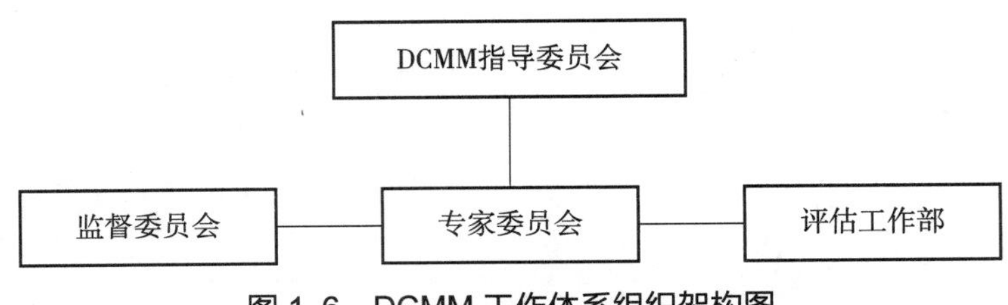

图 1-6　DCMM 工作体系组织架构图

电子联合会遴选了包括广州赛宝认证中心服务有限公司、国家工业信息安全发展研究中心、中国电子技术标准化研究院、中国软件评测中心、中国信息通信研究院、威海神舟信息技术研究院等 6 家评估机构；组织行业专家和评估机构共同编制《〈数据管理能力成熟度评估模型〉实施指南》，以及评估工作手册、评估报告范例、培训教材等系列规范和指南，逐步规范评估机构开展评估工作的过程和相关要求。

2020 年电子联合会选取了北京市、天津市、河北省、山西省、上海市、江苏省、广东省、贵州省、宁波市等 9 个省市为首批试点地区，通过地方推荐、行业专家评审后遴选了首批试点企业，并顺利完成 DCMM 贯标评估工作。2021 年电子联合会采取企业自行申报对接评估机构的方式开展贯标评估工作。

1.2.2　主要内容

DCMM 借鉴了国际上数据管理理论框架和方法，综合考虑我国数据管理发展的情况，整合了标准规范、管理方法、数据管理模型、成熟度分级、数据生命周期管理等多方面内容，对数据管理能力进行分析、总结，提炼出组织数据管理的八大能力域（数据战略、数据治理、数据架构、数据应用、数据安全、数据质量、数据标准、数据生存周期），并对每项能力域进行了二级能力项（共 28 个能力项）和成熟度等级的划分（5 个等级），以及相关功能介绍和评定指标（445 项指标）的制定，如图 1-7 所示。

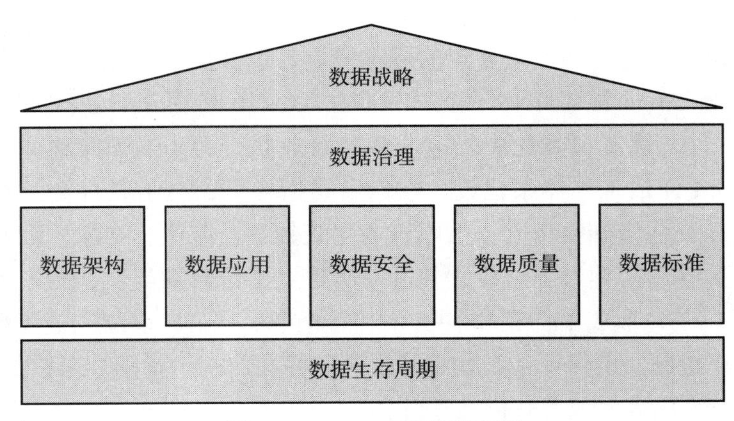

图 1-7　DCMM 建设理念图

DCMM 数据管理能力成熟度评估模型定义了数据战略、数据治理、数据架构、数据应用、数据安全、数据质量、数据标准和数据生存周期 8 个核心能力域及 28 个能力项，并以组织、制度、流程和技术作为 8 个核心域评价维度，见图 1-8 和表 1-1。

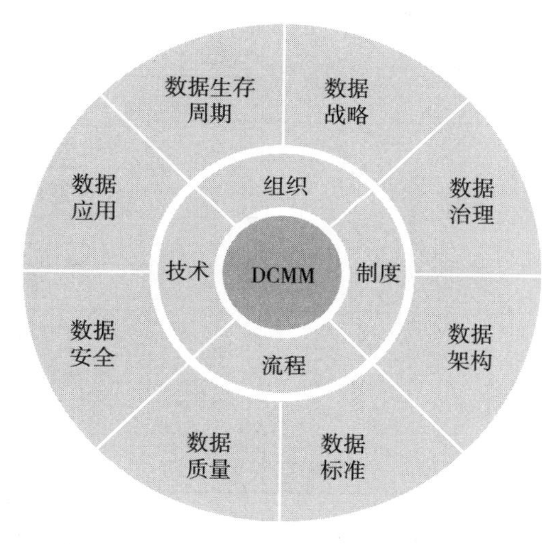

图 1-8 DCMM 核心评价维度及能力域

表 1-1 DCMM 能力域及能力项清单

能力域	能力项
数据战略	数据战略规划
	数据战略实施
	数据战略评估
数据治理	数据治理组织
	数据制度建设
	数据治理沟通
数据架构	数据模型
	数据分布
	数据集成与共享
	元数据管理
数据应用	数据分析
	数据开放共享
	数据服务
数据安全	数据安全策略
	数据安全管理
	数据安全审计

表 1-1（续）

能力域	能力项
数据质量	数据质量需求
	数据质量检查
	数据质量分析
	数据质量提升
数据标准	业务术语
	参考数据和主数据
	数据元
	指标数据
数据生存周期	数据需求
	数据设计和开发
	数据运维
	数据退役

DCMM 将数据管理能力成熟度划分为 5 个等级，自低向高依次为初始级、受管理级、稳健级、量化管理级和优化级，不同等级代表组织 / 机构数据管理和应用的成熟度水平不同（见图 1-9）。

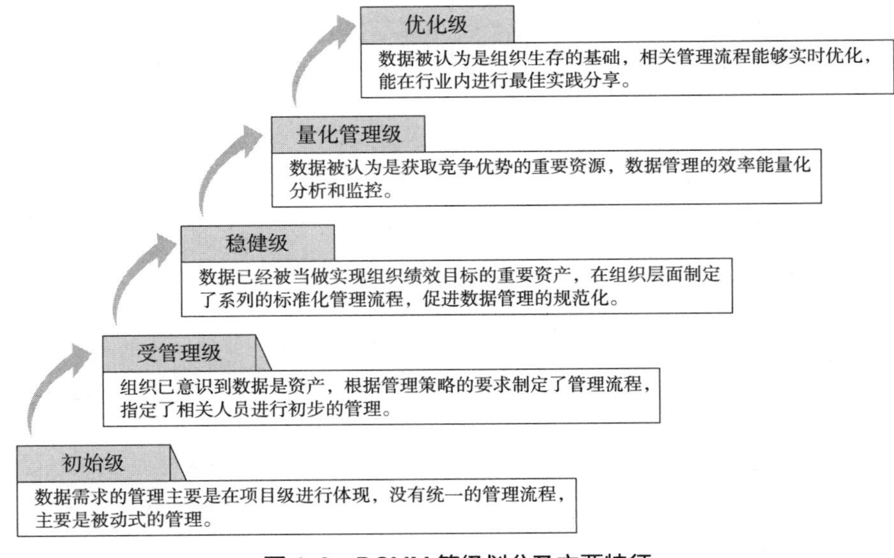

图 1-9　DCMM 等级划分及主要特征

DCMM 可以帮助指导组织 / 机构获得当前数据管理现状，识别与行业最佳实践差距，找准关键问题，提出数据管理改进建议和方向；开展人员培训，提升组织 / 机构数据管理人员技能，提高组织 / 机构数据管理能力成熟度；有机会参与数据管理优秀案例遴选以及成果展示系列活动；以第三方客观评估结果为依据，对外展示组织 / 机构数据管理能力，满足监管要求。

DCMM 主要适用对象包括数据拥有方、数据解决方案提供方。

（1）数据拥有方：金融与保险机构、互联网组织 / 机构、电信运营商、工业组织 / 机构、数据中心所属主体、高校、政务数据中心等；

（2）数据解决方案提供方：数据开发 / 运营商、信息系统建设和服务提供商、信息技术服务提供商等。

1.2.3　相关政策

我国高度重视大数据产业，大力支持并推动大数据产业蓬勃发展。近年为加快大数据产业发展，我国陆续出台了一系列积极政策举措。2014 年我国首次将大数据写入政府工作报告；2015 年国务院办公厅发布了《关于运用大数据加强对市场主体服务和监管的若干意见》《促进大数据发展行动纲要》，将大数据正式上升至国家战略层面；2016 年工业和信息化部发布《大数据产业发展规划（2016—2020 年）》，正式对大数据产业做出规划；2017 年十九大报告提出推动大数据与实体经济深度融合；2020 年中共中央、国务院出台《关于构建更加完善的要素市场化配置体制机制的意见》，大数据被正式列为新型生产要素；2021 年发布《中华人民共和国国民经济和社会发展第十四个五年规划和 2035 年远景目标纲要》（“十四五”发展规划），提出完善大数据标准体系建设。

我国已陆续出台支持 DCMM 相关的国家政策。2020 年 5 月，工业和信息化部发布《工业大数据发展指导意见》，其中提到“（十一）开展数据管理能力评估贯标　推广《数据管理能力成熟度评估模型》国家标准，构建工业大数据管理能力评估体系，引导企业提升数据管理能力。鼓励各级政府在实施贯标、人员培训、效果评估等方面加强政策引导和资金支持”；2020 年 8 月，国资委办公厅印发《关于加快推进国有企业数字化转型工作的通知》，在“二、加强对标，着力夯实数字化转型基础”提到“（三）构建数据治理体系。加快集团数据治理体系建设，明确数据治理归口管理部门，加强数据标准化、元数据和主数据管理工作，定期评估数据治理能力成熟度”；2020 年 12 月，国家发展改革委、中央网信办、工业和信息化部、国家能源局印发《关于加快构建全国一体化大数据中心协同创新体系的指导意见》，在“六、加速数据流通融合”中提到“（一）健全数据流通体制机制。加快完善数据资源采集、处理、确权、使用、流通、交易等环节的制度法规和机制化运营流程。开展数据管理能力评估贯标，引导各行业、各领域提升数据管理能力”；2021 年 11 月，工业和信息化部印发《“十四五”大数据产业发展规划》，在“专栏 1 数据治理能力提升行动”中提到“引导企业开展 DCMM 国家标准贯标，面向制造、能源、金融等重点领域征集数据管理优秀案例，做好宣传推广。鼓励有条件的地方出台政策措施，在资金补贴、人员培训、贯标试点等方面加大资金支持”；2021 年 12 月，中央网络安全和信息化委员会印发《“十四五”国家信息化规划》，在“（二）建立高效利用的数据要素资源体”提到“建立完善数据管理国家标准体系和数据治理能力评估体系。构建工业大数据管理能力评估体系。鼓励各级政府在实施贯标、人员培训、效果评估等方面加强政策引导和资金支持”；工信部2021年大数据产业发展试点示范项目设立专题支持通过DCMM评估企业，在“（四）数据管理及服务”中提到数据管理能力提升方向，“鼓励数据要素拥有方基于《数据管理能力成熟度评估模型》（GB/T 36073—2018，以下简称DCMM）国家标准，探索提升自身数据管理能力，申报此细分方向的工业企业DCMM评估需达到三级及以上，其他行业企业需达到四级及以上。鼓励技术服务提供方开发提升企业数据管理能力的工具和平台，申报此细分方向的单位不限DCMM评估级别”。

地方政府政策见表1-2。

表1-2　我国DCMM地方政府政策

省/市	政策	内容
广州市	《广州市加快软件和信息技术服务业发展的若干措施》	对获得国家标准数据管理能力成熟度符合性认证三级、四级、五级的企业，给予最高不超过50万元的事后补助
四川省	《关于组织开展2019年省级工业发展资金项目征集工作的通知》	推广《数据管理能力成熟度评估模型》标准，对2019年贯标试点企业和2018年通过标准评估的企业给予奖励
成都市	《关于促进软件产业高质量发展的专项政策措施》	对通过数据管理能力成熟度模型（DCMM）等国家标准体系认证评估的单位，可一次性给予10万元奖励
四川省天府新区	《四川天府新区成都直管区加快数字经济高质量发展若干政策》	对首次获得数据管理能力成熟度评估（DCMM）优化级、量化管理级、稳健级的软件企业，分别给予30万元、20万元、10万元一次性奖励
山西省	《山西省加快推进数字经济发展的若干政策》	对首次通过DCMM（数据管理能力成熟度模型）三级、四级、五级的企业，分别给予10万元、20万元、30万元奖励
郑州市	《关于进一步支持大数据产业发展的实施意见》	对通过国家标准《数据管理能力成熟度评估模型》认证评估的大数据企业，给予认证评估费用50%的资金奖励
天津市	《天津市关于进一步支持发展智能制造的政策措施》	对首次通过国家《数据管理能力成熟度评估模型》认证的企业，给予最高50万元支持
无锡市	《促进软件产业高质量发展的若干政策》	对首次通过数据管理能力成熟度（DCMM）评估三级及以上能力评估的企业，给予最高20万元的分档奖励
重庆市	《关于开展2021年重庆市工业和信息化专项资金项目申报工作的通知》	DCMM二级、三级、四级分别奖励20万元、30万元、50万元
贵阳市	《贵阳市促进软件和信息技术服务业发展的若干措施》	首次通过DCMM认证，按二级、三级、四级及以上分别给予一次性10万元、20万元、30万元资金支持

第2章

数据战略

战略是一组选择和决策的集合，是组织绘制出的一个高层次的行动方案，以实现高层次目标，包括业务战略、信息化战略和数据战略等。

业务战略强调组织在业务领域的生存、竞争与发展之道，业务战略关心的重点是如何整合资源、创造价值，以满足顾客。

数据战略作为一种职能战略，与业务战略是紧密联系的，是为业务战略服务的，必须与业务战略相配合，以更好地支撑组织的业务发展和竞争力的提升。数据战略应该包括使用信息和数据以获得竞争优势和支持企业目标的业务计划。数据战略必须来自对业务战略固有数据需求的理解：组织需要什么数据、如何获取数据、如何管理数据并确保其可靠性以及如何利用数据。通常，数据战略由首席数据官（Chief Data Officer，CDO）拥有和维护，并由数据治理委员会支持的数据管理团队实施。

数据战略既可作为单独的职能战略进行制定和维护，同财务战略、人力资源战略等类似，也可以作为信息化战略的一部分，与信息化战略一起制定和维护。但信息化战略关心的重点是使用信息技术手段，以业务流程优化为基础，建立业务与信息技术沟通的桥梁，随着信息化建设的不断完善，必然会产生越来越多的数据，如何实现信息系统的集成和互操作，解决数据孤岛，发挥数据价值，也是信息化战略需要考虑的问题。而数据战略则从数据运用的角度，考虑数据与业务的结合，即组织需要什么数据，如何获取数据，如何管理数据并确保其可靠性，如何运用数据促进业务的全方位发展。因此数据战略是高于信息化战略，需要考虑与业务结合的战略。

数据战略包括数据战略规划、数据战略实施以及数据战略评估3个能力项，通过规划—实施—评估3个环节对数据战略进行全过程的闭环管理。数据战略规划是基础，决定了战略方向，指导数据战略实施和数据战略评估。

2.1 数据战略规划

2.1.1 概述

数据战略规划是在所有利益相关者之间达成共识的结果。从宏观及微观两个层面确定开展数据管理及应用的动因，并综合反映数据提供方和消费方的需求。数据战略规划是整个数据战略环节的首要任务，也是数据战略的基础。

利益相关者从管理学的意义上指的是组织内外部环境中受组织决策和行动影响的任何相关者。数据战略的利益相关者既包括受组织发展影响的外部相关者，如合作伙伴、供应商、股东、客户等；又包括数据战略管理流程的组织内部相关单位，如业务部门、规划部门、数据管理部门等。

2.1.2 过程描述

数据战略规划具体的过程描述如下：

a）识别利益相关者，明确利益相关者的需求。

b）数据战略需求评估，组织对业务和信息化现状进行评估，了解业务和信息化对数据的需求。

c）数据战略的制定，包含但不限于：

1）愿景陈述，其中包含数据管理原则、目的和目标；

2）规划范围，其中包含重要业务领域、数据范围和数据管理优先权；

3）所选择的数据管理模型和建设方法；

4）当前数据管理存在的主要差距；

5）管理层及其责任，以及利益相关者名单；

6）编制数据管理规划的管理办法；

7）持续优化路线图；

d）数据战略发布，以文件、网站、邮件等方式正式发布审批后的数据战略；

e）数据战略修订，根据业务战略、信息化发展等方面的要求，定期进行数据战略的修订。

【过程解读】

数据战略的制定需要遵循科学的方法和流程，组织内外部利益相关者的数据需求以及数据管理的现状将会很大程度上影响到数据战略规划的制定和执行，首先需要识别利益相关者并对数据战略的需求进行评估，之后再遵循相关的管理流程开展数据战略的制定，并将制定后的数据战略文件在组织范围内进行发布，从而让组织内外部的利益相关者知晓和认可最新的数据战略规划。数据战略的内容并不是一成不变的，随着组织的业务发展以及内外部环境的变化，组织的数据管理需求也会发生变化，因此需要及时跟踪数据战略的实施情况，并根据业务战略、信息化发展等方面的要求，定期进行数据战略的修订。

2.1.3 过程目标

数据战略规划具体的过程目标如下：

a）建立、维护数据管理战略；

b）针对所有业务领域，在整个数据治理过程中维护数据管理战略（目标、目的、优先权和范围）；

c）基于数据的业务价值和数据管理目标，识别利益相关者，分析各项数据管理工作的优先权；

d）制定、监控和评估后续计划，用于指导数据管理规划实施。

【目标解读】

数据战略规划的核心目标是能够建立和维护数据管理战略，包括明确数据治理的目的、建立数据管理工作的优先权、分析数据管理覆盖的业务领域范围、识别利益相关者等，并能够在数据管理战略维护过程中，及时监控和评估数据管理战略的后续实施计划，推动数据管理规划的落地实施。

2.1.4　能力等级标准解读

第 1 级：初始级
DST-SP-L1-01：在项目建设过程中反映了数据管理的目标和范围。

【标准解读】

本条款要求组织能够在某一个具体的数据项目中反映项目需达成的目标，即通过项目能够实现什么样的数据管理效果，并明确项目涉及的数据的范围，即明确项目需要什么类型的数据。

【实施案例介绍】

某企业建设了数据分析平台项目，在该项目的实施方案中明确了项目的建设目标，即建立旅游产业监测和分析应用、大数据决策分析应用、旅游大数据平台、景区业务分析专题等不同主题的数据分析，通过对各类数据进行采集、分析，将分析结果呈现于平台，为企业经营提供决策。同时，在项目的建设过程中，明确了项目涉及的数据类型和范围，包括基础数据资源、行业监管数据、游客消费数据、企业交易数据、政府管理数据等。

【典型的文件证据】

数据项目的实施方案，且包含关于数据管理目标和范围的描述内容。

第 2 级：受管理级
DST-SP-L2-01：识别与数据战略相关的利益相关者。

【标准解读】

本条款要求组织在制定数据战略的时候，需要识别股东、客户、合作伙伴等外部利益相关者，形成利益相关者清单，并分析利益相关者对于数据战略的权力和利益，从而更好地为制定数据战略提供指导。

【实施案例介绍】

某企业在制定数据战略的时候，详细分析了其利益相关者。首先，确定一般的利益相关者，主要包括企业内部的股东、高层管理人员和普通员工以及外部的用户、代理商、合作者、竞争对手、政府共八类。其次，确定具体的利益相关者，列出详细的利益相关者清单。之后，开展各利益相关者与数据战略的互动关系分析，分析各利益相关者与数据管理活动之间不同形式、不同程度的互动关系。最后，开展数据战略的利益相关者权力和利益分析，根据利益相关者手中的权力以及对公司数据战略关注的程度对利益相关者进行分类。根据以上分析，该企业发现绝大部分的利益相关者都对数据战略表现出较强的权力和利益，为后续制定数据战略和针对各类利益相关者制定相应的管理策略提供指导。

【典型的文件证据】

利益相关者清单，包含利益相关者的具体信息、诉求及影响。

第 2 级：受管理级
DST-SP-L2-02：数据战略的制定能遵循相关管理流程。

【标准解读】

本条款要求组织在制定数据战略时应当明确数据战略规划的制定工作流程和职责分工。数据战略的制定通常由数据管理归口部门起草，相关业务和职能部门参与，并经战略规划委员会或数据治理委员会审议通过和发布。

【实施案例介绍】

某企业数据战略的制定流程遵循公司级的三年战略规划编制流程，并制定了流程图。由战略与法律事务部启动规划，制定印发规划启动文件，组织规划访谈与调研工作；各部门领导和主管配合访谈，提供相关数据和材料；战略与法律事务部制定战略环境分析和战略方案，组织召开方案沟通会；各部门进行战略措施分解，形成部门战略措施及工作计划；战略与法律事务部对规划纲要及措施进行完善，组织召开规划评审会，最终完善规划终稿，进行发布实施（见图 2-1）。

【典型的文件证据】

数据战略的制定流程和制定的过程记录。

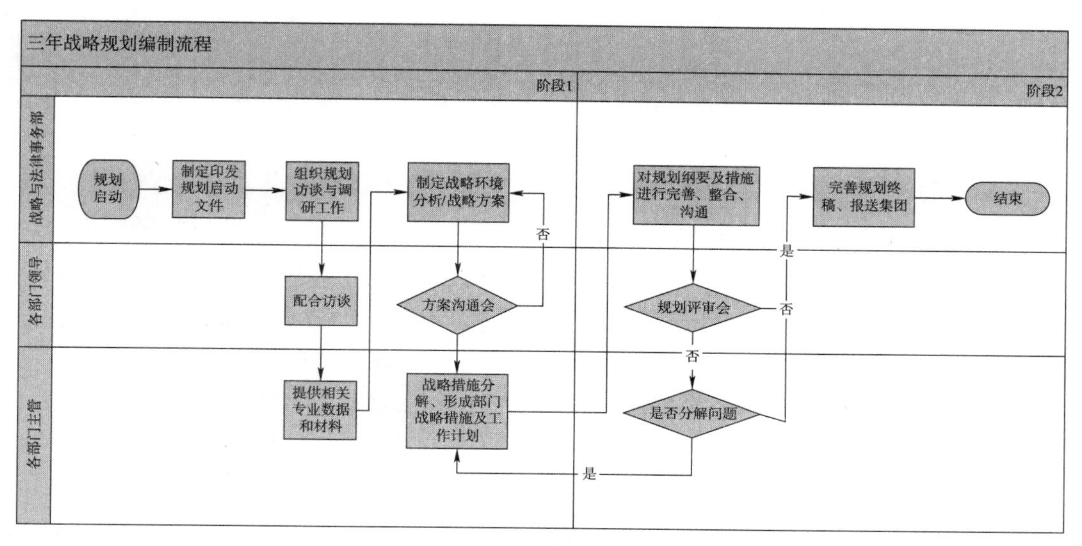

图 2-1　三年战略规划编制流程

第 2 级：受管理级
DST-SP-L2-03：维护了数据战略和业务战略之间的关联关系。

【标准解读】

本条款要求组织在制定数据战略时，应该以支持实现组织的业务发展战略为目标。数据管理是实现以数据应用促进组织业务发展的过程，数据战略在目标上要与组织的业务目标相一致，业务需求是开展数据管理活动的出发点和落脚点。数据管理能否顺利实施、实施的效果如何，很大程度上取决于组织的业务发展，因此在制定数据战略时，必须从组织的业务战略出发，并明确数据战略重点任务和业务战略的关系。

【实施案例介绍】

某企业在其数据战略规划文件中描述了公司数据战略是如何满足业务战略的需求，具体内容包括：公司在跨业务部门、跨业务系统的数据融合、海量数据实时查询和分析比对等大数据业务场景下，传统的信息化建设无法有效支撑业务发展，亟需通过云计算和大数据技术，对重要数据资源进行统一整理汇聚、统一规划，推进“数智化+N”在决策管理、生产指挥、商务物流、职能管控等方面的深度应用，通过数据驱动实现内外资源高度共享、全程管控高度协同，实现生产运营智能化、供应链服务协同化、综合贸易便利化、数据增值差异化、业态创新开放化，为相关方高质量发展、物流生态圈建设提供强劲支撑。

【典型的文件证据】

数据战略或其他文件中对数据战略如何支撑业务战略的内容描述。

第 3 级：稳健级
DST-SP-L3-01：制定能反映整个组织业务发展需求的数据战略。

【标准解读】

本条款要求组织为了实现自身数据管理的愿景、目标和价值，能够基于整个组织各个业务部门和职能部门的需求，制定出合理的数据战略。数据战略不能是孤立的存在，而是来源于组织的业务发展需求，数据必须满足特定的业务需求，以实现业务目标并产生实际的业务价值。数据战略的制定一定要基于业务发展的需求定义出可执行、可实现、可衡量、能见效的业务目标。

【实施案例介绍】

某企业制定了《智慧港口建设“十四五”规划》，该文件作为公司数据管理的顶层规划，以管理信息化与设备智能化深度融合的建设理念，按照“需求导向、适度超前”原则，在智慧生产、智慧商务、智慧职能、智慧节能四大业务板块，以大数据、人工智能新一代信息技术加速推广应用，完善数据治理体系，并提出大数据建设规划和路径措施。

【典型的文件证据】

数据战略规划文件，规划文件中应包含业务相关的数据需求。

第 3 级：稳健级
DST-SP-L3-02：制定数据战略的管理制度和流程，明确利益相关者的职责，规范数据战略的管理过程。

【标准解读】

本条款要求组织应当制定专门的数据战略规划的管理制度，通过制度来规范数据战略的制定、实施、评估等管理流程，并在数据战略规划的管理制度中明确业务部门、规划部门、数据管理部门等组织内部利益相关者的工作职责。

【实施案例介绍】

某企业制定了《战略规划管理实施细则》（见图 2-2），数据战略规划的管理遵循该制度的相关要求，包括战略规划管理的组织职责、战略方案制定、战略措施分解、战略规划执行、战略实施评估、战略宣贯等相关管理要求和流程，实现了数据战略规划的闭环管理。

【典型的文件证据】

企业级的数据战略规划管理制度。

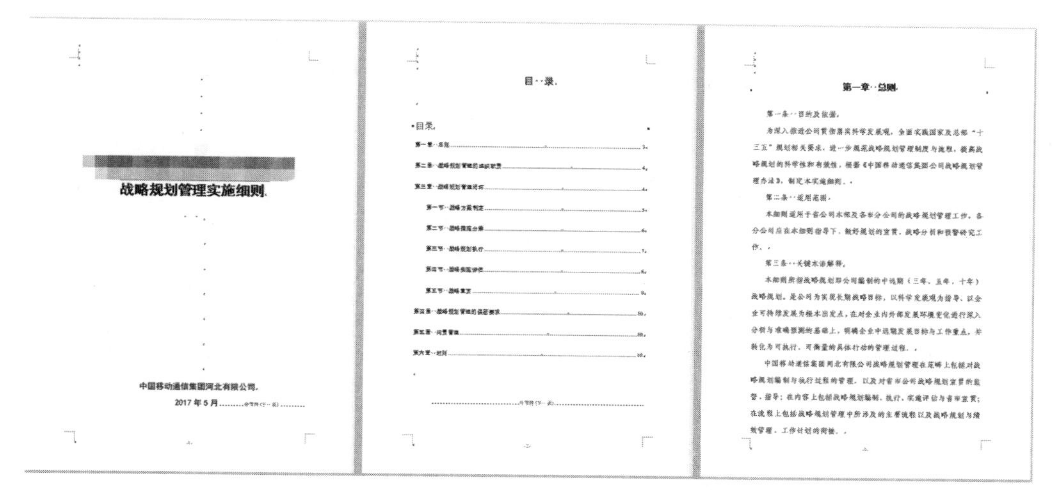

战略规划管理实施细则

中国移动通信集团河北有限公司

2017 年 5 月

目　录

目录

第一章　总则……3

第一章　总则

第一条　目的及依据

为深入推进公司贯彻落实科学发展观，全面实施国家及总部"十三五"规划相关要求，进一步规范战略规划管理制度与流程，提高战略规划的科学性和有效性，根据《中国移动通信集团公司战略规划管理办法》，制定本实施细则。

第二条　适用范围

本细则适用于省公司本部及各市分公司的战略规划管理工作。各分公司应在本细则指导下，做好规划的宣贯、战略分析和预警研究工作。

第三条　关键术语解释

本细则所指战略规划即公司编制的中远期（三年、五年、十年）战略规划。是公司为实现长期战略目标，以科学发展观为指导、以企业可持续发展为根本出发点，在对企业内外部发展环境变化进行深入分析与准确预测的基础上，明确企业中远期发展目标与工作重点，并转化为可执行、可衡量的具体行动的管理过程。

中国移动通信集团河北有限公司战略规划管理在范畴上包括对战略规划编制与执行过程的管理，以及对省市公司战略规划宣贯的监督、指导；在内容上包括战略规划编制、执行、实施评估与省市宣贯；在流程上包括战略规划管理中所涉及的主要流程以及战略规划与绩效管理、工作计划的衔接。

图 2-2 《战略规划管理实施细则》

第 3 级：稳健级
DST-SP-L3-03：根据组织制定的数据战略提供资源保障。

【标准解读】

本条款要求组织应当为数据战略的实施落地提供充分的资源保障，主要包括资金、人员、设备、技术等。数据管理是一项长期的、持续性的工作，需要大量的资金和人力投入，缺乏资源保障的数据战略就会成为无法兑现的空头支票，因此数据战略的有效实施必须建立在良好资源保障的"土壤"之上。

【实施案例介绍】

某企业在数据战略或相关的文件中制定了未来几年在数据管理方面的总体资金预算和人员投入，并根据数据战略制定了大数据平台建设等数据项目的可行性研究报告。在可行性研究报告中分析了项目资金筹措及投资计划，在数据项目的实施过程中，能够根据数据战略和可行性研究报告的要求，实际提供资金以及人员等资源保障。

【典型的文件证据】

数据战略或其他文件中对数据管理总体资金投入和人员配置等保障措施的内容描述。

数据管理项目的实施方案中具体的资金预算和人员配置的内容描述。

第 3 级：稳健级
DST-SP-L3-04：将组织的数据管理战略形成文件并按组织定义的标准过程进行维护、审查和公告。

【标准解读】

本条款要求组织的数据战略应当体现在正式文件中，数据战略规划文件应当按照数据战略规划管理制度中定义的管理过程进行维护、审查和公告。数据战略规划文件作为组织数据管理的最高纲领，应当严格遵循定义的标准过程进行管理和维护。同时，数据战略的成功实施离不开组织的全员参与，因此有必要对数据战略规划文件进行正式发布或公告，以获得组织全体成员和利益相关者的认可。

【实施案例介绍】

某企业制定了公司级的数据战略规划文件，并征求相关部门意见后形成签报呈领导审阅，经审批、党委会和董事会审议通过后，以正式发文的形式向全公司发布。

【典型的文件证据】

数据战略规划文件的审查、发布记录。

第 3 级：稳健级
DST-SP-L3-05：编制数据战略的优化路线图，指导数据工作的开展。

【标准解读】

本条款要求组织应当根据数据战略的具体内容和目标，编制数据战略的优化路线图。数据战略优化路线图是对数据管理的战略目标、当前现状、存在差距、建设顺序、实施阶段、执行反馈、计划调整等内容的综合表达。数据战略的优化路线图指明了数据管理的目标，以及从起点到终点的方向和路径，以时间为准轴，明确向前推移的各个节点，描述每个节点的目标、建设内容，为数据管理工作的开展提供具体的参照和依据。

【实施案例介绍】

某企业制定了数据战略的实施路线图，明确了短期、中期、远期的数据管理目标和具体任务，包括数据治理、数据管理、数据应用、数据技术、数据中台等方面，以及数据管理组织、数据认责体系、数据资源目录梳理、数据安全管理、数据质量管理、主数据管理等具体任务（见图 2-3）。

【典型的文件证据】

数据战略或其他文件中的数据战略优化路线图。

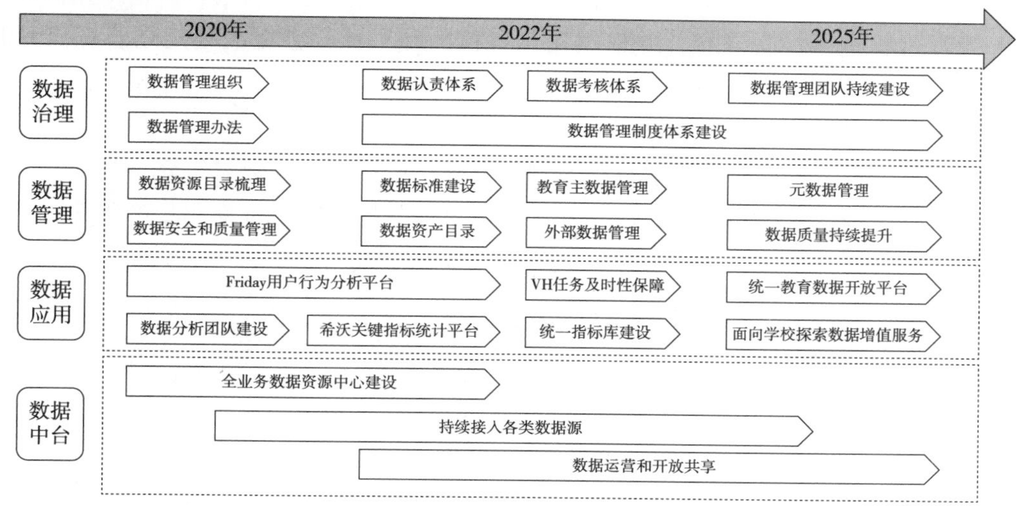

图 2-3　数据战略实施路线图

第 3 级：稳健级
DST-SP-L3-06：定期修订已发布的数据战略。

【标准解读】

本条款要求组织能够随着发展现状和外界环境的变化，定期修订以前发布的数据战略，定期形成新的数据战略规划文件。战略规划通常需要不断地滚动修订和调整完善，数据战略亦是如此。组织应在做好战略研究、规划制定和决策管理工作的基础上，根据形势变化和发展要求定期修订数据战略，确保数据战略能够适应业务发展变化的需要。

【实施案例介绍】

某企业以三年为一个周期对数据战略进行全面修订，数据管理部门按半年度持续收集数据战略的执行情况，在年度工作要点中调整相关任务，执行数据任务的新增或退出。

【典型的文件证据】

数据战略规划文件的修订记录。

第 4 级：量化管理级
DST-SP-L4-01：对组织数据战略的管理过程进行量化分析并及时优化。

【标准解读】

本条款要求组织应当对数据战略进行全过程管理，加强数据战略管理过程的监控力度，制定数据战略管理过程的量化评估指标，对数据战略的制定、实施、评估、修订等管理过程进行量化考核，并根据量化考核的结果优化数据战略规划管理流程和制度。

【实施案例介绍】

某企业制定了数据战略管理过程的量化指标，包括战略分析与研究、战略制定与执行、核心竞争力培育等类别，依据量化指标对数据战略管理过程进行量化分析（见表 2-1）。

表 2-1　某企业数据战略管理过程量化指标

指标类别	指标名称	指标定义	数据来源	考核周期
战略分析与研究	研究报告提交一次性通过率	研究报告提交一次性通过率 = 研究报告提交一次性通过次数 / 提交报告总数 ×100%	战略管理部	季、年
	研究报告提交及时率	研究报告提交及时率 = 按规定时间提交报告的次数 / 提交报告总数 ×100%	战略管理部	季、年
	战略信息未及时收集次数	出现重大战略信息未及时收集的次数	战略管理部	季、年
	战略分析结果被采纳率	战略分析结果被采纳率 = 战略分析结果被采纳数量 / 提交战略分析结果总数量 ×100%	战略管理部	季、年
战略制定与执行	战略规划与计划提交及时率	战略规划与计划提交及时率 = 按规定时间提交规划与计划的次数 / 提交规划与计划的总量 ×100%	战略管理部	季、年
	战略运行分析报告提交及时率	战略运行分析报告提交及时率 = 按规定时间提交分析报告的次数 / 分析报告提交总数 ×100%	战略管理部	季、年
	领导对战略执行监督的满意度	高层管理团队对战略执行监督的满意度问卷调查所得分数	战略管理部	季、年
核心竞争力培育	核心竞争力指数提升率	核心竞争力指数提升率 =（当期核心竞争力指数 - 上期指数）/ 上期指数 ×100%	战略管理部	季、年

【典型的文件证据】

数据战略管理量化考核表。

第 4 级：量化管理级
DST-SP-L4-02：能量化分析数据战略路线图的落实情况，并持续优化数据战略。

【标准解读】

本条款要求组织应当及时跟踪数据战略路线图的落实情况，并制定量化评估指标，对数据战略路线图中数据管理任务的落实情况进行量化考核，并根据量化考核的结果持续优化数据战略。

【实施案例介绍】

某企业制定了管理信息工作要点推进图，包括工作要点、负责人、实施进度等方面，从而对数据战略路线图中提出的各项数据管理任务的进度情况进行量化跟踪，并根据量化考核的结果持续优化数据战略。

【典型的文件证据】

数据战略路线图落实情况量化考核表。

第 5 级：优化级
DST-SP-L5-01：数据战略可有效提升企业竞争力。

【标准解读】

本条款要求随着数据战略的成功实施，数据已经成为组织的核心资产之一，组织能够充分发挥数据资源要素的价值。数据管理在组织的经营决策和业务发展中起着关键性的作用，组织通过数据战略的成功实施，有效地提高了组织的运营效率、市场占有率、产品研发能力等核心竞争力。

【实施案例介绍】

某企业通过制定和实施数据战略，实现业务数据化、数据业务化，充分发挥数据生产要素在数字化转型中的创新驱动作用，对内促进业务变革和效益提升，对外打造产业新生态，有效地提升了组织的核心竞争力。

【典型的文件证据】

经营管理总结报告或社会新闻报道等文件中，对于数据战略实施有效提升企业竞争力的内容描述。

第 5 级：优化级
DST-SP-L5-02：在业界分享最佳实践，成为行业标杆。

【标准解读】

本条款要求组织在战略规划方面能够制定专门的数据战略和实施路线图，能够根据组织业务需求，进行主动优化，规划能够满足业务变更的需求，满足组织内外部环境的变化，并得到充分的量化数据支撑，在数据战略规划方面成为行业内的标杆，得到行业内的认可，并能够积极在业界分享成功经验，是公认的行业最佳实践。

【实施案例介绍】

某企业参加行业内权威的数据管理相关的论坛，对自身数据战略规范方面做最佳实践的分享，包括如何制定数据战略和实施路线图等内容，并获得了权威的数据管理相关的奖项，出版了相关的书籍等。

【典型的文件证据】

数据战略规划实践分享的相关报道、获奖、著作等。

2.2 数据战略实施

2.2.1 概述

数据战略实施是实现数据战略规划并逐渐实现数据职能框架的过程。在实施过程中评估组织数据管理和数据应用的现状，确定与愿景、目标之间的差距，并依据数据职能框架制定阶段性数据任务目标，并确定实施步骤。

2.2.2 过程描述

数据战略实施具体的过程描述如下：

a）评估准则，建立数据战略规划实施评估标准，规范评估过程和方法；

b）现状评估，对组织当前数据战略落实情况进行分析，评估各项工作开展情况；

c）评估差距，根据现状评估结果与组织数据战略规划进行对比，分析存在的差异；

d）实施路径，利益相关者结合组织的共同目标和实际商业价值进行数据职能任务优先级排序；

e）保障计划，依据实施路径，制定开展各项活动所需的预算；

f）任务实施，根据任务开展工作；

g）过程监控，依据实施路径，及时对实施过程进行监控。

【过程解读】

数据战略的实施过程中首先应建立数据战略规划实施的评估标准，从而明确从哪些方面评估数据战略的实施情况。之后，根据评估标准对现阶段数据战略的落实情况进行分析，评估各项工作结果与数据战略规划的差异。最后，根据分析结果制定下阶段的数据战略实施路径，对数据职能任务进行优先级排序，并制定详细的实施计划，提供相应的资源保障，推动后续各项数据职能任务的实施开展。

2.2.3 过程目标

数据战略实施具体的过程目标如下：

a）检查数据战略落实情况，定期对实施情况评估；

b）对现状和发展目标进行对比，分析存在差距，明确发展方向；

c）推动战略实施，根据存在的差距，结合组织的共同目标和实际商业价值，对数据职能任务优先级排序，提供资源和资金保障，推动战略实施。

【目标解读】

数据战略实施过程中需要定期对数据战略的实施情况进行跟踪评估，检查数据战略是否按照既定的目标去落实，如果没有达到既定的发展目标，则需进一步分析现状和目标之间的差距，明确后续数据战略的实施方向。数据战略实施一般是通过很多个数据职能任务来推动的，例如建立数据治理组织、建设大数据平台等，而组织能够提供的资源是有限的，因此需要对各个数据职能任务进行优先级排序，优先保障风险小、效益高的数据职能任务。

2.2.4　能力等级标准解读

第 1 级：初始级
DST-SI-L1-01：在具体项目中反映数据管理的任务、优先级安排等内容。

【标准解读】

本条款要求组织至少能够在某一个具体的信息化或数字化项目中体现数据管理的具体任务，并能够定义数据任务的优先级。

【实施案例介绍】

某企业建设了企业资源管理系统 ERP 示范项目，将项目分解成各个子任务，包括产品数据管理、生产数据管理等任务，并对各个子任务进行了优先级划分，有效地推动了该项目的落地实施。

【典型的文件证据】

信息化或数字化项目实施方案中关于数据管理任务目标和优先级的内容。

第 2 级：受管理级
DST-SI-L2-01：在部门或数据职能领域内，结合实际情况评估关键数据职能与愿景、目标的差距。

【标准解读】

本条款要求组织能够在某一个部门或数据职能域内，对数据管理的现状进行分析，包括信息系统建设情况、数据管理团队建设情况、数据平台建设情况等，从而评估数据管理现状与数据管理愿景、目标之间的差距。

【实施案例介绍】

某企业集中开展了人力资源域数据治理，由人力资源部对人力资源域的数据管理现状进行调研分析，形成了现状分析报告，发现了存在的问题，例如不同的遗留系统有不同的数据文件格式和基础代码、数据质量和完整性差、没有足够的时间和资源来转换数据和核对数据等，从而明确了人力资源域数据治理需要达到的目标：人力资源域相关数据实现纵向贯通，各子分公司的数据及时准确汇总，决策层可以通过系统进行可视化查询，实现人力资源管理的科学分析和决策。

【典型的文件证据】

部门级或单个数据职能域的数据管理现状分析报告。

第 2 级：受管理级
DST-SI-L2-02：在部门或数据职能领域内，结合业务因素建立并遵循数据管理项目的优先级。

【标准解读】

本条款要求组织能够在某一个部门或数据职能域内，根据业务因素的重要性定义数据管理项目的优先级。在数据治理过程中，业务部门及管理部门会有很多数据管理项目的需求。针对这些需求，需要判断该数据管理项目是否有实施的意义，在确定项目的成本、效益、风险以及项目间的内在联系等方面的内容后，可以对数据管理项目的优先级进行排序。一般来讲，风险小且效益高的数据管理项目的优先级会较高，风险大却效益低的项目会具有较低的优先级，而对于具有内在关联的项目，则要按照项目的前提关系来进行排序。

【实施案例介绍】

某企业集中开展了人力资源域数据治理，由人力资源部结合人力资源域数据管理现状分析和业务需求，设立了具体的数据管理项目，包括完善数据治理团队和制度规范、建立人力资源域数据标准、开展数据清理和数据转换、开发新一代人力资源系统等，并基于业务需求的紧迫性以及风险收益分析对各数据管理项目进行优先级排序，按照不同的优先级有序推动各数据管理项目的实施。

【典型的文件证据】

部门级或单个数据职能域的数据项目的优先级定义。

第 2 级：受管理级
DST-SI-L2-03：在部门或数据职能领域内，制定数据任务目标，并对所有任务全面分析，确定实施方向。

【标准解读】

本条款要求组织能够在某一个部门或数据职能域内，对各个数据管理项目的任务内容进行分析，明确各数据管理项目需要达成的目标，并制定相应实施计划。

【实施案例介绍】

某企业集中开展了人力资源域数据治理，由人力资源部实施人力资源域数据标准化建设、建设新一代人力资源系统等项目，制定了各项目的实施方案，明确了项目的建设内容、技术方案、进度计划、人员配置等内容。

【典型的文件证据】

部门级或单个数据职能域的数据项目的任务目标和实施计划。

第 2 级：受管理级
DST-SI-L2-04：在部门或数据职能领域内，针对具体管理任务建立目标完成情况的评估准则。

【标准解读】

本条款要求组织能够在某一个部门或数据职能域内，制定数据管理项目绩效目标完成情况的评估准则，主要包括项目评估的基本原则、指标体系、评估方法等内容，为后续的项目评估提供依据。

【实施案例介绍】

某企业集中开展了人力资源域数据治理，由人力资源部实施人力资源域数据标准化建设、开发新一代人力资源系统等项目，制定了各项目的实施方案，并在实施方案中明确了项目绩效评估的原则、指标、方法等内容。

【典型的文件证据】

部门级或某个数据职能领域的《数据项目事前绩效评估准则》。

第 3 级：稳健级
DST-SI-L3-01：针对数据职能任务，建立系统完整的评估准则。

【标准解读】

本条款要求在组织范围内，针对各数据项目和职能任务的特点和要求，制定组织级的数据管理项目绩效目标完成情况的评估准则，主要包括项目评估的基本原则、评估方法、指标体系等内容。

【实施案例介绍】

某企业为了加强数据管理和信息化项目的事前评估，制定《数据项目事前绩效评估准则》，规范了评估方式、评估方法、指标体系以及评估流程等内容，评估方式包括查阅资料、实地调研、集体研究、专家论证、问卷调查、座谈咨询等，评估方法包括成本效益分析法、对比审核法、因素分析法、最低成本法等，指标体系包括申报必要性、筹资合规性、投入经济性、目标合理性、实施可行性等方面，评估流程包括制定评估目标、设计指标体系、确定项目边界、收集数据及支撑材料、分析论证、编制评估报告。

【典型的文件证据】

组织级的《数据项目事前绩效评估准则》。

第 3 级：稳健级
DST-SI-L3-02：在组织范围内全面评估实际情况，确定各项数据职能与愿景、目标的差距。

【标准解读】

本条款要求在组织范围内，对数据管理的现状进行全面的分析，覆盖到全部业务部门和职能部门，包括各部门的信息系统建设情况、数据管理团队建设情况、数据平台建设情况等，从而评估和确定各数据职能域与数据管理愿景、目标之间的差距。

【实施案例介绍】

某企业由数据管理部对全公司范围内的数据管理现状进行调研分析，形成了现状分析报告，发现了存在的问题，例如存在大量数据孤岛、没有建立数据认责机制、数据分析效率低下、数据质量和完整性差等，从而明确了数据架构、数据团队建设、数据分析应用、数据质量管理等数据职能的目标，主要包括建立集中的大数据平台、进行统一数据建模、完善数据团队建设和数据认责机制、建设数据安全管控平台、开展数据质量专项治理等。

【典型的文件证据】

组织级的数据管理现状分析报告。

第 3 级：稳健级
DST-SI-L3-03：制定数据战略推进工作报告模板，并定期发布，使利益相关者了解数据战略实施的情况和存在的问题。

【标准解读】

本条款要求在组织范围内，对数据战略的推进情况进行跟踪总结，根据固定的模板定期制定和发布工作报告，通过数据战略推进工作报告让利益相关者及时了解数据战略实施的情况和存在的问题。

【实施案例介绍】

某企业制定了《2020 年数据管理工作报告》，全面汇报了大数据平台建设和数据治理体系建设成果总结：商业智能分析平台成功升级为智脑 1.0 版本，基于大数据平台经过清洗和治理形成的数据资产目录，利用人工智能（AI）、大数据工具和算法模型进行数据挖掘分析，赋能各个经营场景，帮助实现以数据驱动的“四提升”智能化。同时制定了下一年和“十四五”期间工作思路，明确了数据战略存在的挑战和思考。

【典型的文件证据】

组织级的《数据管理工作报告》。

第 3 级：稳健级
DST-SI-L3-04：结合组织业务战略，利用业务价值驱动方法评估数据管理和数据应用工作的优先级，制定实施计划，并提供资源、资金等方面的保障。

【标准解读】

本条款要求在组织领导层面，基于各项业务价值因素，如利润提升、市场份额增长、经营成本降低、发现新的商业模式等，定义各个数据管理项目的优先级，并制定数据管理项目的实施计划或实施方案，为数据管理项目的实施提供资源、资金等方面的保障。

【实施案例介绍】

某企业由领导层牵头对全公司范围内开展数据治理，设立了建设大数据平台、进行统一数据建模、完善数据团队建设和数据认责机制、建设数据安全管控平台、开展数据质量专项治理等数据管理项目，并基于业务需求的紧迫性和风险收益分析对各数据管理项目进行优先级排序，按照不同的优先级有序推动各数据管理项目的实施，制定了各数据管理项目的实施计划，明确了项目的建设内容、技术方案、进度计划等内容，并在公司层面统一提供资金预算、人员配置等资源保障。

【典型的文件证据】

组织范围内各数据管理项目的优先级定义、组织范围内各数据管理项目的实施计划或实施方案。

第 3 级：稳健级
DST-SI-L3-05：跟踪评估各项数据任务的实施情况，并结合工作进展调整更新实施计划。

【标准解读】

本条款要求在组织范围内，对各个数据管理项目的实施情况进行过程跟踪，必要时对项目进行变更管理，调整更新实施计划。项目变更管理是指为适应项目运行过程中与项目相关的各种因素的变化，保证项目目标的实现而对项目的实施计划进行相应的部分变更或全部变更，并按变更后的要求开展项目实施的过程。

【实施案例介绍】

某企业由数据管理部牵头对全公司范围内开展数据治理，设立了建设大数据平台、进行统一数据建模、完善数据团队建设和数据认责机制、建设数据安全管控平台、开展数据质量专项治理等数据管理项目。在各数据管理项目的实施过程中，通过月报、里程碑报告等方式对项目的实施情况进行定期跟踪总结。如果某项目存在内容变更情况，则遵循《信息化项目管理办法》的要求进行项目变更管理。

【典型的文件证据】

组织级的数据管理项目全过程管理的制度规范。

数据管理项目的过程管理和变更管理记录，例如里程碑报告、变更申请书、审批表、变更前后的实施计划等。

第 4 级：量化管理级
DST-SI-L4-01：可应用量化分析的方式，对数据战略进展情况进行分析。

【标准解读】

本条款要求组织应当对数据战略的进展情况进行跟踪和分析，制定数据战略进展情况的量化分析指标，并对数据战略和各数据管理项目的实施进展进行量化分析，根据量化分析的结果及时调整数据战略的实施计划。

【实施案例介绍】

某企业通过平衡计分卡、战略计划表等工具对数据战略的实施进展情况进行量化管理，制定了实施进展的量化指标，将数据战略落实为可操作的衡量指标和目标值，依据量化指标对数据战略管理过程进行量化分析。

【典型的文件证据】

数据战略实施过程的量化分析记录。

第 4 级：量化管理级
DST-SI-L4-02：积累大量的数据用以提升数据任务进度规划的准确性。

【标准解读】

本条款要求组织应当将数据管理项目从计划到执行全过程的数据，以科学的方式积累起来，通过对积累的大量历史数据进行经验总结和分析，制定不同类型数据任务的工作量度量方法，以支撑后续数据管理项目规划时的费用测算和进度安排，提升数据任务进度规划的准确性。

【实施案例介绍】

某企业制定了《数字化项目工作量度量规范应用指南》，对不同类型的数据管理项目工作的度量方法及原则进行了详细说明，并提供模板、度量基准数据和系数取分等参考标准，为制定合理的数据管理项目实施进度规划提供支撑。

【典型的文件证据】

数据管理项目的进度规划度量规范。

第 4 级：量化管理级
DST-SI-L4-03：数据管理工作任务的安排能及时满足业务发展的需要，建立了规范的优先级排序方法。

【标准解读】

本条款要求组织实施的各项数据管理工作任务能及时满足业务发展的需要，并且建立了规范的数据管理项目的优先级排序方法，能够有效对应业务发展的需求，稳步推进数据管理工作的开展，有效地推动业务的发展。

【实施案例介绍】

某企业通过建设大数据平台、BI 报表平台、数据安全管控平台等多个数据管理项目，构建形成了数据中台能力，按照统一数据采集、统一数据规范、统一数据服务的建设理念，依托数据中台能力灵活支撑各业务需求场景和技术创新，在客户洞察、营销策划、智慧运营、精细管理等方面进行了广泛应用。同时，还制定了《信息化项目管理办法》，对数据管理项目的优先级排序方法和过程管理进行了规定。

【典型的文件证据】

数据管理项目实施效果评价记录。

数据管理项目的优先级排序方法。

第 5 级：优化级
DST-SI-L5-01：在业界分享最佳实践，成为行业标杆。

【标准解读】

本条款要求组织能够制定全面的数据战略实施方案和计划，对数据管理项目建立了规范的优先级排序方法，并对数据战略和各数据管理项目的实施进展进行量化分析，能及时调整更新实施计划，在数据战略实施方面成为行业内的标杆，得到行业内的认可，形成了完整的理论方法和工具，并能够积极在业界分享成功经验，是公认的行业最佳实践。

【实施案例介绍】

某企业参加行业内权威的数据管理相关的论坛，对自身数据战略实施方面做最佳实践的分享，包括如何推动数据战略实施、对数据战略实施进行量化管理等内容，并获得了权威的数据管理相关的奖项，形成了理论体系，出版了相关的书籍等。

【典型的文件证据】

数据战略实施实践分享的相关报道、获奖、著作等。

2.3 数据战略评估

2.3.1 概述

数据战略评估过程中应建立对应的业务案例和投资模型，并在整个数据战略实施过程中跟踪进度，同时做好记录供审计和评估使用。

数据战略评估中的业务案例指的是为描述数据战略任务合理性、必要性、可行性、预期效果等内容的分析，通常包含在项目的可行性研究报告中，是项目正式立项的前提。业务案例的目的是评估数据管理项目可行的方案，供业务负责人选择最佳方案，最终让决策者有信心批准数据管理项目。

投资模型指的是用以量化相对投资风险而建立的风险与回报之间平衡关系的数学模型，旨在通过构建相关评价指标，以系统分析的观点，科学、客观地对投资机会进行择优评价，以达到避免盲目投资的效果。

2.3.2 过程描述

数据战略评估具体的过程描述如下：

a）建立任务效益评估模型，从时间、成本、效益等方面建立数据战略相关任务的效益评估模型；

b）建立业务案例，建立了基本的用例模型、项目计划、初始风险评估和项目描述，能确定数据管理和数据应用相关任务（项目）的范围、活动、期望的价值以及合理的成本收益分析；

c）建立投资模型，作为数据职能项目投资分析的基础性理论，投资模型确保在充分考虑成本和收益的前提下对所需资本合理分配，投资模型要满足不同业务的信息科技需求，以及对应的数据职能内容，同时要广泛沟通以保障对业务或技术的前瞻性支持，并符合相关的监管及合规性要求；

d）阶段评估，在数据工作开展过程中，定期从业务价值、经济效益等维度对已取得的成果进行效益评估。

【过程解读】

数据战略评估是对数据战略实施的情况进行总结评价，并在数据管理项目完成后，遵循合理的管理过程对各数据管理项目的实施效果进行评估。首先从时间、成本、效益等方面建立数据管理项目的效益评估模型，为数据管理项目的后评估提供依据。其次，可以制定数据管理项目的业务案例，确定数据管理和数据应用相关项目的范围、活动、期望的价值，并进行合理的成本收益分析。再次，可以建立数据管理项目的投资模型，对项目所需资金进行合理分配，从而符合相关的监管及合规性要求。最后，对数据战略进行阶段评估，根据效益评估模型的内容，定期从业务价值、经济效益等维度对数据管理项目已取得的成果进行效益评估。

2.3.3　过程目标

数据战略评估具体的过程目标如下：

a）建立数据职能项目的业务案例，符合组织目标和业务驱动要求，帮助项目获取执行层面的支持，同时为投资模型提供参考；

b）建立一个或一组可持续的投资模型，满足组织文化和业务案例需求；

c）遵循投资模型，进行合理的成本收益分析，同时项目资金支持反映业务目标和组织优先级考虑；

d）对业务案例、资金支持方法及活动的记录、跟踪、审计、后评估。

【目标解读】

数据战略评估的主要目标包括：建立数据管理项目的业务案例，帮助项目获取执行层面的支持；制定数据管理项目的投资模型，指导项目的成本收益分析；依据数据管理项目的效益评估模型对项目进行跟踪、审计和后评估。

2.3.4　能力等级标准解读

第 1 级：初始级
DST-SA-L1-01：在项目范围内建立数据职能项目和活动的业务案例。

【标准解读】

本条款要求组织至少能够在某一个具体的信息化或数字化项目中制定业务案例，对项目进行可行性分析。

【实施案例介绍】

某企业建设了企业资源管理系统 ERP 示范项目，并制定了《企业资源管理系统 ERP 示范项目可行性研究报告》，在报告中对项目的建设背景、建设内容、技术方案、进度计划、人员配置、资金预算、效益和风险等情况进行分析，从而为项目的实施提供指导。

【典型的文件证据】

信息化或数字化项目实施方案。

第 1 级：初始级
DST-SA-L1-02：通过基本的成本——收益分析方法对数据管理项目进行投资预算管理。

【标准解读】

本条款要求组织至少能够在某一个具体的信息化或数字化项目中对项目的预期成本和收益进行分析，依据分析的结果制定项目的投资预算。

【实施案例介绍】

某企业建设了企业资源管理系统 ERP 示范项目，并制定了《企业资源管理系统 ERP 示范项目可行性研究报告》，在报告中对项目的建设成本进行了详细的分析，包括项目的软硬件成本、人工成本等，并对项目的效益进行了详细的分析，包括项目的业务价值、经济效益等，制定了项目的投资预算。

【典型的文件证据】

信息化或数字化项目实施方案。

第 2 级：受管理级
DST-SA-L2-01：在单个部门或数据职能领域内，根据业务需求建立了业务案例和任务效益评估模型。

【标准解读】

本条款要求组织能够在某一个部门或数据职能域内，对实施的数据管理项目建立业务案例，确定项目的范围、活动、期望的价值，进行合理的成本收益分析。同时，还能够从时间、成本、效益等方面建立数据管理项目的效益评估模型，为数据管理项目的后评估提供依据。

【实施案例介绍】

某企业集中开展了人力资源域数据治理，由人力资源部负责实施人力资源域数据清理和数据转换、开发新一代人力资源系统等数据管理项目，并制定了项目的可行性研究报告，在可行性研究报告中分析了项目的建设必要性、建设方案、建设目标等内容，并分析了项目的成本和收益，制定了项目的效益评估模型。

【典型的文件证据】

部门级或单个数据职能域的数据管理项目的业务案例和任务效益评估模型。

第 2 级：受管理级
DST-SA-L2-02：在单个部门或数据职能领域内，建立业务案例的标准决策过程，并明确了利益相关者在其中的职责。

【标准解读】

本条款要求组织能够在某一个部门或数据职能域内，通过制度规范建立业务案例的制定和审批流程，明确利益相关者在业务案例制定、审批过程中的职责。

【实施案例介绍】

某企业在人力资源部门制定了《信息化项目管理办法》，明确了对于数据项目立项的过程要求，包括项目启动、需求确认、可行性研究报告编制、可行性研究报告评审、项目立项决策和批复等环节，明确了公司管理层、人力资源部、财务部门、数据管理部门等各利益相关者在项目立项中的职责。

【典型的文件证据】

部门级或单个数据职能域的数据管理项目业务案例的制定、审批流程。

第 2 级：受管理级
DST-SA-L2-03：在单个部门或数据职能领域内，利益相关者参与制定数据管理和数据应用项目的投资模型。

【标准解读】

本条款要求组织能够在某一个部门或数据职能域内，对实施的数据管理项目制定投资模型，对项目的预期成本和收益进行分析，公司管理层、业务部门、财务部门、数据管理部门等利益相关者能够参与到投资模型的制定过程中，对数据管理项目的投资模型进行评审。

【实施案例介绍】

某企业集中开展了人力资源域数据治理，由人力资源部负责实施人力资源域数据清理和数据转换、开发新一代人力资源系统等数据管理项目。在实施过程中，制定了各数据管理项目的可行性研究报告，在报告中分析了项目的投资成本，分析了项目的预期收益，并且可行性研究报告经过了公司管理层、财务部、人力资源部、信息技术部的共同评审。

【典型的文件证据】

部门级或单个数据职能域的数据管理项目业务案例或投资模型的评审记录。

第 2 级：受管理级
DST-SA-L2-04：在单个部门或数据职能领域内，根据任务效益评估模型对相关的数据任务进行了评估。

【标准解读】

本条款要求组织能够在某一个部门或数据职能域内，根据任务效益评估模型对实施的数据管理项目进行项目后评估，定期从业务价值、经济效益等维度对数据管理项目已取得的成果进行效益评估。

【实施案例介绍】

某企业集中开展了人力资源域数据治理，由人力资源部负责实施人力资源域数据清理和数据转换、开发新一代人力资源系统等数据管理项目，在实施完成后，人力资源部内部对数据管理项目进行验收总结，并制定了项目验收报告，对项目的建设目标完成情况、经济效益等内容进行总结，最终通过项目验收专家评审。

【典型的文件证据】

部门级或单个数据职能域的数据管理项目的后评估报告。

第 3 级：稳健级
DST-SA-L3-01：在组织范围内，根据标准工作流程和方法建立数据管理和应用的相关业务案例。

【标准解读】

本条款要求在组织范围内，通过制定数据管理和应用项目的管理制度来规范数据管理项目业务案例的制定流程和方法，并对组织范围内实施的数据管理项目制定业务案例，确定项目的范围、活动、期望的价值，进行合理的成本收益分析。

【实施案例介绍】

某企业由数据管理部牵头对全公司范围内开展数据治理，设立了建设大数据平台、建设数据安全管控平台等数据管理项目，在各数据管理项目的实施过程中，根据可行性研究报告的制定流程和方法，制定了数据管理项目的可行性研究报告作为业务案例，分析了项目的建设必要性、建设方案、建设目标等内容。

【典型的文件证据】

组织级的数据管理项目的可行性研究报告。

第 3 级：稳健级
DST-SA-L3-02：在组织范围内制定了数据任务效益评估模型以及相关的管理办法。

【标准解读】

本条款要求在组织范围内，通过制定数据管理项目的管理制度，通过制度来规范数据管理项目的立项、实施、后评估等管理流程，并且制定统一的任务效益模型，制定数据管理项目后评估的指标体系。

【实施案例介绍】

某企业制定了组织级的《信息化项目管理办法》和《信息化项目后评估指标》，在《信息化项目管理办法》中规定了数据管理项目的相关职责，规定了数据管理项目的立项、实施、后评估等工作流程，在《信息化项目后评估指标》中规定了数据管理项目的效益评估模型，包括建设质量、运维水平、应用效果、经济效益等维度的评价指标。

【典型的文件证据】

组织级的数据管理或信息化项目管理制度、组织级的数据任务效益评估模型。

第 3 级：稳健级
DST-SA-L3-03：在组织范围内，业务案例的制定能获得高层管理者、业务部门的支持和参与。

【标准解读】

本条款要求在组织范围内，明确高层管理者、业务部门在数据管理业务案例制定过程中的工作职责，并在实际工作过程中高层管理者、业务部门能积极参与业务案例的制定和评审，为业务案例提供合理化建议和支持。

【实施案例介绍】

某企业由数据管理部牵头在全公司范围内开展数据治理，设立了建设大数据平台、建设数据安全管控平台等数据管理项目，在各数据管理项目的实施过程中，总经理、技术总监、业务部门共同参与制定数据管理项目的可行性研究报告，并进行了评审。

【典型的文件证据】

组织级的数据管理项目的可行性研究报告及评审记录。

第 3 级：稳健级
DST-SA-L3-04：在组织范围内，通过成本收益准则指导数据职能项目的实施优先级安排。

【标准解读】

本条款要求在组织范围内，对实施的各数据管理项目进行优先级安排，并且优先级定义的原则需要遵循成本收益准则。数据治理的成本管理活动应该以成本效益观念作为支配思想，从“投入”与“产出”的对比分析来看待“投入”的必要性、合理性，即努力以尽可能少的成本付出，创造尽可能多的使用价值，从而获取更多的经济效益。

【实施案例介绍】

某企业由数据管理部牵头在全公司范围内开展数据治理，设立了建设大数据平台、建设数据安全管控平台等数据管理项目，在各数据管理项目的实施过程中，数据管理部对各项目的成本和收益进行对比分析，经过计算得出建设大数据平台项目的投资回报率最高，因此该项目的优先级最高，并根据成本收益准则对其他各项目进行了优先级安排。

【典型的文件证据】

组织级的数据管理项目的优先级安排。

第 3 级：稳健级
DST-SA-L3-05：在组织范围内，通过任务效益评估模型对数据战略实施任务进行评估和管理，并纳入审计范围。

【标准解读】

本条款要求在组织范围内，根据任务效益评估模型对实施的数据管理项目进行项目后评估，定期从业务价值、经济效益等维度对数据管理项目已取得的成果进行效益评估，并在财务审计或项目专项审计中对数据管理项目进行审计。

【实施案例介绍】

某企业由数据管理部牵头在全公司范围内开展数据治理，提出了建设大数据平台、建设数据安全管控平台等数据管理项目，在各数据管理项目实施完成后，从组织级层面对数据管理项目进行验收总结，并制定了项目验收报告，对项目的建设目标完成情况、经济效益等内容进行总结，制定了项目审计报告，对项目的经费支出等情况进行专项审计，最终通过项目验收专家评审。

【典型的文件证据】

组织级的数据管理项目的后评估报告或审计报告。

第 4 级：量化管理级
DST-SA-L4-01：构建专门的数据管理和数据应用 TCO 方法，衡量评估数据管理实施切入点和基础实施的变化，并调整资金预算。

【标准解读】

本条款要求组织应制定专门的数据管理项目 TCO（Total Cost of Ownership，总拥有成本）的估算方法，对各数据管理项目的总拥有成本进行估算，并根据估算结果调整公司对于数据管理投入的资金预算。

TCO，包括产品采购到后期使用、维护的成本，是一种公司经常采用的技术评价标准，主要用于对重要工作的投入成本估算。

【实施案例介绍】

某企业制定了《数字化项目工作量度量规范应用指南》，对不同类型的数据管理项目工作的度量方法及原则进行了详细说明，并提供模板、度量基准数据和系数取分等参考标准，支撑数据管理项目可研立项时费用测算工作。

【典型的文件证据】

《数字化项目工作量度量规范应用指南》。

第 4 级：量化管理级
DST-SA-L4-02：使用统计方法或其他量化方法分析数据管理的成本评估标准。

【标准解读】

本条款要求组织应当根据制定的数据管理项目 TCO 估算方法，使用统计方法或其他量化分析方法对实施的数据管理项目进行成本评估。

【实施案例介绍】

某企业制定了《数字化项目工作量度量规范应用指南》，对不同类型的数据管理项目工作的度量方法及原则进行了详细说明，在数据管理项目实施过程中，根据制定的数据管理项目工作的度量方法对项目的总成本进行评估。

【典型的文件证据】

数据管理项目成本量化评估记录。

第 4 级：量化管理级
DST-SA-L4-03：使用统计方法或其他量化方法分析资金预算满足组织目标的有效性和准确性。

【标准解读】

本条款要求组织应当使用统计方法或其他量化方法，对数据管理的投入资金进行量化分析，制定量化评估指标，对数据管理资金预算的使用情况和使用效果进行量化评价，重点评价资金预算是否满足组织的数据管理目标以及资金预算是否能准确反映数据管理的项目建设需要，并根据资金预算使用情况量化评估的结果调整资金预算。

【实施案例介绍】

某企业对过往历年的信息化建设投入和数据管理投入的资金进行统计分析，发现数据管理投入在公司信息化建设投入中占的比重过低，每年在数据管理方面的资金预算已无法满足越来越高的数据管理需求。在下一年的资金预算中，经过合理的量化分析，对数据管理项目的资金投入进行了更为科学的分析，从而提升了数据管理方面的资金预算。

【典型的文件证据】

数据管理资金预算使用效果的量化评价记录。

第 5 级：优化级
DST-SA-L5-01：建立并发布数据管理资金预算蓝皮书。

【标准解读】

本条款要求组织对数据管理进行全面预算管理，并制定数据管理的资金预算蓝皮书。数据管理资金预算蓝皮书指的是由第三方机构，例如第三方咨询公司，对本组织数据管理的总体资金预算进行详细分析，形成的综合研究报告。

【实施案例介绍】

某企业为能源企业的龙头企业，每年在数据管理领域的投入超过 10 亿人民币。该企业以每三年为一个周期，制定长远的商业规划、IT 规划和数据管理规划等，该企业在 2021 年制定了未来三年的数据管理投资预算，总金额超过 50 亿元，为了保证该预算的合理性和合规性，该企业邀请了国内专业的数据管理咨询机构和预算审查监督咨询专家对数据管理的投资预算进行研究和评审。经过半年时间的调研与分析，该管理咨询机构与相关专家出具了《某某企业数据管理资金预算蓝皮书》，详细地论证各项预算的必要性和合理性，并指出了有争议的内容。该企业董事会基于该蓝皮书的建议，修订和调整了数据管理规划预算并重新发布。

【典型的文件证据】

数据管理资金预算蓝皮书。

第 5 级：优化级
DST-SA-L5-02：在业界分享最佳实践，成为行业标杆。

【标准解读】

本条款要求组织能够对数据战略进行跟踪评估，制定规范的管理流程对数据管理项目进行效益评估和审计，对数据管理的资金预算等进行量化评价，在数据战略评估方面成为行业内的标杆，得到行业内的认可，形成了完整的理论方法和工具，并能够积极在业界分享成功经验，是公认的行业最佳实践。

【实施案例介绍】

某企业参加行业内权威的数据管理相关的论坛，对自身数据战略评估方面做最佳实践的分享，包括如何评估数据战略实施效果、评估数据能力的建设情况等内容，并获得了权威的数据管理相关的奖项，出版了相关的书籍等。

【典型的文件证据】

数据战略评估分享的相关报道、获奖、著作等。

2.4　小结

在数字化时代下，数据战略是响应国家战略、实现监管合规要求、把握行业关键机遇及自身业务长久发展的破局之举、必经之路。结合数据能力建设本身的特点、自身数据管理的发展阶段、数据战略的推行力度以及数据文化等因素，数据管理工作需要通盘考虑、全局谋划，组织内部须达成数据战略的共识，形成战略合力。为了数据战略的顺利实施，企业可以按照以下路径推进数据战略：

a）数据战略规划：分析数据管理现状、制定愿景目标及总体原则、制定实施举措和路线图；

b）数据战略实施：配置组织人员、建立制度保障、建设数据管理能力、培养数据文化；

c）数据战略评估：评估数据战略实施效果、评估数据能力建设情况。

在数据战略顶层规划与落地实施配套保障的共同作用下，数据必将在数字化转型中发挥更加重要的作用，在数据战略的助力下，企业可以更加积极地响应国家“十四五”规划，在数据要素赋能工作及数据要素市场的建设中扮演更加重要的角色，发挥更加积极的作用。数据战略赋能数据开放、数据生态、数据共享，使数据资产不再为一人或一组织所有，而是成为普惠全体人民、创造共有财富、实现共同富裕的核心资产。数据战略不会只局限于某单个组织，全行业、全社会乃至整个国家都会形成数据战略，并逐渐构建成为共同建设数据能力的数据战略生态，最终支撑国家战略的长足发展。

第3章 数据治理

数据治理是数据资产管理行使权利和控制的活动集合，主要包含数据管理规范的制定，管理架构和流程的制定，具体工作的监督和执行。数据治理旨在明确相关角色、工作责任和工作流程，建立有效沟通机制，确保数据资产能长期有序地、可持续地得到管理。数据治理职能指导其他数据管理职能如何执行，是在更高层次上执行数据管理制度。

数据管理与数据治理既有区别又有联系。业界广泛认同数据治理是整体数据管理的一部分，在 DMM、DMBOK 框架以及 DCMM 中，数据管理包含多个不同的领域，数据治理均是数据管理的一个重要部分，数据管理与数据治理的区别可归纳为：数据管理是从总体规划视角，保证数据是被恰当地管理；而数据治理则是从具体执行视角，管理数据以达到期望的目标。

数据治理包括数据治理组织、数据制度建设和数据治理沟通三个能力项。数据治理组织是确保目标能够达到的组织保障，数据制度必须依赖组织架构才能顺利施行。数据制度建设是数据管理和数据应用各项工作有序开展的标准和规范，是数据治理沟通和实施的关键依据。数据治理沟通是建立有效数据职能运行机制的关键，有效的数据治理沟通将推动数据治理组织的建立以及数据制度的有效执行，提升组织数据管理能力。

3.1 数据治理组织

3.1.1 概述

数据治理组织包括组织架构、岗位设置、团队建设、数据责任等内容，是各项数据职能工作开展的基础。对组织数据管理和数据应用行使职责规划和控制，并指导各项数据职能的执行，以确保组织能有效落实数据战略目标。组织架构是确保目标能够达到的组织保障。各种管理制度、规范都必须依赖组织架构才能顺利施行。良好的组织架构可以理顺各部门之间的数据管理协作关系，保障管理机制顺利执行，并且促进数据治理工作的开展和延续。

3.1.2　过程描述

数据治理组织具体的过程描述如下：

a）建立数据治理组织，建立数据体系配套的权责明确且内部沟通顺畅的组织，确保数据战略的实施；

b）岗位设置，建立数据治理所需的岗位，明确岗位的职责、任职要求等；

c）团队建设，制定团队培训、能力提升计划，通过引入内部、外部资源定期开展人员培训，提升团队人员的数据治理技能；

d）数据归口管理，明确数据所有人、管理人等相关角色，以及数据的归口的具体管理人员；

e）建立绩效评价体系，根据团队人员职责、管理数据范围的划分，制定相关人员的绩效考核体系。

【过程解读】

组织数据治理涉及范围广，牵扯到管理、业务、技术、运营等众多部门和人员，需要协调好各方关系，目标一致、通力协作才能保证数据治理工作的成功开展。建立合适的数据治理组织是组织开展数据治理的关键，是数据治理工作成功的有力保证。数据治理组织的建设一般包括多个方面，即数据治理组织架构的设计，部门职责的界定、人员编制、岗位职责及能力要求，绩效管理等内容。数据治理组织中各职能部门的权责应明确，岗位设置合理，由数据归口管理部门统筹推进数据治理工作，通过培训提升数据治理人员的工作技能，通过绩效评价体系，激励各部门和相关岗位人员重视并高质量开展数据治理工作，推动数据治理工作正向发展。

3.1.3　过程目标

数据治理组织具体的过程目标如下：

a）建立完善的组织架构及对应的工作流程机制；

b）数据管理明确归口管理并设置足够的专、兼职岗位，持续推动团队建设；

c）建立支撑数据管理和数据应用战略的绩效评价体系。

【目标解读】

数据治理组织的核心目的是建立完善的数据治理组织架构，典型的数据治理组织架构包括决策层、管理层和执行层，部分还包括监督层。数据治理组织架构可依赖组织现有部门，或成立独立的数据治理实体部门，或成立虚拟数据管理部门，如数据治理办公室 / 委员会等。组织需通过制度文件或系统中的工作流程来固化数据治理工作流程，保证数据治理工作的顺利执行。组织应明确归口管理部门，实现数据治理工作的统一管理推进，同时设置专门的数据治理岗位，承担数据治理工作具体职责，提升团队人员的数据治理技能。组织应制定培训计划，开展数据治理相关培训。此外，组织应在绩效评价体系中纳入对数据管理工作的考核指标，建立支撑数据管理和数据应用战略的绩效评价体系。

3.1.4 能力等级标准解读

第 1 级：初始级
DG-GO-L1-01：在具体项目中体现数据管理和数据应用的岗位、角色及职责。

【标准解读】

初始级数据治理组织是基于数据类项目的数据治理。本条款要求组织在具体的数据类项目中体现数据管理和数据应用的人员设置，即在项目层面，为某数据项目配备实施团队，人员职责和岗位设置明确，能够支撑项目顺利实施。

【实施案例介绍】

企业的数据分散在各项目团队中，由项目团队负责管理数据，在具体项目中进行了岗位设置和职责分工。在项目启动前，编制了项目实施方案，组建了项目团队，根据项目任务和建设目标，结合项目需求分析，在方案中进一步明确该项目团队的人员职责，如包含数据架构师、数据安全管理员、数据需求分析人员等，满足项目实施需要。

【典型的文件证据】

项目实施方案中的人员岗位及数据相关职责。

第 1 级：初始级
DG-GO-L1-02：依靠个人能力解决数据问题，未建立专业组织。

【标准解读】

本条款是指组织尚未形成统一的结构合理的组织架构，在项目实施过程中，项目人员依据个人的知识积累和具备的技能解决项目问题，团体合作程度低，未获得充分的团队支持，团队的共性知识沉淀较少，知识没能很好地共享和积累，不利于发挥团队优势来形成合力，团队应对和解决问题的能力弱。

【实施案例介绍】

企业根据数据项目开展需要组建项目实施团队。在开展数据项目时，项目没有建立规范的运维方案，项目主管指派数据运维工程师给出解决方案。该团队成员大多各司其职，独立完成职责范围内的工作，数据运维工程师根据其个人以往项目经验完成该工作，期间与项目组其他成员间的沟通有限。

【典型的文件证据】

项目实施方案中的人员及职责说明，公司或部门未发布相应的岗位职责说明。

第 2 级：受管理级
DG-GO-L2-01：制定了数据相关的培训计划，但没有制度化。

【标准解读】

本条款要求组织制定了培训计划，纳入了数据管理相关的意识或知识技能培训，推动提升数据管理人员的能力。但是，组织尚未建立有关培训工作的制度规范，或尚未形成开展培训的常态化机制。

【实施案例介绍】

某企业数据管理部门制定了培训计划，面向数据管理和业务相关部门开展数据管理相关培训。培训的内容包含数据管理制度规范、数据安全、数据标准、数据管理平台操作使用等，培训讲师由企业数据管理人员及外部讲师构成，明确了时间安排。在培训结束后，企业通过笔试或者口试等方式对培训效果进行了考核评价，确保培训取得实效。

【典型的文件证据】

数据相关培训计划、培训签到表、培训材料、培训考核评价报告等。

第 2 级：受管理级
DG-GO-L2-02：在单个数据职能域或业务部门，设置数据治理兼职或专职岗位，岗位职责明确。

【标准解读】

本条款要求在某个业务部门或业务条线设置数据管理岗位，重点针对本部门或某业务条线的数据开展管理工作，该岗位可为专职岗位，也可为兼职岗位，或两者相结合。无论是专职还是兼职岗位，组织均需明确定义岗位职责，便于数据人员开展工作。

【实施案例介绍】

某企业为有效发挥财务数据对企业经营管理决策的作用，经研究决定重点开展财务数据管理工作。企业数据管理部门为信息管理部，财务部作为业务部门，会同信息管理部共同推进该项工作。企业在信息管理部设置了数据开发工程师、数据分析师、数据质量工程师等兼职岗位，并在岗位说明书中清晰定义了上述岗位职责，由该部门 IT 工程师兼职承担相应工作，支撑企业财务部门实施财务数据管理工作。

【典型的文件证据】

企业组织架构图、岗位说明书。

第 2 级：受管理级
DG-GO-L2-03：数据治理工作的重要性得到管理层的认可。

【标准解读】

本条款要求组织管理层关注数据治理工作，管理层可不作为数据团队中的成员，可不参与数据管理相关工作决策。如数据管理部门确有需要，可借助管理层协调各项资源，推动问题解决。

【实施案例介绍】

某企业在部门职责中规定，信息管理部是企业数据管理部门，具体负责决策并协调实施数据挖掘、数据质量管理、数据安全管理、数据运维等各项工作。企业建立了数据团队，由信息管理部组成，信息管理部主任负责数据治理工作的决策和指导。在日常工作中，管理层不直接参与数据治理工作决策，但听取信息管理部关于数据治理工作情况汇报，对数据治理工作成效给予肯定，支持继续开展该项工作。

【典型的文件证据】

数据治理工作会议等活动体现组织管理层参与。

第 2 级：受管理级
DG-GO-L2-04：明确数据治理岗位在新建项目中的管理职责。

【标准解读】

数据战略在实施层面将分解成若干数据任务或项目，数据治理相关人员在执行层面实施各个数据任务。本条款要求在新项目建设中明确数据治理岗位的管理职责，可通过岗位说明书等方式予以明确，推动新项目顺利开展。

【实施案例介绍】

某企业数据管理部门制定了数据治理岗位的岗位说明书，并由人力资源管理部门备案并正式发布。以数据安全工程师的岗位职责为例，在其岗位说明书中明确，数据安全工程师负责进行新建项目中内外部数据安全需求的调研和收集，识别新项目数据安全风险，实施新项目数据安全监控管理。其他岗位也以同种方式明确了在新建项目中的管理职责。

【典型的文件证据】

岗位职责说明书中关于新项目建设中的数据治理要求。

第 3 级：稳健级
DG-GO-L3-01：管理层负责数据治理工作相关的决策，参与数据管理相关工作。

【标准解读】

管理层的支持对于顺利有效地实施数据治理工作至关重要。数据治理工作不是独立的，需要资金、人力等资源持续支持。本条款要求明确组织管理层在数据治理工作中的角色，由管理层负责数据治理工作相关决策，审批数据管理重要事项，参与数据管理相关工作，听取日常数据治理工作汇报。借助管理层协调各项资源，解决问题，高效决策，推动工作深入开展。

【实施案例介绍】

某企业在《关于建立数据治理组织架构的通知》中明确建立数据治理组织包含决策层、管理层和执行层，规定了各方的组成和职责。决策层对应数据治理委员会，由企业管理层（最高管理者、管理者代表、企业副总经理、首席数据官等）担任委员会主任；管理层对应数据治理工作领导小组，由负责经理任组长，成员由各部门领导组成；执行层对应信息管理部及其他相关部门，信息管理部负责组织实施数据治理工作，向管理层和决策层汇报数据治理工作。同时，在企业《关于明确领导分工的通知》中，明确了副总经理分管信息管理部。副总经理负责数据治理工作相关的决策，审阅数据治理工作报告，协调解决数据治理重要问题，对数据治理工作进行监督指导。

【典型的文件证据】

企业数据治理架构包含了组织管理层、数据治理管理办法中明确了管理层的职责、数据治理工作会议、日常审批流程等活动体现组织的管理层参与决策。

第 3 级：稳健级
DG-GO-L3-02：在组织范围内明确统一的数据治理归口部门，负责组织协调各项数据职能工作。

【标准解读】

归口管理是一种管理方式，一般是按照业务、系统分工管理，其目的是防止重复管理、多头管理。归口部门的合理设置可推动工作更有效进行。本条款要求组织明确某一部门作为数据治理归口部门，由归口部门负责承担数据管理的主要组织协调职责，明确归口部门和其他相关部门的职责，推动相关部门共同参与数据管理工作。

【实施案例介绍】

某企业在数据治理管理办法中明确规定数据管理归口部门为企业的信息管理部，主要负责牵头企业数据治理工作，负责数据治理体系建设并制定相关管理制度，牵头制定数据治理方案并组织协调开展相关建设项目，为企业各业务部门提供数据治理服务，定期向企业管理层汇报数据治理情况等。企业的各业务部门按照企业统一工作部署，参与和执行本业务领域数据治理工作。

【典型的文件证据】

企业数据治理架构、数据治理管理办法、数据治理工作方案中关于数据治理归口部门的要求。

第 3 级：稳健级
DG-GO-L3-03：数据治理人员的岗位职责明确，可体现在岗位描述中。

【标准解读】

本条款与受管理级条款“DG-GO-L2-02：在单个数据职能域或业务部门，设置数据治理兼职或专职岗位”的最主要区别是，在组织层面统一进行岗位设置，数据治理的角色分布在组织中多个部门和层级，并且在数据治理相关部门中设置的是专职数据治理岗位，岗位职责清晰，每个岗位均有明确的岗位职责描述，可通过岗位职责说明书明确。

【实施案例介绍】

某企业数据治理人员的岗位职责明确，在数据部、信息安全部、科技部、运维部等主要部门建立了专职数据岗位。数据部负责牵头开展企业数据治理，建立健全数据治理体系，开展数据模型、数据治理、数据标准等核心领域建设，设置了数据架构师、数据治理工程师、数据标准工程师、数据质量工程师等岗位；信息安全部负责数据安全管理等工作，设置了数据安全工程师等岗位；科技部负责产品研发工作，支撑大数据中心数据分析类需求实施，数据集成平台产品、数据服务平台产品的技术研发，设置了数据分析师、开发工程师、研发工程师等岗位；运维部负责大数据平台、数据服务平台等的运维管理工作，设置了数据运维工程师等岗位。各岗位职责在岗位说明书中详细描述。

【典型的文件证据】

组织的岗位说明书。

第 3 级：稳健级
DG-GO-L3-04：建立了数据管理工作的评价标准，建立了对相关人员的奖惩制度。

【标准解读】

本条款要求组织针对数据管理工作建立评价标准，便于数据管理人员掌握数据管理工作要求，同时建立数据治理工作的奖惩制度，对做出贡献的、超额完成工作任务、高标准完成工作的数据管理人员实施奖励；对不能胜任职责、考核不合格、履职不到位，能力与岗位要求不匹配的，明确惩罚措施。

【实施案例介绍】

某企业建立了数据管理工作的评价标准，设置了评价指标，对任务指标完成情况等进行评价，定期在企业各部门开展数据治理自评估。例如，对于数据安全管理工作，通过考核数据安全检查工作完成率、数据安全问题整改率、账号管理规范率等进行评价；对于数据标准管理工作，评价标准包括数据标准规范率、数据标准维护及时率和准确率等。同时，企业制定了配套数据治理工作奖惩机制，在奖励机制方面，企业定期对在数据管理与分析应用领域做出重要贡献、成效显著的核心人才、团队、所在部门进行表彰，评选工作成效突出的部门，评选有突出贡献的数据分析师，评选出切实解决企业经营管理和业务发展的数据分析和挖掘应用成果。在惩罚机制方面，对于数据分析师不能胜任职责、考核不合格、履职不到位的，能力与岗位要求不匹配的，出现违纪、失职等情况的，按有关制度采取解聘职务、调整岗位、下调岗位或工资等级等惩罚措施。

【典型的文件证据】

数据岗位相关的绩效管理办法、考核体系、考核评价记录、奖惩记录等。

第 3 级：稳健级
DG-GO-L3-05：在组织范围内建立、健全数据责任体系，覆盖管理、业务和技术等方面的人员，明确各方在数据管理过程中的职责。

【标准解读】

完善的数据认责流程和健全的数据认责制度是促进和保障数据治理效果得以持续展现的重要手段。本条款要求组织明确数据治理组织架构中各方在数据管理过程中的责任，构建包括诸如数据决策者、数据所有者、数据管理技术方、数据管理业务方等在内的数据认责制度，建立完善的数据认责流程，健全数据责任体系。

【实施案例介绍】

某企业在组织范围内建立健全数据责任体系，在数据治理管理办法中明确职责分工部分，明确各方在数据管理过程中的职责。数据治理委员会作为数据管理工作的领导决策机构，负责制定数据战略，审议决策数据治理重大事项，对数据治理工作进行监督指导，体现管理方面人员参与。数据治理办公室是数据归口管理部门，负责牵头组织企业的数据治理工作，负责数据治理体系建设工作并制定相关管理制度，定期向数据治理委员会汇报数据治理情况。各业务部门是本领域业务数据的管理者，主要负责各业务领域内的数据治理工作，负责参与和执行企业数据治理工作，贯彻和执行相关管理办法，体现业务方面人员的参与。企业大数据中心为数据管理技术支撑机构，提供技术、平台等支持，体现技术方面人员参与。

【典型的文件证据】

数据认责管理制度、数据治理管理办法中职责分工等。

第 3 级：稳健级
DG-GO-L3-06：在组织范围内推动数据归口管理，确保各类数据都有明确的管理者。

【标准解读】

组织的数据涉及经营管理的方方面面，通常职能部门或业务条线对本业务数据管理的需求和要求最为了解。因此，业务领域的数据治理工作可由部门具体实施。本条款要求在组织范围内，要明确所拥有或所管理的每类数据的管理者或者归口管理部门。

【实施案例介绍】

某企业对数据资源进行摸查，经过梳理识别了企业的数据主要包括生产数据、财务数据、营销数据、人力资源数据等。企业在数据治理工作方案中明确了各类数据的归口管理部门，其中生产数据由生产部门归口管理，财务数据由财务部门归口管理，营销数据由销售部门归口管理，人力资源数据由人力资源管理部门归口管理。业务部门作为本业务领域数据的管理者，负责本业务领域数据治理，管理业务条线数据源，落实数据管控机制，其他相关部门根据职责分工共同推进各项管理工作。

【典型的文件证据】

数据治理管理办法 / 数据治理工作方案中关于数据归口管理的要求、数据资产清单及其管理者明细。

第 3 级：稳健级
DG-GO-L3-07：定期进行培训和经验分享，不断提高员工能力。

【标准解读】

本条款要求在组织层面形成定期开展数据治理相关培训的机制，强化对数据管理意识或知识技能培训，推动提升数据管理人员的能力。可通过培训管理制度有效约束对培训工作进行管理，通过年度培训计划进行定期安排。本条款要求组织制定了培训计划与条款“DG-GO-L2-01：制定了数据相关的培训计划，但没有制度化”的差别在于，受管理级的培训未要求制度化，未能从制度上有效保证数据管理相关培训持续开展。

【实施案例介绍】

某企业制定了培训管理制度，规定由人力资源管理部门统筹数据管理部门培训需求，通过引入内部、外部资源制定数据管理相关培训计划，面向企业各部门定期开展针对性数据管理培训，分享企业内外部数据管理实践经验，并通过笔试、实操、口试等多种方式进行培训效果评价。如：企业每年组织数据安全岗位人员进行数据安全管理新技术培训，每年组织开展全员数据安全意识和基本知识培训，重点开展法律法规宣贯、数据安全防范等基础宣贯。同时，企业还组织内部数据安全管理专家针对内部数据安全建设情况做分享，提升企业全体人员数据安全意识及对企业工作的了解。

【典型的文件证据】

数据相关制度，以及培训计划、培训签到表、培训材料、培训考核评价报告等。

第4级：量化管理级
DG-GO-L4-01：建立数据人员的职业晋升路线图，可帮助数据团队人员明确发展目标。

【标准解读】

本条款要求组织建立了针对数据人员的职级体系，或者组织的职级体系适用于数据人员，形成了规范的职级晋升管理规定，明确了各个职级的任职要求，能够明确岗位发展目标，辅助数据团队人员制定自身发展计划，确立职业规划，通过激励措施推动数据人员不断进步。

【实施案例介绍】

某企业为推进企业核心能力建设，促进人才专业成长，由人力资源管理部门牵头会同其他各职能和业务部门建立了企业职级体系，编制形成了职级晋升管理规定，并纳入企业人力资源统一管理。企业每年开展职级晋升工作，数据人员专业职级发展分为四级，从低到高依次为数据助理工程师（职级2）、数据工程师（职级2）、数据高级工程师（职级3）、数据专家（职级3）。数据人员按照企业人力资源的统一要求，每年开展一次考核和晋升工作，满足职级要求、考核通过者，可实现晋升。

【典型的文件证据】

企业人力资源管理规定、数据管理人员的晋升路线图、考核晋升实施记录。

第4级：量化管理级
DG-GO-L4-02：建立复合型的数据团队，能覆盖管理、技术和运营等。

【标准解读】

本条款侧重强调组织的数据团队建设，复合型的数据团队是指由具有业务专家和技术专业人员共同组成的承担数据管理、数据运营的团队。组织可在企业设置专门的管理、技术和运营部门，也可不以具体部门做职责区分，建立相应的团队，明确数据管理岗位、技术岗位和运营岗位的各项职责。

【实施案例介绍】

某电力企业建立了数据管理委员会负责推进企业数据管理工作，总部设立互联网部，作为企业数据管理归口部门，牵头管理数据治理工作；设立数据技术部，作为技术部门，负责大数据平台架构设计和开发，数据治理平台工具的开发，为数据治理提供技术支撑；设立数据运营部，负责数据应用的运维等企业数据运营工作；在各业务部门设置数据管理处室，负责各专业数据管理工作；在下属分企业分别设置数据处，支撑总企业互联网部数据管理工作，执行总企业互联网部的数据管理政策。企业构建覆盖管理、运营、技术等各类人才的数据管理复合型团队，形成了横向部门之间、纵向单位之间职责清晰、分工负责、协同配合的工作机制。

【典型的文件证据】

数据管理组织架构、岗位职责说明书。

第 4 级：量化管理级
DG-GO-L4-03：建立适用于数据工作相关岗位人员的量化绩效评估指标，并发布考核结果，评估相关人员的岗位绩效。

【标准解读】

本条款要求组织建立评估指标体系，纳入对数据管理工作的考评，能够对数据管理人员的岗位绩效进行量化评估。组织对数据人员定期开展考核并公布考核结果，形成绩效考核激励机制，促进数据人员提升岗位技能，不断成长。

【实施案例介绍】

某企业建立了绩效考核管理制度，明确了建立指标考核体系、定期开展绩效考核的要求。企业研究制定了数据工作关键业绩指标评价标准，并在企业内正式印发，关键业绩指标包含了数据治理各项工作完成率，针对不同岗位进一步进行了细化。企业将数据管理应用指数纳入企业负责人以及相应岗位的业绩考核指标体系，每年底进行当年度绩效考核，通过 OA、邮件方式发布与数据管理指数相关的绩效评估结果，促进企业数据管理能力持续提升。

【典型的文件证据】

绩效考核指标体系，个人绩效评估表、绩效考核报告等。

第 4 级：量化管理级
DG-GO-L4-04：业务人员能落实、执行各自相关的数据管理职责。

【标准解读】

本条款要求组织明确业务人员在数据管理相关工作中的职责要求，业务人员在数据管理中的职责包括但不限于识别和定义本领域的企业数据管理需求等。组织应明确业务部门的职责定位，结合企业数据管理总体要求，规范业务部门人员的工作要求，使业务人员的数据管理工作职责清晰明确并可执行，推动相关工作在业务部门落实执行。

【实施案例介绍】

某企业编制了《数据治理管理规范》《关于建立数据治理组织架构的通知》，明确了业务部门的职责，业务部门是本业务领域的业务数据的管理者，要求全面贯彻落实企业数据管理规范和要求，负责本专业数据目录管理、数据标准建设和执行、数据质量核查治理、数据安全管理等工作，推进本专业相关的大数据应用。生产部、设备部、营销部等核心业务部门分别是企业生产运行、设备运维检修、产品客户等数据的管理者，负责落实本企业数据管理要求。同时，在数据相关岗位人员的绩效考核评价标准中，定义了包括数据目录完善提升任务完成率、数据标准落标率、数据质量治理任务完成率、数据应用成果完成率等指标，推动业务部门对本专业数据的管理职责落地。

【典型的文件证据】

岗位职责说明书以及工作执行记录、岗位工作考核评价记录。

第 5 级：优化级
DG-GO-L5-01：在业界分享最佳实践，成为行业标杆。

【标准解读】

本条款要求组织在数据治理组织建设方面形成了成熟的经验，经受了实践检验，可供行业普遍推广，得到行业内的认可。企业作为行业标杆，能够积极在业界分享实践成功经验，是公认的行业最佳实践。

【实施案例介绍】

某金融企业通过自身实践，形成了数据治理组织建设的宝贵经验。企业在行业监管机构的领导下，牵头金融行业大型企业，编制形成全行业的数据治理组织建设规范，将企业建设经验进一步固化并上升为行业规范推广，有效推动全行业重视数据治理，提升推进组织数据治理工作，取得了积极成效。企业积极参与全国或行业性会议，针对金融领域数据治理组织建设做最佳实践的分享。

【典型的文件证据】

全国性行业会议上进行的数据治理组织建设实践分享的相关报道、获奖等，数据管理实践白皮书，其中包含企业数据治理组织建设实践。

3.2 数据制度建设

3.2.1 概述

数据制度建设是指组织根据实际情况，逐步建立起规范数据管理工作的规章制度，形成有效运转的制度体系。有效的数据治理取决于业务人员和数据管理人员、技术人员之间的良好合作、共同决策，组织建立良好的数据制度体系，有助于业务人员和数据人员更好地对接，实现科学管理，提高内部运转效率。数据制度建设目的是保障数据管理和数据应用各项功能的规范化运行，建立对应的制度体系。数据制度体系通常分层次设计，遵循严格的发布流程并定期检查和更新。数据制度建设是数据管理和数据应用各项工作有序开展的基础，是数据治理沟通和实施的依据。

3.2.2 过程描述

数据制度建设具体的过程描述如下：

a）制定数据制度框架，根据数据管理的层次和授权决策次序，数据管理制度框架分为政策、制度、细则 3 个层次，该框架规定了数据管理和数据应用的具体领域、各个数据职能领域内的目标、遵循的行动原则、完成的明确任务、实行的工作方式、采取的一般步骤和具体措施；

b）整理数据制度内容，数据管理政策与数据管理办法、数据管理细则共同构成组织数据制度体系，其基本内容如下：

1）数据政策说明数据管理和数据应用的目的，明确其组织与范围；

2）数据管理办法是为数据管理和数据应用各领域内活动开展而规定的相关规则和流程；

3）数据管理细则是为确保各数据方法执行落实而制定的相关文件；

c）数据制度发布，组织内部通过文件、邮件等形式发布审批通过的数据制度；

d）数据制度宣贯，定期开展数据制度相关的培训、宣传工作；

e）数据制度实施，结合数据治理组织的设置，推动数据制度的落地实施。

【过程解读】

数据管理制度是数据治理落实执行具体工作的流程依据。根据数据管理的层次和授权决策次序，数据管理制度框架分为政策、制度、细则 3 个层次，该框架标准化地规定数据管理的具体领域、各个数据管理领域内的目标、遵循的行动原则、完成的明确任务、实行的工作方式、采取的一般步骤和具体措施。组织数据政策是组织数据治理最顶层纲领性文件，通常由数据治理最高决策机构（如数据治理委员会）制定，主要说明数据治理与管理的目的，明确其基本规则，数据管理的意义、目标、原则、组织、管理范围等。制度办法是组织数据治理制度的主体，由不同数据领域的数据专业人员制定，为各数据领域内的活动开展而制定的一系列办法、规则、流程。细则规范是组织数据治理操作层面的指导文件，由原制度涉及领域的数据专业人士制定，确保各项数据制度执行落实而派生出来的实施细节与技术规范，一般是实际工作的技术规范、操作规程、方法指南等。

数据制度的发布应受控，需遵循组织统一的管理要求和流程。数据制度经审批后通过文件、OA 办公系统、邮件等形式发布，在制度有效范围内发挥约束作用。在实施过程中，组织应结合数据治理组织的设置，推动数据制度在各部门各岗位的落地实施。为加强组织人员对数据制度的理解，促进数据制度有效沟通、监督和执行，组织还应进行数据制度宣贯，定期开展数据制度相关的培训、宣传工作。

3.2.3　过程目标

数据制度建设具体的过程目标如下：

a）建立数据制度体系，并在组织范围内广泛征求意见后发布；

b）建立制度的管理流程，进行制度的检查、更新、发布、推广。

【目标解读】

数据制度建设的目标是结合组织数据治理工作的实际情况，建立数据制度体系，体现政策、制度、细则 3 个层次。首先，组织应建立制度的管理流程，规范数据制度的管理，明确制度的起草、评审、审批、发布、修订和推广等基本要求和流程。其次，各个层次的数据制度按照制度的管理流程，由对应人员起草后，经在组织范围内征求意见并无异议后，正式发布并执行。

3.2.4　能力等级标准解读

第 1 级：初始级
DG-SC-L1-01：各个项目分别建立数据相关规范或细则。

【标准解读】

本条款是指在各个数据项目内，独立建立适合于本项目运行管理的操作层面的规范或细则，明确数据项目的实施细节与技术规范，一般是项目实际工作的技术规范、操作规程、方法指南。此类规范或细则对其他项目无效力。

【实施案例介绍】

某企业开展了数据质量提升项目，在项目实施过程中，制定了数据质量检查实施细则，规范项目数据检查技术要求、操作规范和流程等内容，明确项目人员在项目中的职责。项目人员依据该规范实施数据质量检查等相关工作，形成统一工作标准。

【典型的文件证据】

项目实施方案中包含了数据治理工作规范或细则。

第 1 级：初始级
DG-SC-L1-02：数据管理制度的落实和执行由各项目人员自行决定。

【标准解读】

本条款指的是在遵循组织基本制度规范的基础上，由项目人员自行决定如何落实和执行项目数据管理制度，实施效果自行把控。组织或部门不主动管理数据制度的建设和落实工作。

【实施案例介绍】

某企业开展了数据质量提升项目，项目人员根据项目运营管理的实践，初步制定了该项目数据质量检查实施细则（试行），项目人员自行选择依据该细则或组织现有数据质量管理规范进行数据质量检查等相关工作。

【典型的文件证据】

项目实施方案中包含了数据治理工作规范或细则。

第 2 级：受管理级
DG-SC-L2-01：在部分数据职能框架领域建立跨部门的制度管理办法和细则。

【标准解读】

本条款要求组织根据数据管理实际工作开展情况，在部分数据职能框架领域（如数据安全、共享、质量等）建立跨部门的制度管理办法和细则，规范该领域数据管理。

【实施案例介绍】

某企业为有效发挥财务数据对企业经营管理决策的作用，经研究，决定重点开展财务数据管理工作。企业建立了数据治理架构，信息管理部作为归口管理部门，会同财务等部门共同推进该项工作。信息管理部针对财务数据管理实际情况，牵头建立并发布了《数据治理管理办法》《数据报送管理办法》《数据模型设计与开发规范》《数据质量管理规范》《数据应用管理实施细则》等跨部门的覆盖部分职能域制度管理办法和细则，有效规范企业实施财务数据管理工作。

【典型的文件证据】

已发布的体现某数据职能域管理要求的数据制度、数据制度清单。

第 2 级：受管理级
DG-SC-L2-02：识别了数据制度相关的利益相关者，了解了相关诉求。

【标准解读】

本条款要求组织识别数据管理工作实施过程中涉及的相关部门或岗位，了解相关诉求，例如了解业务部门的业务数据质量、安全、标准等管理需求；了解技术部门实施的数据管理技术、工具、平台手段等情况。将利益相关者的诉求反映到数据制度中，使组织数据制度与实际工作相匹配，或提升现有管理水平。

【实施案例介绍】

某企业成立了数据管理小组，统筹数据管理制度的建设，其主要负责组织实施数据制度建设，牵头组织梳理识别各业务领域数据管理需求、现有工作流程和管理手段，识别数据制度实施过程涉及的相关部门或岗位，及数据制度相关的利益相关者等。业务部门负责结合梳理的数据管理需求，如业务数据质量、安全、标准等管理需求，数据提供方、数据使用方、数据管理方的管理需求等，编制各自领域数据管理制度，经数据治理小组组织研究审议，由组长审批后发布实施。

【典型的文件证据】

数据制度文件调研、编制、征求意见、审议过程记录。

第 2 级：受管理级
DG-SC-L2-03：明确了数据制度的相关管理角色，推动数据制度的实施。

【标准解读】

本条款要求组织识别在数据制度编制、审批、发布、修订、变更等管理过程涉及的相关角色，加强对数据制度本身的规范管理，规范并推动数据制度的实施。

【实施案例介绍】

某企业成立了数据管理小组，统筹数据管理制度的建设，其主要负责牵头组织实施数据制度建设，审批发布数据管理制度。业务部门负责梳理各业务领域数据管理工作流程，起草数据制度文件初稿，由数据管理小组负责组织各相关部门对制度文件初稿进行审议，业务部门根据审议意见完善制度文件，并通过 OA 流程进行制度会签，经数据治理小组组长审批后发布实施。

【典型的文件证据】

数据制度管理规范，数据制度的编制、审批、发布过程记录。

第 2 级：受管理级
DG-SC-L2-04：跟踪制度实施情况，定期修订管理办法，维护版本更新。

【标准解读】

本条款要求组织或相关职能及业务部门跟踪数据制度的实施情况，如发现实际情况与制度存在偏差时，应对数据制度进行修订，对文件版本进行有效管理，做好版本标识以及旧版本回收、新版本发放等管理，保证可获得、可执行的是最新有效版本。

【实施案例介绍】

某企业由信息管理部牵头开展数据治理工作，负责建立了部分数据职能框架领域跨部门的制度管理办法和细则。在数据制度的实施过程中，信息管理部跟踪制度的实施情况，当与实际情况不一致时，组织进行制度文件的修订，保障制度的有效性。在修订过程中，该部门对新旧版本文件做了标识，新版本文件发布后旧版本自动作废，并做好旧版本制度文件的回收和新版本制度的发放管理，相关修订信息在文件履历表中予以详细记录。

【典型的文件证据】

数据制度的修订及发布记录。

第 2 级：受管理级
DG-SC-L2-05：初步建立了防范法律和规章风险的相关制度。

【标准解读】

本条款要求组织在制定数据制度的过程中，识别相关的外部法律法规要求，并将相关要求融入数据制度中，全面提升组织有效防范化解风险能力。

【实施案例介绍】

某企业在数据制度的制定过程中，收集了国家法律法规并纳入外来文件进行管理。企业初步研究了数据安全法、网络安全法、个人信息保护法、民法典、保守国家秘密法等外部要求，在制定企业数据制度时，着重将相应条款要求融入企业的数据制度中，要求企业严格执行。同时，企业还发布了《企业内部风险管理制度》，加强对法律及规章风险的防范管理。

【典型的文件证据】

数据制度引用外来文件清单。

第 3 级：稳健级
DG-SC-L3-01：在组织范围内建立制度框架，并制定数据政策。

【标准解读】

本条款要求组织建立覆盖政策、制度、细则三个层次的数据制度框架，从不同层次加强对组织数据管理工作的指导。组织应制定数据政策，说明数据管理的目的，明确其基本规则；制定数据制度办法，明确各数据领域内的工作开展办法、规则和流程；制定细则与规范，从操作层面确保数据管理工作的一致性。

【实施案例介绍】

某企业标准法规处作为企业管理制度的归口管理部门，牵头数据管理部门、业务部门、技术部门等建立了以《数据治理管理办法》作为基本的数据管理政策，以管理办法、实施细则、操作手册为主体的数据制度框架，覆盖数据治理架构、数据应用、数据标准、数据质量、数据分布、元数据管理、数据安全、数据生命周期等各个数据管理职能域。其中，在《数据治理管理办法》中，企业明确了以业务应用为导向的原则，在企业范围内开展数据治理工作，全面提升数据对业务发展的决策支撑能力。

【典型的文件证据】

数据制度文件清单。

第 3 级：稳健级
DG-SC-L3-02：建立全面的数据管理和数据应用制度，覆盖各数据职能域的管理办法和细则，并以文件形式发布，以保证数据职能工作的规范性和严肃性。

【标准解读】

本条款要求组织围绕数据战略、数据治理、数据应用、数据架构、数据安全、数据生命周期等各个职能域要求，结合数据管理工作实际，梳理并建立全面的数据管理和数据应用制度，涵盖管理办法和细则，并以文件形式在组织内正式审批发布，确保数据职能工作有章可循，保证数据职能工作的规范性和严肃性。

本条款与受管理级条款“DG-SC-L2-01：在部分数据职能框架领域建立跨部门的制度管理办法和细则”的差别在于数据制度的覆盖范围不同。受管理级数据制度仅要求跨部分部门或覆盖部分职能域，稳健级的数据制度是组织层面的，且是全面地覆盖各数据职能域，并得到正式的发布。

【实施案例介绍】

某企业制定了规章制度管理规定，明确了各类文件的起草编制部门，统一了文件编制、发布等流程。企业按照规章制度管理规定的要求，结合数据管理工作实际，由所规定的部门牵头，制定了《数据管理办法》《数据战略规划管理办法》《数据质量管理办法》《数据安全管理制度》《主数据管理办法》《元数据管理办法》《数据治理工作指引》《数据质量检测细则》《主数据和参考数据管理规范》《数据分级分类标准》等覆盖各数据职能域的全面数据管理和数据应用制度，涵盖管理办法和细则。数据制度以文件形式，经审批后由办公室统一通过文件和OA办公系统正式发布，便于组织人员查询和遵照执行。

【典型的文件证据】

数据制度文件清单及正式发布的记录。

第3级：稳健级
DG-SC-L3-03：建立有效的数据制度管理机制，统一了管理流程，用以指导数据制度的修订。

【标准解读】

本条款要求组织建立有效的数据制度管理机制，规范对制度文件的编制、审核、批准、标识、发放、使用、评审、更改、修订、作废等过程实施的有效控制，统一管理流程，保障各项制度的规范性、有效性和协同性。同时，明确数据制度修订的条件，指导数据制度的修订。

本条款与受管理级“DG-SC-L2-04：跟踪制度实施情况，定期修订管理办法，维护版本更新”的差别在于，受管理级没有建立数据制度管理机制的要求，稳健级要求组织层面有统一的数据制度管理机制和流程。

【实施案例介绍】

某企业制定了《规章制度管理办法》，规定了各部门在制度管理中的职责，明确了制度建设各环节的管理要求，统一了管理流程，如管理制度调研与起草流程、会签与审议流程、签发与正式发布流程、宣贯与培训流程、执行与清理作废流程、检查与评估流程、监督考核与责任追究流程。该办法明确了如制度满足修订条件，将组织进行制度修订，保障制度的有效性。修订过程严格履行企业制度管理相关程序，相关修订信息在文件履历表中予以详细记录。

【典型的文件证据】

数据相关的规章制度管理办法及执行记录。

第3级：稳健级
DG-SC-L3-04：能根据实施情况持续修订数据制度，保障数据制度的有效性。

【标准解读】

数据制度不是一成不变的，当实际工作与制度文件的规定不符时，为保持两者的一致，有必要进行制度的修订。本条款要求组织对数据制度进行评审，根据数据管理工作实施情况，审视数据制度的适用性，如满足修订条件，则组织对数据制度进行修订，从而保证数据制度的有效性。

【实施案例介绍】

某企业制定了《规章制度管理办法》，明确了根据实施情况持续修订数据制度，保障数据制度的有效性的要求。当遇到以下情形时，企业将对数据管理制度进行修订：（一）有关法律、法规、规章、政策或上级单位的规章制度等文件已作修改，本单位的规章制度与之不相适应的；（二）作为规章制度编制的事实依据发生改变，有必要调整内容的；（三）同一事项在两个及以上规章制度中有规定并且规定不相一致的；（四）在风险控制、合规评价、审计监察等方面被发现制度性问题的。企业每年对数据制度进行评审，识别是否存在修订需求，如有，则按照管理办法的流程开展具体修订工作以及审批发布。

【典型的文件证据】

文件履历表、修订审批发布记录等。

第 3 级：稳健级
DG-SC-L3-05：定期开展数据制度相关的培训和宣贯。

【标准解读】

本条款要求组织在数据管理相关培训计划中，纳入有关数据制度的培训和宣贯，帮助组织人员了解组织数据制度现状，掌握数据制度要求。

【实施案例介绍】

某企业将数据制度宣贯培训纳入企业人力资源部培训方案，制定了培训计划，结合企业数据管理重点工作要求，面向数据管理和业务相关部门有计划、有组织地开展数据标准、质量、共享、安全等制度规范的培训和宣贯。企业利用线上线下相结合的方式，扩大数据制度培训的范围，加大数据制度的宣贯力度，不断强化员工对数据制度的理解和执行能力。在培训结束后，企业通过笔试或者口试等方式对培训效果进行考核评价，确保培训取得实效。

【典型的文件证据】

数据制度相关培训计划、培训签到表、培训材料、培训考核评价报告等。

第 3 级：稳健级
DG-SC-L3-06：业务人员积极参与数据制度的制定，并有效推动业务工作的开展。

【标准解读】

本条款要求组织在数据制度建设过程中，充分吸纳业务人员参与到制度文件的起草、意见征集、会签、审议等环节，确保数据制度中充分体现业务人员合理有效的管理要求，可落地可执行，使得数据制度能有效推动业务工作的开展。

【实施案例介绍】

某企业制定了文件管理规定，规范了数据制度的起草、发布、修订等过程，明确了企业各部门职责，具体领域的数据制度由业务部门作为承办部门，遵照企业总体数据管理办法要求，结合自身的业务发展需要，牵头开展制定。在数据制度征求意见阶段，由承办部门面向规章制度内容相关业务部门，发出征求意见通知。在数据制度签批时，承办部门起草、修改形成规章制度送审稿，经所有相关业务部门会签。通过上述过程，推动业务团队积极参与数据制度的制定，有效推动业务工作的开展。

【典型的文件证据】

针对业务部门的数据制度征求意见及反馈、评价记录。

第 3 级：稳健级
DG-SC-L3-07：数据制度的制定参考了外部合规、监管方面的要求。

【标准解读】

国家法律法规、监管要求以及行业基本准则等，从外部约束并引导着组织的经营管理活动；组织章程、规章制度与各项规定，从内部规范并限制着组织的经营管理行为。本条款要求组织在制定数据制度的过程中，识别相关的外部合规、监管要求，并将相关要求融入组织的数据制度中，全面提升组织的合规管理水平，有效防范化解合规风险。

【实施案例介绍】

某金融企业在数据制度的制定过程中，将国家法律法规、监管要求以及行业基本准则等纳入外来文件进行管理。企业详细研究了数据安全法、网络安全法、个人信息保护法、民法典、保守国家秘密法等外部要求，以及银保监会相关监管要求。在制定企业数据制度时，着重将相应条款要求融入企业的数据制度中，要求企业严格执行，并将上述文件作为引用文件，在制度中予以体现。同时，企业制定并发布了《关于加强数据合规管理的指导意见》，从制度层面加强对数据制度建设过程中如何推动企业强化合规管理的指导。

【典型的文件证据】

数据制度引用外来文件清单、外来文件（如法律、标准、规范等）的比对记录和内部文件的修订记录。

第 4 级：量化管理级
DG-SC-L4-01：数据制度的制定参考了行业最佳实践，体现了业务发展的需要，推动了数据战略的实施。

【标准解读】

本条款要求在数据制度的制定过程中，进行详细深入的调研：一方面充分了解企业自身以及业务发展的需要；另一方面广泛调研行业的现状，汲取在数据制度建设方面行业最佳实践经验，指导组织制度建设，构建形成更有利于推动组织数据战略实施的制度体系。

【实施案例介绍】

某企业为深入了解行业先进企业的数据制度建设最佳实践，组织业务部门相关人员，先后前往华为、腾讯、阿里巴巴等国内在企业管理方面取得突出成效的企业典范调研，充分学习借鉴数据管理的经验和做法。同时，引入行业领先的咨询机构服务，如 IBM、德勤、Gartner 等外部咨询服务，接受咨询机构的指导，充分利用咨询机构在为企业服务过程中塑造积累的行业最佳实践，并经过严格评估，将适合的行业最佳实践经验应用于组织数据制度的制定过程，加快构建高质量的企业数据管理制度体系，夯实数据管理基础，推动数据工作的规范和高效、高质量开展。

【典型的文件证据】

调研工作报告、企业数据管理制度体系。

第 4 级：量化管理级
DG-SC-L4-02：量化评估数据制度的执行情况，优化数据制度管理过程。

【实施案例介绍】

本条款要求组织针对数据制度的执行情况建立评估标准，定期对数据制度的执行情况进行检查，明确具体检查对象、检查方式，并能以量化的指标体系评估制度的执行情况，及时发现数据制度执行中的问题，推动数据制度管理过程的不断优化。

【实施指南】

某企业建立了内部检查制度和机制，发布《内部检查评估工作手册》制度，保障各项制度、技术规范等相关文件在执行过程中得到有效落实，验证各项制度及技术规范的适用性，规范内部检查评估工作流程和方法。企业定义了数据管理制度的执行符合率来评估数据制度的执行情况，并建立了制度检查计划，按照月度对数据管理制度和规范进行检查，检查内容包括各数据职能域的管理制度。企业将制度执行的各环节分解为各个检查项，通过计算符合的检查项数除以全部检查项的数量，得出执行符合率数值，同时还可评价各环节流转情况，进一步绘制数据管理制度执行符合率趋势曲线图，反映数据管理制度执行符合率变化情况。企业根据检查结果，对数据制度中的管理流程进行优化调整。

【典型的文件证据】

数据制度评估指标体系、评估记录以及制度修订改进记录。

第 5 级：优化级
DG-SC-L5-01：在业界分享最佳实践，成为行业标杆。

【标准解读】

本条款要求组织在数据制度建设上取得重要成功，成为行业内数据管理的标杆，得到行业内的认可，形成了完整的方法，并能够积极在业界分享实践成功经验，是公认的行业最佳实践。

【实施案例介绍】

某企业在数据制度建设上形成了成熟的经验做法，有效保障了企业制度体系的系统性和科学性，并在某大型会议上分享了完备的数据制度规范在助力企业有效推进数据管理、提升企业数据应用运维效率方面具有的重要意义。企业提出健全企业数据管理机制，是推动数据发展的重要基础，得到与会企业的认可，推广了其在数据治理制度方面的先进经验。

【典型的文件证据】

数据制度建设分享的相关报道、获奖等，数据制度白皮书等，包含数据制度建设经验分享。

3.3 数据治理沟通

3.3.1 概述

数据治理沟通是贯穿整个数据治理全周期、全过程的一项重要活动。组织在进行数据管理和数据应用的过程中，需要持续协调数据所有者、数据使用者、数据处理者等多方复杂关系。数据治理沟通旨在确保组织内全部利益相关者都能及时知悉相关政策、标准、规范、流程、角色、职责、计划的最新情况，以及各项数据职能任务的进展状态。数据治理沟通是建立有效数据职能运行机制的关键，需要支持跨部门、条线数据管理能力的建立与提升。有效的数据治理沟通将推动组织建立与提升跨部门及部门内部数据管理能力，提升数据资产意识，构建数据文化。

3.3.2 过程描述

数据治理沟通具体的过程描述如下：

a）沟通路径，明确数据管理和应用的利益相关者，分析各方的诉求，了解沟通的重点内容；

b）沟通计划，建立定期或不定期沟通计划，并在利益相关者之间达成共识；

c）沟通执行，按照沟通计划安排实施具体沟通活动，同时对沟通情况进行记录；

d）问题协商机制，包括引入高层管理者等方式，以解决分歧；

e）建立沟通渠道，在组织内部明确沟通的主要渠道，例如邮件、文件、网站、自媒体、研讨会等；

f）制定培训宣贯计划，根据组织人员和业务发展的需要，制定相关的培训宣贯计划；

g）开展培训，根据培训计划的要求，定期开展相关培训。

【过程解读】

数据治理沟通贯穿于从数据治理战略的制定到落地执行的每一个环节，包括沟通路径的确立、沟通计划的设计、沟通执行的实施、问题协商机制和沟通渠道的建立、培训计划的制定和培训的开展等一系列过程，确保利益相关者顺畅沟通和协调。通俗来讲，沟通路径是指沟通的步骤、过程等。组织需要明确沟通路径，确保数据治理组织内部各层级之间、部门之间或岗位之间，乃至组织内外部，信息按照一定的流程传递，实现信息有效获取和沟通。沟通渠道通常包括邮件、文件、网站、会议、工作汇报等。沟通计划明确了需要按期实施的沟通活动，如每月召开工作例会，每月末提交数据管理工作报告、每年进行两次工作研讨等，并按照沟通计划实施沟通活动，确保信息的正常传递。组织可通过建立问题协商机制，有效解决数据管理工作实施过程的分歧，可通过开展数据管理和应用相关的培训，提升数据管理相关的知识和技能。

3.3.3 过程目标

数据治理沟通具体的过程目标如下：

a）沟通保障数据管理和数据应用活动的信息能被相关人员及时获知并理解；

b）及时发布影响数据管理和数据应用的监管合规性指导文件；

c）建立利益相关者参与数据治理沟通的机制；

d）加强组织人员对于数据相关制度、组织、标准的理解。

【目标解读】

数据治理沟通的目标是确保相关人员能够获知并理解数据管理和数据应用活动中的各类信息，避免信息不对称，影响数据管理和数据应用工作的整体推进。通过及时发布影响数据管理和数据应用的监管合规性指导文件，有效防范化解组织经营管理的合规风险。建立数据治理沟通机制，利益相关者参与其中，充分反映利益相关者的诉求，明确数据治理工作总体原则和方向。强化组织人员对于数据相关制度、组织、标准的理解，积累提升数据管理相关的知识和技能。

3.3.4 能力等级标准解读

第 1 级：初始级
DG-GC-L1-01：在项目内沟通活动的实施和管理。

【标准解读】

初始级数据治理沟通是基于项目层面的数据沟通。本条款要求在数据项目内部，针对项目实施情况、存在问题等内容进行有效的沟通，沟通活动仅在项目内进行管理。

【实施案例介绍】

某企业在开展数据项目时，项目团队制定了项目例会制度，每周项目组全体成员召开工作例会，项目成员进行工作汇报，相互了解各项分解任务的实施进度，当前数据项目进展情况，协调解决项目实施过程中的问题，明确下一步工作计划。

【典型的文件证据】

项目例会纪要、项目周报、项目月报、工作汇报等。

第 1 级：初始级
DG-GC-L1-02：存在部分数据管理和数据应用的沟通计划，但未统一。

【标准解读】

本条款是指组织制定了数据管理和数据应用方面的沟通计划，但该计划仅关注和覆盖部分数据工作，组织数据治理沟通工作总体缺乏统一，大多根据需要来独立开展。

【实施案例介绍】

某企业规定，每月报送监管指标数据情况，形成了有关指标数据的沟通计划，有关其他数据任务的实施情况等内容不在沟通计划内，当管理层提出需求时，才由项目团队进行工作汇报，沟通安排随机进行，没有形成统一的计划。

【典型的文件证据】

工作汇报等。

第 2 级：受管理级
DG-GC-L2-01：在单个数据职能域，定义跨部门的数据管理相关的沟通计划，并在利益相关者间达成一致，按计划推动活动开展。

【标准解读】

本条款要求组织在诸如数据安全、数据质量、数据标准等某个数据职能域，根据职能工作涉及的部门岗位，定义跨部门的数据管理相关的沟通计划，并在相关部门间达成共识，共同推进单个数据职能域工作的开展。

【实施案例介绍】

某企业重视数据安全管理，针对数据安全管理工作需要，数据安全管理部和业务部门经过协商建立了数据安全工作沟通计划，沟通日常数据安全问题，每月召开数据安全工作会议，业务部门汇总提出数据安全管理新的需求，数据安全管理部门主要介绍企业数据安全总体情况、数据安全运维现状、技术手段建设情况，讨论数据安全策略是否能满足管理需求，结合反馈意见修订数据安全策略，更好地推进数据管理工作。

【典型的文件证据】

数据职能部门的工作汇报、会议纪要、邮件等。

第 2 级：受管理级
DG-GC-L2-02：数据管理的相关政策、标准纳入沟通范围，并根据反馈进行更新。

【标准解读】

本条款要求组织将数据管理的相关政策、标准纳入沟通范围，如在政策、标准制定发布过程中征求相关部门意见，对政策、标准进行研讨、评审、培训等，发现改进需求。根据沟通反馈，对数据管理相关政策、标准进行更新，更加符合数据管理实际工作的要求。同时，组织还可进一步将外部的相关政策、标准纳入沟通范围，识别相关要求并体现到内部管理中，使组织的政策、标准符合外部法律法规、国家标准等要求。

【实施案例介绍】

某企业在数据安全法发布实施后，统一组织企业管理层、数据安全管理部门、各业务部门参加数据安全法培训，并研究数据安全法条款要求，讨论对企业当前数据安全管理工作的影响。企业将讨论后达成的一致意见作为企业数据安全管理相关制度修订的输入信息，应用于后期对数据安全管理规范、数据安全管理标准的更新。

【典型的文件证据】

数据职能部门的工作汇报、会议纪要、邮件、培训、文件 / 系统更新实施记录等。

第 2 级：受管理级
DG-GC-L2-03：根据需要在组织内部开展了相关培训。

【标准解读】

本条款要求组织根据工作开展需要或针对某些特定问题而在组织内部开展数据管

理和应用相关的培训，有目的地统一组织人员对数据管理和应用知识、制度规范、实施要求等的理解，消除分歧，提升组织人员的数据治理技能，可引入内部、外部资源。

【实施案例介绍】

某企业升级了数据运维管理平台，同步结合制度实施反馈情况修订了数据运维管理制度。为使运维人员更好地开展数据运维工作，企业在已有的数据管理培训计划外，根据需要专题组织开展了数据运维管理培训，重点讲解数据运维管理制度要求和运维管理平台的操作使用，提升运维人员的工作技能。同时，采用实操等方式对培训效果进行了评价，确保各项要求得到贯彻。

【典型的文件证据】

数据相关培训计划、培训签到表、培训材料、培训考核评价报告等。

第 2 级：受管理级
DG-GC-L2-04：根据需要整理数据工作综合报告，汇总组织内部阶段发展情况。

【标准解读】

本条款要求组织根据数据管理工作开展需要或者领导的工作部署，整理编制数据工作综合报告，汇总反映组织内部阶段性工作情况，使企业管理层可获知数据战略实施情况、数据工作推进情况。

【实施案例介绍】

某企业由数据管理部牵头进行生产营销数据管理工作。根据某次会议决议要求汇报当前生产营销数据管理工作情况，研究制定下一步工作方案。数据管理部梳理公司生产营销数据资产现状、数据管理规章制度建设情况、数据管理平台工具建设情况、数据应用情况等，并进行了全面总结，统计分析数据任务目标实现情况，提出存在的问题和下一步工作建议，编辑数据工作综合报告并向公司领导汇报。

【典型的文件证据】

数据管理工作总结报告。

第 3 级：稳健级
DG-GC-L3-01：建立组织级的沟通机制，明确不同数据管理活动的沟通路径，满足沟通升级或变更管理要求，在组织范围内发布并监督执行。

【标准解读】

本条款要求组织基于管理和业务需求，构建组织级的沟通机制，针对沟通内容和目的的不同、重要性和时效性的差异，分别明确不同渠道的沟通方式，保证各岗位人员在职责和权限范围有效进行沟通。同时，组织还应在沟通路径的设计上考虑沟通升级或变更管理要求，必要时可升级权限，及时解决沟通中的问题。

【实施案例介绍】

某企业制定了《数据管理实施细则》，明确了企业数据治理沟通机制，对各层级各部门的沟通机制进行了详细的定义。在日常工作中，各部门日常通过邮件、请示汇报、工作报告、工作会议等方式进行工作沟通。各业务部门如有数据管理需求，由业务部门数据管理专员汇总后向数据治理中心汇报。公司还建立了议事机制，数据治理按照一事一议的原则开展工作，普通事项由事项触发部门提出议事申请，数据治理中心组织相关部门审议；重大事项由数据治理中心提出议事申请，数据治理委员会组织相关部门审议。

【典型的文件证据】

数据管理办法 / 细则 / 方案中有关沟通机制的定义。

第 3 级：稳健级
DG-GC-L3-02：识别了数据工作的利益相关者，明确了各自诉求，制定并审批了相关沟通计划和培训计划。

【标准解读】

本条款要求组织应识别数据管理工作实施各过程中涉及的部门和岗位，明确各自数据管理需求及职责。组织应制定沟通计划，如规定工作会议、工作汇报等的频次，为各项活动的开展提供指引，推动工作有序进行。组织应制定培训计划，有计划地开展团队建设。

【实施案例介绍】

某企业制定了《数据管理实施细则》，提出组织的沟通计划，规定数据治理委员会每季度召开全体会议，审查数据管理工作进展，审议数据治理重要事项。数据治理中心每月组织召开工作例会，各相关业务部门主管领导共同参会，推进数据管理工作进展。日常工作中，数据治理相关部门根据工作需要召开工作会议，协调解决日常工作中各项问题。企业按照培训工作管理要求，每年底收集各部门数据管理相关培训需求，制定下一年的数据管理培训计划，包含内部培训与外部培训。培训计划经审批后正式发放给各部门并遵照执行。

【典型的文件证据】

数据管理办法 / 细则 / 方案中有关沟通计划的定义、培训计划等。

第 3 级：稳健级
DG-GC-L3-03：明确了组织内部沟通宣贯方式，定期发布组织内外部的发展情况。

【标准解读】

本条款要求组织明确组织内部沟通宣贯方式，指导组织人员通过合适的沟通渠道实现良好沟通。组织应定期发布组织内外部数据治理的发展情况，如数据治理工作进展和成果等，与数据治理相关方定期沟通，推动问题解决。

【实施案例介绍】

某企业制定了《数据管理实施细则》，明确了组织内部沟通宣贯方式，要求根据沟通内容、重要性、时效性等选择合适的沟通方式。如通过面谈、会议、文件、工作报告或邮件、OA 办公系统、企业内部网站、公众号、论坛、通信软件等线上工具，实现企业各部门的沟通与互动。宣贯方式可选择线上培训、线下培训、视频培训、自主学习等。企业定期发布数据治理工作报告、专项调研报告等，反映组织内外部数据治理的发展情况，使数据治理相关方获知组织数据管理工作情况。

【典型的文件证据】

数据管理办法 / 细则 / 方案中有关沟通宣贯方式的定义。

第 3 级：稳健级
DG-GC-L3-04：定期开展数据相关的培训工作，提升人员的能力。

【标准解读】

本条款要求在组织层面形成定期开展数据相关培训的机制，通过年度培训计划进行定期安排，强化对数据管理意识或知识技能培训，提升数据管理人员的能力，推动问题的沟通解决。

本条款要求与受管理级条款“DG-GC-L2-03：根据需要在组织内部开展了相关培训”的差别在于，受管理级不要求制定培训计划，稳健级要求组织层面培训是有计划的、定期组织进行的。

【实施案例介绍】

某企业制定了培训管理制度，规定由人力资源管理部门统筹数据管理部门培训需求，通过引入内部、外部资源制定数据管理相关培训计划，面向企业各部门定期开展针对性数据培训，分享企业内外部数据管理实践经验，加强数据管理、数据应用、数据安全、数据运维管理培训，并通过笔试、实操、口试等多种方式进行培训效果评价。企业建设了培训平台，用于发布培训材料，便于企业数据人员反复进行学习，强化培训效果。

【典型的文件证据】

数据相关培训计划、培训签到表、培训材料、培训考核评价报告等。

第 3 级：稳健级
DG-GC-L3-05：数据管理的相关政策、方法、规范在组织范围内进行沟通，覆盖大多数数据管理和数据应用相关部门，并根据反馈更新。

【标准解读】

本条款要求组织将数据管理的相关政策、方法、规范纳入沟通范围，沟通范围应覆盖大多数数据管理和数据应用相关部门，如数据管理政策、方法、规范在大多数数据管理和数据应用相关部门征求意见、评审认可后方可发布，实施过程中上述部门参与意见反馈，并根据反馈更新。

本条款与受管理级“DG-GC-L2-02：数据管理的相关政策、标准纳入沟通范围，并根据反馈进行更新”的差别在于沟通内容和范围的不同，稳健级要求在组织层面覆盖大多数相关部门。

【实施案例介绍】

某企业数据治理工作方案规定，要将数据管理相关政策、方法、规范纳入沟通范围，确保其适用性。在企业规章制度管理办法中，规定在数据管理相关政策、方法、规范的起草到发布过程，业务部门牵头开展编制，数据管理和数据应用相关部门应参与意见征集及评审。牵头部门可通过召开研讨会、OA 系统发文等形式收集反馈意见，并形成反馈意见表，逐条分析是否采纳，对于不予采纳的给出合理解释。在实施过程中，定期对政策、方法、规范进行评审，评估制度的有效性，并根据反馈及时修订。

【典型的文件证据】

数据管理政策、方法、规范更新记录、意见征集表等。

第 3 级：稳健级
DG-GC-L3-06：明确数据工作综合报告的内容组成，定期发布组织的数据工作综合报告。

【标准解读】

本条款要求组织定期进行数据管理工作阶段性总结，整理编制数据工作综合报告，固化综合报告的内容组成，便于平行对比，使企业管理层可获知数据战略实施情况、数据工作推进情况，更好地辅助进行决策。

本条款与受管理级“DG-GC-L2-04：根据需要整理数据工作综合报告，汇总组织内部阶段发展情况”的差别在于，稳健级要求数据工作综合报告内容组成应相对固定，并定期发布报告。

【实施案例介绍】

某企业根据数据治理工作方案的要求，每年底由数据管理归口部门编写数据工作综合报告。报告内容包括：一是数据任务目标完成情况；二是具体工作开展情况，包括数据管理规章制度建设情况、数据技术研究应用情况、各数据职能域工作推进情况等；三是存在问题；四是下一步工作计划。数据管理归口部门向企业管理委员会呈批工作报告，并在企业年度工作会上通报工作报告。组织内发布，供企业人员了解数据管理工作情况，并持续推进数据管理能力提升。

【典型的文件证据】

数据管理工作总结报告。

第4级：量化管理级
DG-GC-L4-01：建立与外部组织的沟通机制，扩大沟通范围。

【标准解读】

本条款要求组织将外部相关方，如监管方、合作伙伴、供应商、客户等纳入组织沟通范围，建立与外部组织的沟通机制。

【实施案例介绍】

某金融企业建立与外部组织的沟通机制。企业发布了数据对外开放管理指南，建立数据对外开放流程，加强与人行、银保监会、证监会的数据互通和业务互动。同时积极与其他金融机构开展同业交流，与数据治理咨询机构开展技术沟通，与阿里、华为等非银机构进行交流学习，借鉴其他企业的数据治理经验。与信息技术服务企业建立合作，推动金融大数据应用。

【典型的文件证据】

数据管理办法/细则/方案中有关沟通机制的定义，体现沟通范围包含外部相关方。

第4级：量化管理级
DG-GC-L4-02：收集并整理了行业内外部数据管理相关案例，包括最佳实践、经验总结，并定期发布。

【标准解读】

本条款要求组织关注行业内外部数据管理发展情况，收集并整理行业内外部数据管理相关案例，并定期在内部发布，供组织数据人员学习，提升问题解决能力。

【实施案例介绍】

某企业在内部系统上建立了数据管理优秀案例库，并组织征集数据管理和应用典型案例活动，定期将行业内外部数据管理相关案例收集保存到优秀案例库，包括最佳实践、经验总结等。企业数据人员可持续学习和分享，不断提高数据管理能力和水平。为更好地统筹数据管理与应用，促进数据管理成果共建、共享，企业与IBM、德勤、Gartner等行业领先的咨询公司保持良好合作关系，定期交流数据管理方案及最佳实践，共同推进数据管理工作。

【典型的文件证据】

案例库、案例发布记录等。

第4级：量化管理级
DG-GC-L4-03：组织人员了解数据管理与应用的业务价值，全员认同数据是组织的重要资产。

【标准解读】

本条款要求组织内部达成共识，高度重视数据质量、数据安全、数据服务等数据管理工作，数据与业务融合，数据相关业务广泛覆盖，业务运转依赖数据管理，数据管理的业务价值显现，全员认同数据是组织的重要资产。

【实施案例介绍】

某企业发布了企业数据治理成效报告，通过系统调研，以量化数据对比反映重视数据管理带来的实效，得到组织人员的普遍认可，组织人员充分认识到数据管理的价值。企业通过宣贯培训、调研交流、优秀成果发布等多种方式，组织人员了解数据管理与应用的业务价值，大力培养全员自觉管理数据、认识数据、运用数据的行为习惯，营造全员认同数据是组织重要资产的氛围。

【典型的文件证据】

企业人员访谈记录，体现普遍重视数据管理工作，了解数据的价值。

数据相关业务在组织内的覆盖程度。

第5级：优化级
DG-GC-L5-01：通过数据治理沟通，建立了良好的企业数据文化，促进了数据在内外部的应用。

【标准解读】

本条款要求组织高度重视数据治理沟通工作，沟通路径清晰，渠道畅通，通过沟通有效促进数据治理工作以及业务工作的开展，促进数据在内外部应用取得明显成效。组织广泛地开展数据治理宣贯，人员数据资产意识强，构建了良好的企业数据文化。

【实施案例介绍】

某企业在各业务板块均设置了数据专员，推动数据治理沟通，形成了重视数据质量、数据安全、数据服务等数据管理工作的良好氛围。企业重视数据与业务融合，鼓励全员自觉管理数据，开发数据应用业务，挖掘数据价值。企业建设了内部管理平台，建立了数据管理和应用内部沟通渠道，打造公司级大数据资源、数据产品展示、共享、协作、交流和能力共享服务的统一门户。通过企业公众号，搭建了数据治理成果、有效的外部沟通渠道，定期发布数据治理重要新闻与报告，收集用户反馈，全员形成了懂数据、用数据、讲数据的文化氛围。

【典型的文件证据】

数据文化宣传记录。企业人员访谈记录，体现对数据文化的认同。数据相关业务在组织内的覆盖程度，体现数据应用情况。

第 5 级：优化级
DG-GC-L5-02：在业界分享最佳实践，成为行业标杆。

【标准解读】

本条款要求组织在数据治理沟通上取得重要突破，成效显著，成为行业内数据管理的标杆，得到行业内的认可，形成了完整的理论方法，或开发了沟通工具并得到推广应用，能够积极在业界分享实践成功经验，是公认的行业最佳实践。

【实施案例介绍】

某企业在沟通机制建设上形成了成熟的经验做法，并通过自行开发的沟通工具实现了内部高效沟通，在某大型会议上分享了数据沟通机制构建方面的经验做法，明确了在助力企业有效推进数据管理、提升企业数据应用运维效率方面具有的重要意义。企业提出健全企业数据沟通机制，是推动数据发展的重要基础，得到与会企业的认可，推广了其在数据治理沟通方面的先进经验。

【典型的文件证据】

数据沟通机制建设方法和经验分享的相关报道、获奖等。

企业开发的沟通工具及推广应用案例。

3.4 小结

数据治理的目标是在管理数据资产的过程中，确保数据的相关决策始终正确、及时和有前瞻性，确保数据管理活动始终处于规范、有序和可控的状态，确保数据资产得到正确有效的管理，并最终实现数据资产价值的最大化。通过数据治理组织、数据制度建设和数据治理沟通，将为组织开展数据管理工作构建组织保障、制度保障和工作机制，为组织数据管理工作奠定坚实基础。

第4章 数据架构

企业架构通常是由技术架构、业务架构、数据架构和应用架构组成，数据架构的主要作用是在业务战略和技术实现之间建立起桥梁，也是它的核心价值。成熟的数据架构，可以迅速地将企业的业务需求转换为数据和应用需求，能够管理复杂的数据和信息并传递至整个企业，在数据层面保证业务和技术的一致性，最终为企业改革、转型和提高适应性提供支撑。

数据架构一般包括数据模型、数据分布、数据集成与共享、元数据管理等领域的范畴，通过数据架构的管理以达到明确数据责任人、管控数据流、制定数据标准，达成组织内各系统各部门的数据互联互通，并建立创建、存储、整合和控制元数据等一系列目标。

4.1 数据模型

4.1.1 概述

数据模型是使用结构化的语言将收集到的组织业务经营、管理和决策中使用的数据需求进行综合分析，按照模型设计规范将需求重新组织。

从模型覆盖的内容粒度看，数据模型一般分为主题域模型、概念模型、逻辑模型和物理模型。主题域模型是最高层级的、以主题概念及其之间的关系为基本构成单元的模型，主题是对数据表达事物本质概念的高度抽象；概念模型是以数据实体及其之间的关系为基本构成单元的模型，实体名称一般采用标准的业务术语命名；逻辑模型是在概念模型的基础上细化，以数据属性为基本构成单元；物理模型是逻辑模型在计算机信息系统中依托于特定实现工具的数据结构。

从模型的应用范畴看，数据模型分为组织级数据模型和系统应用级数据模型。组织级数据模型包括主题域模型、概念模型和逻辑模型三类，系统应用级数据模型包括逻辑模型和物理数据模型两类。

4.1.2 过程描述

数据模型具体的过程描述如下：

a）收集和理解组织的数据需求，包括收集和分析组织应用系统的数据需求和实现组织的战略、满足内外部监管、与外部组织互联互通等的数据需求等；

b）制定模型规范，包括数据模型的管理工具、命名规范、常用术语以及管理方法等；

c）开发数据模型，包括开发设计组织级数据模型、系统应用级数据模型；

d）数据模型应用，根据组织级数据模型的开发，指导和规范系统应用级数据模型的建设；

e）符合性检查，检查组织级数据模型和系统应用级数据模型的一致性；

f）模型变更管理，根据需求变化实时地对数据模型进行维护。

【过程解读】

数据模型的最终目标是满足组织的数据需求，所以数据模型建设过程中第一步是要把组织的数据需求全面梳理和整理出来，对于个别行业，还需要满足监管层、供应商、合作方或外部客户等需求。组织同时需要制定数据模型的设计规范，在组织内部统一数据模型的设计与管理工具、命名规范、常用术语、设计方法与原则等。基于数据需求和模型设计规范，组织开展全面的数据模型设计工作，包括主题域模型、概念模型、逻辑模型、物理模型等，组织数据模型并不是一蹴而就的，而是要经过多次的评审和确认，并且建立后需对其进行维护和更新，确保数据模型与实际情况和需求的一致性。组织级数据模型的作用还包括指导和规范应用级数据模型的建设，组织需定期检查组织级数据模型和系统应用级数据模型的一致性。

4.1.3 过程目标

数据模型具体的过程目标如下：

a）建立并维护组织级数据模型和系统应用级数据模型；

b）建立一套组织共同遵循数据模型设计的开发规范；

c）使用组织级数据模型来指导应用系统的建设。

【目标解读】

数据模型的首要目标是能够建立一个全面满足组织内外部数据需求的组织级数据模型，并用组织级模型指导系统应用级数据模型的开发，使得最终应用系统或管理系统能满足业务层面的数据需求，支撑组织长远的数据战略，进一步支撑组织长远的商业战略。

4.1.4 能力等级标准解读

第 1 级：初始级
DA-DM-L1-1：在应用系统层面编制了数据模型开发和管理的规范。

【标准解读】

本条款要求，组织应在建立某个应用系统时，在该应用系统建设团队内部建立了统一的数据模型开发和管理的规范。该模型和管理的规范只适用于该应用系统建设过程，属于该应用系统建设团队定义的团队内部规则，不适用于其他应用系统，也不属于部门规范或组织层的规范。

【实施案例介绍】

某组织在建立公司内部 OA 系统时，建立了 OA 项目开发小组，该小组由信息部门的架构师、程序员和外部的供应商组成，在 OA 系统开发过程中，需要对数据进行建模，由于涉及组织内部数据较多、范围较广，数据建模工作分配给了 3 位架构师。为了保持数据模型的规范性和一致性，OA 项目开发小组编制了一个《OA 项目数据模型开发规范》，明确了数据模型的命名规范和设计原则，并要求架构师在设计数据模型时遵循该规定。

【典型的文件证据】

《某项目数据模型开发规范》。

第 1 级：初始级
DA-DM-L1-2：根据相关规范指导应用系统数据结构设计。

【标准解读】

本条款要求，应用系统研发团队需要对系统数据结构进行设计，包括该系统的概念模型、逻辑模型和物理模型的设计，并且在设计过程需遵循组织、部门或团队对数据结构的设计规范或约定。

【实施案例介绍】

某组织在建立组织内部 OA 系统时，建立了 OA 项目开发小组，该小组的架构师对 OA 系统的数据结构进行了设计，编制了《OA 系统概念模型设计说明书》《OA 系统逻辑模型设计说明书》等。OA 项目开发小组对以上设计进行了多次评审，评审的内容包括该设计稿是否符合项目组内部约定的《OA 项目数据模型开发规范》。

【典型的文件证据】

《某系统数据概念模型设计》《某系统数据逻辑模型设计》。

第 2 级：受管理级
DA-DM-L2-1：结合组织管理需求，制定了数据模型管理规范。

【标准解读】

本条款要求，组织已经开始意识到数据模型管理的必要性，召集相应的数据模型设计人才对数据模型管理规范进行研讨，全面考虑公司的未来数据架构规划和管理需求，初步建立了组织级的数据模型管理规范。但该组织很可能未全面推广该管理规范。

【实施案例介绍】

某企业在建设内部OA系统时，需要对关联系统进行调研，如财务系统、人力资源系统、项目管理系统。在调研过程发现各个应用系统的数据模型采用了不同的方法和工具，甚至有个别系统的数据模型设计是缺失的，该企业意识到随着公司内部系统的增多，数据模型不统一，将带来更严重的混乱。该企业建立了临时的数据模型管理小组，由公司副总担任组长，组员由公司资深的架构师组成。该小组经过两个月的时间，建立并发布了公司的《数据模型开发管理办法》。该开发管理办法中规定了数据模型的设计原则、设计内容、设计步骤和模型的命名规范等。

【典型的文件证据】

《某公司数据模型开发管理办法》。

第2级：受管理级
DA-DM-L2-2：对组织中部分应用系统的数据现状进行梳理，了解当前存在的问题。

【标准解读】

本条款要求，组织应对自身应用系统的数据资产进行梳理，充分掌握组织拥有和管理的数据，并了解数据在支撑业务发展过程中存在的各类问题，深入了解当前数据是否能满足公司业务发展的需求。但该组织只是对部分应用系统的数据进行了梳理，未能全面了解组织应用系统的数据状况。

【实施案例介绍】

某制造业企业对公司的财务系统、人力资源系统、项目管理系统等应用系统进行了深入调研，梳理了每个系统所拥有的数据，以及每个系统与其他系统之间的数据流转，并对各个系统的使用人员进行访谈，了解各系统的数据需求，包括数据质量问题或数据缺失等。但是该企业未能对生产系统的数据现状进行调研，未能确认目前生产系统的数据是否能满足公司发展的需求，也未能确认生产系统数据是否能及时与其他系统互通。

【典型的文件证据】

《某系统数据现状记录表》。

第2级：受管理级
DA-DM-L2-3：根据数据现状的梳理，结合组织业务发展的需要，建立了组织级数据模型。

【标准解读】

本条款要求，组织应该基于 DA-DM-L2-2 的条款中所收集到的数据现状梳理并同时结合组织业务未来的发展战略而对数据提出需求，从而建立组织级的数据模型。通常，组织级数据模型应该是包括了主题域模型、概念模型和逻辑模型。主题域模型是最高层级的、以主题概念及其之间的关系为基本构成单元的模型，主题是对数据表达事物本质概念的高度抽象；概念模型是面向用户、面向现实世界的数据模型，是与数据库管理系统无关的，它主要用来描述一个单位的概念化结构；逻辑模型是一般采用面向对象的设计方法，有效组织来源多样的各种业务数据，使用统一的逻辑语言描述业务。

【实施案例介绍】

某制造业企业基于对前期数据现状的调研，发现企业的生产系统未与其他应用系统形成互联互通。同时，企业提出未来要通过数据驱动生产，要深入了解客户的特性与喜好。该企业基于以上需求，建立了组织级的主题域模型，该模型里包括了五大主题域，分别是财务主题域、员工主题域、设备主题域、物料主题域、客户主题域（见图 4-1）。

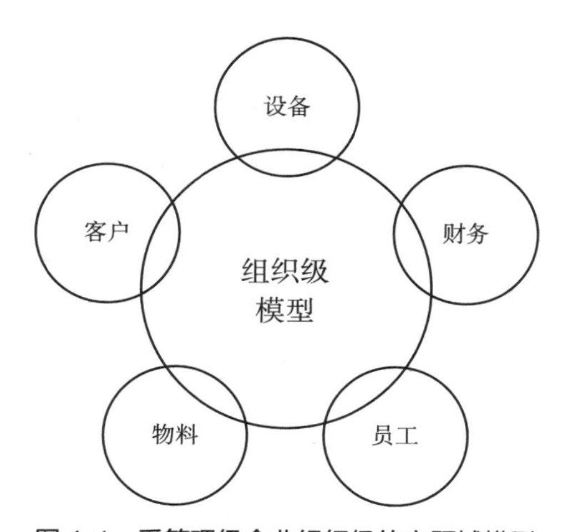

图 4-1　受管理级企业组织级的主题域模型

【典型的文件证据】

《某企业主题域模型》《某企业概念模型》。

第 2 级：受管理级
DA-DM-L2-4：应用系统的建设参考了组织级数据模型。

【标准解读】

本条款要求，组织在建设具体的应用系统时，可以在合适的阶段参考组织数据模型的内容，以避免造成系统重复建设或不合理的建设。如在该应用系统可行性研究阶段，应参考组织级数据模型，确认该应用系统的数据是否是组织级数据模型所规划的，从而判断该应用系统数据的重要性；在系统设计阶段，应参考组织级数据模型，明确应用系统数据的来源、存储、交互等。

【实施案例介绍】

某制造业企业正在建立用户数据埋点系统，在可行性研究时，对组织级数据模型进行了调研，发现在组织级模型中有一个用户主题域，并规划了用户行为数据，由此可见，该应用系统建设与企业数据整体规划保持一致。在该用户埋点数据系统设计阶段，参考了组织数据模型，发现了数据仓库中已有现成用户基本数据，所以用户埋点数据系统将直接从数据仓库中获取用户基本信息数据，再结合埋点功能获取用户行为数据。

【典型的文件证据】

《某应用系统设计说明书》《某应用系统可行性分析报告》。

第 3 级：稳健级
DA-DM-L3-1：对组织中应用系统的数据现状进行全面梳理，了解当前存在的问题并提出解决办法。

【标准解读】

本条款要求，组织应对自身应用系统的数据资产进行梳理，充分掌握组织拥有和管理的数据，并了解数据在支撑业务发展过程中存在的各类问题，通过与业务部门、运营部门的协商和沟通，找寻对应的解决方案。

本条款与“DA-DM-L2-2：对组织中部分应用系统的数据现状进行梳理，了解当前存在的问题”的主要区别是本条款要求要对组织中所有、全部的应用系统的数据现状进行梳理，同时还要对已经发现的问题提出解决方案。

【实施案例介绍】

某电商企业在内部建立了分析团队，对公司所有应用系统进行了调研和分析，全面梳理了应用系统的数据资产，识别数据现状与公司战略发展需要的差距。目前公司数据资产包括以下几大类：商品数据、交易数据、用户数据、供应商数据、合约数据等，该分析团队在对用户数据做进一步整理时发现所有的应用系统里均没有用户行为数据。公司管理层多次在数据战略会议上强调要充分分析用户的行为，提高产品推送准确率。显然，缺少了用户行为数据是难以满足数据战略的需求。该分析团队针对这个问题，提出了要在公司的电商交易平台上建立埋点功能，充分收集用户数据，分析用户的行为和特性。公司在设计组织级数据模型时也把用户行为数据纳入其中。

【典型的文件证据】

《某公司系统数据资源表》《某公司数据现状分析报告》。

第 3 级：稳健级
DA-DM-L3-2：分析业界已有的数据模型参考架构，学习相关方法和经验。

【标准解读】

本条款要求，组织应充分了解适用于自身行业的优秀数据模型参考架构，包括主管部门、监管机构或行业发布的数据模型参考架构，并把优秀案例应用到自身的数据模型建设中去。

【实施案例介绍】

某证券业企业收集了证券业界优秀的数据模型参考架构，并主要参考了中国证券监督管理委员会发布的 JR/T 0176.1—2019《证券期货业数据模型　第 1 部分：抽象模型设计方法》，学习了其中的总体设计架构、整体设计方法、公共部分设计、交易部分设计方法、监管部分设计方法、信息披露部分设计方法、元语定义等。该企业把以上的方法应用到自身数据模型的设计当中，建立了符合中国证券监督管理委员会要求的数据模型。

【典型的文件证据】

《某行业数据模型规范或标准》《某公司数据模型详细设计》《某公司数据模型设计评审报告》。

第 3 级：稳健级
DA-DM-L3-3：编制组织级数据模型开发规范，指导组织级数据模型的开发和管理。

【标准解读】

本条款要求，组织应建立在全公司范围内发布数据模型开发规范，并要求相关部门或项目均遵循该数据模型开发规范。通常数据模型开发规范应该包括：数据建模和数据库设计可交付成果的列表和描述，归属于所有数据模型对象的标准名称、缩写规则列表，所有数据模型对象的标准命名格式，数据模型设计的原则与步骤等。

【实施案例介绍】

某企业编制了公司级的《数据模型开发规范》，并在公司的 OA 平台上以公司名义发布，要求所有的团队在开展数据模型时需要遵循该规范。该企业召集公司数据模型设计人员开展了模型开发规范培训，对《数据模型开发规范》的内容做了详细宣贯。该企业还把《数据模型开发规范》的具体要求录入到《数据模型评审检查单》中，对公司级的数据模型进行了多次的评审，发现了多处不符合《数据模型开发规范》的地方，评审组要求对数据模型按要求进行修订。

【典型的文件证据】

《某公司数据模型开发规范》《某公司数据模型评审检查单》《某公司数据模型设计评审报告》。

第 3 级：稳健级
DA-DM-L3-4：了解组织战略和业务发展方向，分析利益相关者的诉求，掌握组织的数据需求。

【标准解读】

本条款要求，组织的数据管理团队应充分了解组织的商业战略与发展方向，并判断需要开展哪些数据管理工作来支撑商业战略的达成，定期收集组织内部管理层或相关人员对数据方面的需求，同时收集外部利益相关者的需求，如外部监管机构、供应商、客户、合作商等对组织的数据需求，并对以上的需求进行汇总和分析，充分了解和掌握公司的数据需求。

【实施案例介绍】

某企业成立了数据模型设计小组，该小组全面研究了公司的商业规划，公司提出了未来 3 年要通过用户行为数据来优化销售。该小组全面收集了外部监管部门所发布的数据管理要求，并与公司主要供应商沟通调研，了解供应商对本组织的数据需求。该数据模型设计小组整理了详细的数据需求清单，列出了所有数据需求的内容、来源、提出人员、重要性等，对其进行分类与整合，处理了有冲突或者有重复的数据需求，并对数据需求排优先级。数据模型小组整理出来的数据需求包括：用户行为数据（公司战略）、异常交易数据（外部监管）、物料数据（供应商）等。

【典型的文件证据】

《某公司战略数据需求整理清单》《某公司监管部门数据要求整理清单》。

第 3 级：稳健级
DA-DM-L3-5：建立覆盖组织业务经营管理和决策数据需求的组织级数据模型。

【标准解读】

本条款要求，组织应该根据条款“DA-DM-L3-4：了解组织战略和业务发展方向，分析利益相关者的诉求，掌握组织的数据需求”要求所收集到的组织数据需求，从而建立一个满足这些数据需求的组织级数据模型，数据需求的来源应该包括组织业务经营管理、决策数据需求、监管层管理需求、外部合作方或供应商等。组织级数据模型应该包括了主题模型、概念模型和逻辑模型，组织级模型详细介绍见“DA-DM-L2-3：根据数据现状的梳理，结合组织业务发展的需要，建立了组织级数据模型”。

【实施案例介绍】

某互联网企业在组织层面建立了几大主题域模型，包括客户、商品、订单、供应商等。公司管理层提出希望分析公司在行业中的地位，以及与竞争对手的销售数据对比，识别公司的优劣势。公司的数据模型设计团队，根据公司管理经营和决策需要，更新设计了数据组织模型，增加了外部竞争对手的主题域模型，如图 4-2 所示。

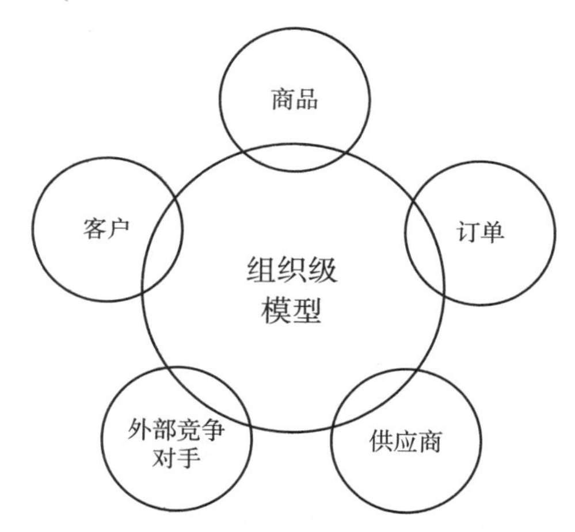

图 4-2　稳健级企业组织级的主题域模型

【典型的文件证据】

《某公司数据模型设计》《某公司数据模型设计评审报告》。

第 3 级：稳健级
DA-DM-L3-6：使用组织级数据模型指导系统应用级数据模型的设计，并设置相应的角色进行管理。

【标准解读】

本条款要求，当组织在建立新的数据应用时，应全面参考组织数据模型的设计，要充分考虑现有组织数据模型，并在其基础上进行设计，包括数据的来源、获取途径、数据结构等。同时，在组织层面应设立专属的数据模型岗位，该岗位应对组织级数据模型非常熟悉，并有责任对新建的应用系统数据模型进行评审，确保应用系统的数据模型与组织级数据模型的一致性。

【实施案例介绍】

某企业建立了数据模型设计师岗位，该数据模型设计师负责组织级数据模型的设计与维护更新，对于所有的新系统应用建设，数据模型设计师均会参与到新系统应用的设计中去，并对数据模型提出建议。所有新应用系统在完成数据模型设计后，均需要提交评审。该公司制定了详细的评审检查单，检查单里要求检查应用数据模型与组织级数据模型的兼容性，如组织级数据模型所规划的数据是否在应用系统数据模型中实现。当发现应用系统数据模型与组织级数据模型不相符时，该企业则记录具体问题和解决方案。

【典型的文件证据】

《某应用系统数据模型设计》《某应用系统数据模型设计评审记录表》。

第 3 级：稳健级
DA-DM-L3-7：建立了组织级数据模型和系统级数据模型的映射关系，并根据系统的建设定期更新组织级的数据模型。

【标准解读】

本条款要求，组织需要建立组织级数据模型和系统级数据模型，同时还需要把两者的对应关系进行匹配。组织级数据模型所覆盖的数据通常是来自于系统应用，两者是有对应关系的，例如客户主题域里覆盖的数据通常是来自于 CRM 客户关系管理系统，客户主题域数据是可以与 CRM 系统的数据模型建立映射关系的。当应用系统建设涉及数据模型的变更、删减或新增时，也应该根据映射关系而更新组织级的对应数据模型。

【实施案例介绍】

某电商互联网企业建立组织级数据模型与系统应用数据模型的映射关系，组织级数据模型主要划分为客户主题域、商品主题域、交易主题域、供应商主题域等。其中，客户主题域的数据主要是来源于公司的 CRM 系统。该企业对 CRM 系统也建立了数据逻辑模型和物理模型，同时在 CRM 系统的逻辑模型与组织级的客户主题域逻辑模型之间建立了映射关系。如图 4-3 所示。

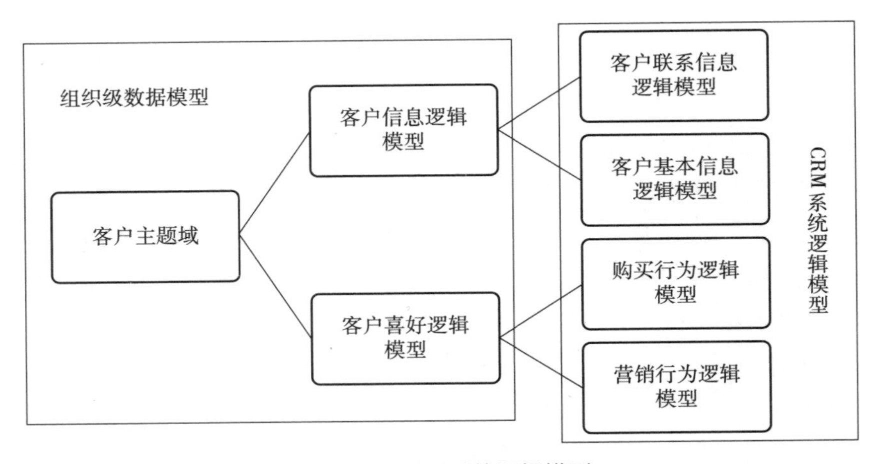

图 4-3　CRM 系统逻辑模型

【典型的文件证据】

《某公司组织模型与应用系统模型映射关系图》。

第 3 级：稳健级
DA-DM-L3-8：建立了统一的数据资源目录，方便数据的查询和应用。

【标准解读】

本条款要求，组织需要建立全面的数据资源目录。数据资源目录是指可以快速查询到组织当前拥有哪些数据以及这些数据的具体位置、所属系统、所属部门等。数据资源目录可以是通过文档或系统的方式来梳理和呈现，更为有效率地是通过数据资源管理系统来呈现资源目录并提供实时查询与检索功能，并通过系统对资源目录进行维护和更新。

【实施案例介绍】

某大型企业使用 Excel 文档建立了数据资源目录，并由数据管理团队对其进行维护和更新，数据管理团队定期把数据资源目录通过邮件的方式向相关的人员发布。该企业整理了数据资源的名称、编码、存储类型、数据安全等级、所属系统、所属部门、主题分类等，如表 4-1 所示。

表 4-1　数据资源目录

序号	数据资源名称	资源编码	资源存储类型	安全等级	所属系统	所属一级部门	所属二级部门	主题分类	所属行业
1	人员基本信息	500231	数据库	敏感数据	人力资源系统	人力资源部	人力资源部	人员	人力资源
2	人员薪酬信息	500235	数据库	敏感数据	财务系统	财务部	薪酬管理室	财务	财务
3	市场销售信息	500335	数据库	敏感数据	OA 系统	市场部	销售室	市场	销售

【典型的文件证据】

《某公司数据资源目录》。

第 4 级：量化管理级
DA-DM-L4-1：使用组织级数据模型，指导和规划整个组织应用系统的投资、建设和维护。

【标准解读】

本条款要求，组织在规划整体应用系统的投资、建设和维护时，应从组织数据模型角度来分析整个规划的可行性，包括技术可行性与经济可行性的分析。组织级数据模型的设计是能满足组织业务经营与决策的需求、外部监管与客户等的需求，使用组织级数据模型来指导和规划应用系统的建设，保证了组织应用系统的建设也能最大限度满足组织业务经营与决策的需求。

【实施案例介绍】

某制造业企业每年年底均会规划下一年度的IT应用系统投资与建设，在规划报告里，该企业对组织级数据模型与应用级数据模型进行了映射分析，识别了目前存在的问题，发现生产数据尚未能实时采集并集成至数据中台进行分析，高层无法实时了解公司生产经营的状况，只能由各个生产部门每周进行生产数据汇报。该企业规划在第二年将建立生产数据采集系统，并向数据中台开放接口，数据中台可随时调取生产数据进行分析，并向管理层提供生产视图。

【典型的文件证据】

《某公司IT建设规划》《某公司组织模型与应用系统模型映射关系图》。

第4级：量化管理级
DA-DM-L4-2：建立了组织级数据模型和系统应用级数据模型的同步更新机制，确保一致性。

【标准解读】

本条款要求，组织应该建立并发布组织级数据模型和系统应用级数据模型的同步机制，当组织级数据模型或系统应用级数据模型有更新时，其对应的系统应用级数据模型或组织级数据模型也应该同步更新，确保两者保持一致。例如当某系统应用已经停用，组织也不再需要采集该系统数据时，则应把该数据从组织数据模型中抹去。

【实施案例介绍】

某大型企业建立系统应用级数据模型的新增、修订、删除等管理流程，明确要求当应用数据模型有调整时，均需要提交变更申请流程，该变更申请流程会流向组织级数据模型负责人，组织级数据模型负责人会评估该应用数据模型变更是否对组织级数据模型造成影响和组织级数据模型是否需要同步更新。而当组织级数据模型需要更新时，组织数据模型负责人会召集该更新影响到的系统应用负责人开展研讨，确保更新的可行性和推动系统应用进行同步更新。

【典型的文件证据】

《某公司数据模型修订管理要求》《某公司组织级数据模型更新记录》《某公司组织级数据模型评审记录》（应能看到组织级数据模型与应用数据模型同步评审内容）。

第 4 级：量化管理级
DA-DM-L4-3：及时跟踪、预测组织未来和外部监管的需求变化，持续优化组织级数据模型。

【标准解读】

本条款要求，组织的数据管理团队应根据组织的战略规划频率定期及时跟踪组织的发展规划，从而识别组织未来对数据的需求，持续优化组织数据模型，使其能适应组织未来的发展需要。同时，对于监管较为严格的行业，例如金融行业，监管机构很可能会持续对企业或单位提出新的数据需求，组织数据管理团队应及时跟踪监管的要求，调整和优化数据模型，使其能满足监管机构的数据需求。

【实施案例介绍】

某企业每个季度均会对组织级数据模型进行评审，该公司数据模型建设团队召开了头脑风暴会议来识别组织数据模型的影响因素，会议中由各成员提出自己的想法，并记录到思维导图中，如图 4-4 所示。在该企业的组织级数据模型影响因素思维导图中记录了公司商业目标变化的影响、外部监管变化的影响、应用系统变更的影响、前沿技术发展的影响等。基于以上的影响因素，数据模型建设团队各成员提出了组织数据模型优化方案，公开研讨并确定最佳方案。

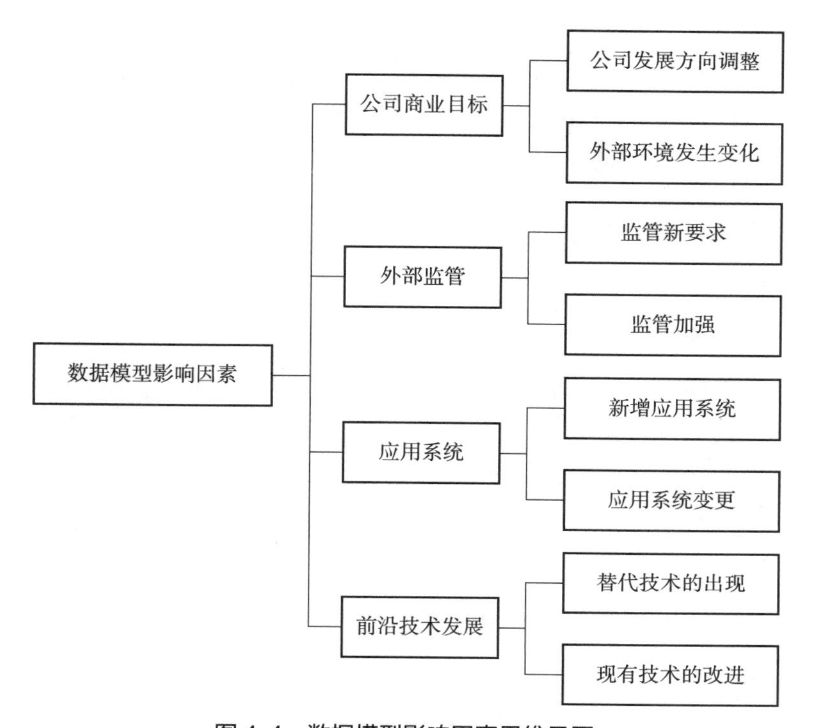

图 4-4　数据模型影响因素思维导图

【典型的文件证据】

《某公司数据模型优化方案》《某公司数据模型影响因素评估》。

第 5 级：优化级
DA-DM-L5-1：在业界分享最佳实践，成为行业标杆。

【标准解读】

本条款要求，组织应参与近期有关于数据模型的公开演讲、新闻并获奖等，该企业应参与和主导行业的数据模型标准工作，能证明该组织在数据模型领域达到业界领先的水平。

【实施案例介绍】

某企业被公认为所处行业的数据模型标杆企业，多次获得国家级别的数据模型相关奖项，并且近期多次参与数据模型大会的演讲与经验分享。该企业还主导了所处行业的数据模型标准编写工作。如图 4-5 所示，某企业参与了 JR/T 0176《证券期货业数据模型》的编制，并在该标准所列出的起草单位中排名靠前。

前　言

JR/T 0176《证券期货业数据模型》分为8个部分：

--第1部分：抽象模型设计方法；

--第2部分：逻辑模型公共部分 行业资讯模型；

--第3部分：证券公司逻辑模型；

--第4部分：基金公司逻辑模型；

--第5部分：期货公司逻辑模型；

--第6部分：证券交易所逻辑模型；

--第7部分：期货交易所逻辑模型；

--第8部分：监管机构逻辑模型。

本部分为JR/T 0176的第1部分。

本部分依据GB/T 1.1-2009给出的规则起草。

本部分由全国金融标准化技术委员会证券分技术委员会（SAC/TC180/SC4）提出。

本部分由全国金融标准化技术委员会（SAC/TC180）归口。

本部分起草单位：中国证券监督管理委员会信息中心、中国证券监督管理委员会证券基金机构监管部、中证信息技术服务有限责任公司、中国期货市场监控中心有限责任公司、申万宏源证券有限公司、中证机构间报价系统股份有限公司、中软国际科技服务有限公司、深圳市致远速联信息技术有限公司、上海吉贝克信息技术有限公司、上海立信维一软件有限公司。

本部分主要起草人：张野、刘铁斌、周云晖、谢晨、罗黎明、孙宏伟、黄璐、汪萌、张春艳、王辉、曹雷、陈楠、富子祺、乔蔚、黄文璐、朱旭、刘佳、李光涛、刘国勇、杨诚、李婷婷、李海、杨洪峰。

图 4-5　JR/T 0176.1—2019

《证券期货业数据模型　第 1 部分：抽象模型设计方法》起草单位

【典型的文件证据】

某公司数据模型相关奖项、某行业数据模型标准规范。

4.2　数据分布

4.2.1　概述

数据分布能力项是针对组织级数据模型中数据的定义，明确数据在系统、组织和流程等方面的分布关系，定义数据类型，明确权威数据源，为数据相关工作提供参考和规范。通过数据分布关系的梳理，定义数据相关工作的优先级，指定数据的责任人，并进一步优化数据的集成关系。

4.2.2　过程描述

数据分布具体的过程描述如下：

a）数据现状梳理，对应用系统中的数据进行梳理，了解数据的作用，明确存在的数据问题；

b）识别数据类型，将组织内的数据根据其特征分类管理，一般类型包括但不限于主数据、参考数据、交易数据、统计分析数据、文档数据、元数据等类型；

c）数据分布关系梳理，根据组织级数据模型的定义，结合业务流程梳理的成果，定义组织中数据和流程、数据和组织机构、数据和系统的分布关系；

d）梳理数据的权威数据源，对每类数据明确相对合理的唯一信息采集和存储系统；

e）数据分布关系的应用，根据数据分布关系的梳理，对组织数据相关工作进行规范，包括定义数据工作优先级、优化数据集成等；

f）数据分布关系的维护和管理，根据组织中业务流程和系统建设的情况，定期维护和更新组织中的数据分布关系，保持及时性。

【过程解读】

数据分布过程的主要工作内容是全面梳理组织的数据资产，把各个应用系统的数据进行整理和分类，然后整理各数据在业务上和应用系统上的流向，特别是对于热度高和共享程度高的数据。基于数据流向，对于多源数据，确定唯一的权威数据源，明确多源数据相对合理的唯一信息采集系统。通过以上数据流向的梳理，根据数据对业务或系统的关联程度，判断该数据的重要性和关键性，从而指导数据工作优先级定义和优化数据集成等。

4.2.3 过程目标

数据分布具体的过程目标如下：

a）对组织的数据资产建立分类管理机制，确定数据的权威数据源；

b）梳理数据和业务流程、组织、系统之间的关系；

c）规范数据相关工作的建设。

【目标解读】

数据分布管理过程的目标是规范和管理数据产生的源头和数据在各流程、各系统间的流动。管控数据的流动主要体现在3个方面：第一是数据源头，物理上是数据源，主体上是数据主人，管理上是数据责任。数据源头需要把控数据质量，确定权威数据源，明确数据的责任主体。第二是管控部门，管控部门是组织内的数据管理部门，负责协调数据标准的制定，维护业务需求到数据实现的通路。第三是管控流程，也就是控制数据的流向。数据分布过程管理目标是使组织的数据真正被流通使用，充分发挥其价值，同时保证数据在流通过程中不变形和便于维护。

4.2.4 能力等级标准解读

第1级：初始级
DA-DD-L1-1：在项目中进行了部分数据分布关系管理，例如数据和功能的关系、数据和流程的关系等。

【标准解读】

本条款要求，组织在某个项目里建立了数据与功能关系或数据与流程的关系，通常在系统平台的设计阶段，研发团队在开展系统详细设计时，会把功能与数据的关系在系统需求说明书或系统详细设计说明书中体现。

【实施案例介绍】

某企业在建设公司内部OA系统时，成立了OA系统研发团队，对系统需求做了深入调研，并编写了《OA系统需求规格说明书》。在该说明书中列出了OA系统所有的功能，并把功能与数据进行了关联。如OA中报销功能关联了财务数据、行程数据；客户管理功能则关联了客户数据、销售人员数据；会议管理则关联了会议室数据、会议设备数据等。

【典型的文件证据】

《某系统需求规格说明书》《某系统详细设计规格说明书》。

第2级：受管理级
DA-DD-L2-1：对应用系统数据现状进行了部分梳理，明确了需求和存在的问题。

【标准解读】

本条款要求，组织应梳理自身应用系统的数据资产，重点在梳理数据与功能或业务流程的关系，深入了解各系统各部门的数据互联互通状况，是否存在数据联通效率低下等情况。该条款与数据模型的二级条款“DA-DM-L2-2：对组织中部分应用系统的数据现状进行梳理，了解当前存在的问题”比较接近，都是梳理数据现状，但各自的出发点是有区别的，数据模型的“DA-DM-L2-2”条款更侧重于数据资产梳理，而本条款则更侧重数据流向的梳理。该组织只是对部分应用系统的数据进行了梳理，未能全面了解组织应用系统的数据状况。

【实施案例介绍】

某制造业企业对公司的财务系统、人力资源系统、生产管理系统等应用系统进行了深入调研，梳理了每个系统所拥有的数据，以及每个系统与其他系统之间的数据流转。本次调研发现，该企业的生产管理系统数据与财务系统的数据未能互相流转，导致财务系统未能及时统计生产成本，每个月均需要由生产部门向财务部门汇报生产成本数据，再由财务人员录入财务系统。该企业把以上发现的问题记录到《系统数据分布流转调研报告》中，并作为下一年度的IT信息化建设的规划参考文件。

【典型的文件证据】

《某公司系统数据分布流转调研报告》《某公司数据架构分析报告》。

第2级：受管理级
DA-DD-L2-2：建立了数据分布关系的管理规范。

【标准解读】

本条款要求，组织需要建立数据分布关系的管理规范，通常该管理规范应定义组织数据分布关系的管理工具、管理责任人、分布关系表现形式、分布关系建立步骤与过程等。该管理规范可以是在组织层面或部门层面发布的。

【实施案例介绍】

某企业随着业务的发展和规模的壮大，内部管理系统和平台数量持续增长，数据的分布越来越复杂。该企业的IT部门意识到有必要对数据进行全面梳理，在梳理之前，该IT部门建立了数据分布关系管理规范。该规范规定IT部门的数据架构工程师负责数据分布关系管理，统一使用大数据管理平台的数据地图功能呈现公司的数据分布关系，数据分布关系可通过元数据自动采集分析和人工修订的方式来建立。

【典型的文件证据】

《某公司系统数据分布管理规范》。

第 2 级：受管理级
DA-DD-L2-3：梳理了部分业务数据和流程、组织、系统之间的关系。

【标准解读】

本条款要求，组织至少对部分业务数据的分布关系进行了梳理，明确了部分数据被哪些业务流程所引用，属于哪些组织部门，在哪些系统间流转等关系。

【实施案例介绍】

某企业对公司的员工数据的分布关系进行了梳理，明确了员工数据在员工入职办理、员工薪酬评估、员工岗位调整、员工离职办理等流程中所引用，规定了员工数据归属于人力资源部，人力资源系统是员工数据的最权威系统，并且由人力资源系统把员工数据同步到公司 OA 系统、报销系统、项目管理系统等。但该企业尚未对其他数据的分布关系进行梳理。

【典型的文件证据】

《某公司某数据分布关系表》。

第 2 级：受管理级
DA-DD-L2-4：业务部门内部已对关键数据确定权威数据源。

【标准解读】

本条款要求，组织在业务部门对关键数据确定了权威数据源，业务部门在面对同一个数据（特别是关键和核心数据）有多个来源时，需要确定哪个来源是最权威和最可信的，否则会引起数据冲突和数据不一致的情况出现。但该组织未能在组织层面全面开展权威数据源的确认。

【实施案例介绍】

某制造企业的生产事业部同时在使用 ERP 系统、CRM 系统、公司 OA 系统、公司工时管理系统、供应商管理系统等。该生产事业部确定了本部门的关键数据，包括生产物料数据、供应商数据、客户数据、生产设备数据。生产事业部对关键数据均明确了具体的权威数据源，如 ERP 系统是生产物料数据和生产设备的权威数据源，CRM 系统是客户数据的权威数据源，供应商系统是供应商数据的权威数据源。生产事业部对关键数据列出了详细清单，明确了该数据的权威数据系统、权威数据表和权威数据字段。

【典型的文件证据】

《某数据权威数据来源表》。

第 3 级：稳健级
DA-DD-L3-1：在组织层面制定了统一的数据分布关系管理规范，统一了数据分布关系的表现形式和管理流程。

【标准解读】

本条款要求，组织需要在组织层面建立统一的数据分布关系的管理规范，通常该管理规范应定义组织数据分布关系的管理工具、管理责任人、分布关系表现形式、分布关系建立步骤与过程等。本条款与第 2 级的“DA-DD-L2-2：建立了数据分布关系的管理规范”主要区别是本条款要求在组织层面建立和在组织层面发布，要求整个组织内部所有机构均需要执行。

【实施案例介绍】

某企业随着业务的发展和规模的壮大，内部管理系统和平台数量持续增长，数据的分布越来越复杂。该企业的 IT 部门意识到有必要对数据进行全面梳理，在梳理之前，该 IT 部门建立了《IT 部门数据分布关系管理规范》并在部门内部发布。该规范规定 IT 部门的数据架构工程师负责数据分布关系管理，统一使用大数据管理平台的数据地图功能呈现公司的数据分布关系，数据分布关系可通过元数据自动采集分析和人工修订的方式来建立。IT 部门在内部执行了《IT 部门数据分布关系管理规范》三年时间，多次对其修订后，IT 部门便向公司提出申请将该管理规范应用于全公司，根据公司的发布制度，公司管理层召集相关部门对该制度进行了评审，通过后盖公司章，在公司 OA 平台正式发布《公司数据分布关系管理规范》。

【典型的文件证据】

《某公司数据分布关系管理规范》。

第 3 级：稳健级
DA-DD-L3-2：全面梳理对应系统数据现状，明确需求和存在的问题，提出了解决办法。

【标准解读】

本条款要求，组织应全面了解内部应用系统的数据现状，如各个应用系统拥有哪些数据，各应用系统是否还需要更多的数据来支撑业务，各应用系统的数据是否有效和高效流转，各应用系统有哪些有价值的数据可以向外贡献。对于发现的问题，组织应提出具体的解决方案。

【实施案例介绍】

某制造业企业对公司内部的所有应用系统进行了调研和分析，发现了公司的项目管理系统与人力资源系统都存储了公司员工的基本信息，两个系统数据存在重复且冲突的情况。每当有新员工进入公司时，人力资源部和项目管理部都分别录了一次新员工的基本信息，个别员工信息甚至不能保持一致。该企业对此问题提出了解决方案，把员工数据纳入公司主数据并建立主数据管理系统，并以人力资源系统的员工数据为权威数据，主数据管理系统从人力资源系统获取最新的员工数据并共享给其他需要用到员工数据的应用系统，从而确保员工数据的一致性，并避免了数据的重复录入与资源浪费。

【典型的文件证据】

《某公司应用系统数据现状分析报告》。

第 3 级：稳健级
DA-DD-L3-3：明确数据分布关系梳理的目标，梳理数据分布关系，形成数据分布关系成果库，包含了业务数据和流程、组织、系统之间的关系。

【标准解读】

本条款要求，组织应先明确数据分布关系梳理的目标，即通过数据分布关系的梳理来解决什么问题，为什么要对数据分布关系进行梳理。进而根据目标选择合适的方法或模式，对组织的数据分布关系进行梳理，形成关系成果库，该成果库可以是从上到下的、从高阶到详细的关系库，通常包括数据被哪些业务流程所引用，属于哪些组织部门，在哪些系统间流转等描述。

【实施案例介绍】

某企业近期发现公司内部数据随着公司规模的壮大，数据量越来越大，分布在不同的系统，一旦数据质量出现问题，根本无法追溯数据问题的根源，且当要新建内部信息系统时，也无法判断目前已有哪些系统或哪些数据是与新建系统有关联或需要交互数据。因此，该企业决定对公司数据进行全面梳理，包括公司的人员数据、客户数据、供应商数据、销售数据、物料数据、生产数据等，明确了数据与业务流程、系统、组织部门等之间的关系。例如对于人员数据，该企业明确了人员数据在员工入职办理、员工薪酬评估、员工岗位调整、员工离职办理等流程中所引用，规定了人员数据归属于人力资源部，人力资源系统是人员数据的最权威系统，并且由人力资源系统把人员数据同步到公司 OA 系统、报销系统、项目管理系统等。

第 3 级：稳健级
DA-DD-L3-4：组织内的所有数据按数据分类进行管理，确定每个数据的权威数据源和合理的数据部署。

【标准解读】

本条款要求，组织应将数据进行分类，数据分类的方法和维度较多，组织可根据自身的需要进行分类，通常可根据数据模型建设的主题域来划分，如：客户数据、交易数据、合约数据等。对于每个数据，要明确其权威数据源，同时检查目前数据部署的合理性，遇到数据流转不合理的或数据重复部署浪费资源，应及时纠正。

【实施案例介绍】

某企业根据职能划分，把数据划分成研发数据、财务数据、销售数据、客户数据和生产数据等。该企业把所有的数据在公司数据治理平台的数据资产模型罗列，并给每个数据定义了权威数据源系统和权威数据表，如研发数据中，研发项目ID的权威来源系统是公司的项目管理平台，权威来源表是项目管理平台的项目表。该企业每年定期对数据的权威来源进行评审，并检查该数据的应用情况和流转情况，当发现不合理的数据部署时，则提出优化方案进行改造。不合理的部署包括：数据重复在多处采集与存储，数据在流转时路径效率低下等。

第3级：稳健级
DA-DD-L3-5：建立了数据分布关系应用和维护机制，明确了管理职责。

【标准解读】

本条款要求，组织应该建立并发布数据分布关系的应用和维护机制，该机制应明确数据分布关系在哪些场景适用，由哪个岗位来维护数据分布关系，哪种情况会导致数据分布关系的变更，维护的频率与周期是多久，使用哪些工具或平台来维护等。

【实施案例介绍】

某企业建立了公司层面的数据分布关系应用和维护机制，明确了由公司数据架构师维护和更新数据分布关系，各业务系统负责人需要配合数据架构师并提供业务系统的数据情况。该机制要求：数据架构师使用公司的数据治理平台的数据地图功能对数据分布关系进行维护，每月至少检查一次数据分布的情况，确保其与实际情况保持一致；当业务系统的变更影响到数据分布关系时，业务系统负责人需及时向数据架构师汇报业务系统变更情况，数据架构师深入分析，并在数据治理平台上对数据分布关系进行更新；任何人员需要了解和使用公司数据分布关系的，则要在数据治理平台上提出申请，审批通过后，数据架构师开放相应的权限。

第4级：量化管理级
DA-DD-L4-1：通过数据分布关系的梳理，可量化分析数据相关工作的业务价值。

【标准解读】

本条款要求，组织应该梳理出数据与业务的关系，衡量该数据对业务的重要性，同时量化该数据的相关工作，如数据质量提升、数据标准化、数据安全管控等工作，能给该业务带来多大的收益（直接收益、间接收益等）或节省多大的成本，从而衡量该数据管理工作的价值。

【实施案例介绍】

某电商企业通过用户画像技术来给所有用户贴上相关的标签，然后按标签特性推送相关的产品。三年前，该电商企业推送产品成功率一直在10%左右，该电商企业深入分析，发现主要是两个原因导致了推送产品购买率不高：一是数据不全面，暂未能从互联网上通过爬虫等方式获取更充分的数据；二是用户标签算法未成熟，导致推荐了不合适的产品。该电商企业从这两个方面出发，持续改进，全面采集数据和提升用户标签算法的科学性，使得产品推送成功率达到了15%，每年额外带来了5亿元的收益，可见该数据采集及算法提升工作的业务价值达到5亿元。

第4级：量化管理级
DA-DD-L4-2：通过数据分布关系的梳理，优化了数据的存储和集成关系。

【标准解读】

本条款要求，组织应该全面梳理数据的分布，识别目前数据存储和集成的问题和不足，提出数据的存储和集成的优化方案，提高存储和集成的效率，降低存储与集成的经济成本。

【实施案例介绍】

某企业在2019前使用了实时处理效率极高的MPP数据库作为分析型数据库。随着组织的发展，数据量越来越大，MPP逐渐难以适应存储的需求。该企业全面梳理了所有数据的分布，提出了优化的方案，建立两套存储集成系统：MPP数据库和HBASE数据库，对于实时处理要求高的数据可从业务系统直接抽取到MPP数据库上进行分析，而对于实时处理要求不高的数据则抽取到HBASE数据库上进行分析。该企业对此进行了可行性分析，并于2020年改造和优化了数据存储与集成架构。

【典型的文件证据】

《某公司数据分布关系分析报告与优化建议》《某公司数据集成与存储优化方案》《某公司数据集成与存储优化实施记录》。

第5级：优化级
DA-DD-L5-1：数据分布关系的管理流程可自动化，提升管理效率。

【标准解读】

本条款要求，组织应把数据分布关系的管理流程全面自动化，通过系统工具来实现自动顺畅流转，提升数据分布关系管理效率。

【实施案例介绍】

某企业建立了数据治理平台，在该平台上实现了数据分布关系的管理。该平台通过元数据的采集，可自动梳理出数据、组织、系统等之间的关系，并提供了人工修正功能，该平台提供了数据地图，以直观的界面方式呈现数据分布关系。数据架构师可在该平台上分配权限给需要了解公司数据分布的人员；同时，对于所有会影响到数据分布关系的系统变更或模型，变更人员需在该平台上提出申请流程，由数据架构师线上审批后才能执行，变更执行后由系统自动采集元数据从而更新分布关系，数据架构师对更新内容进行确认并发布。

【典型的文件证据】

《某公司数据分布关系管理平台》《某行业数据分布关系管理平台使用情况分析》《某公司数据分布管理平台使用前后流程效率对比》。

第 5 级：优化级
DA-DD-L5-2：在业界分享最佳实践，成为行业标杆。

【标准解读】

本条款要求，组织应参与近期数据分布领域的公开演讲，获得有分量的奖项等，该企业应能主导行业的数据分布标准工作，能证明该组织在数据分布领域达到业界领先的水平。

【实施案例介绍】

某企业被公认为所处行业的数据分布标杆企业，获得了国家级别的数据分布相关奖项，近期多次参与数据分布主题大会的演讲与经验分享。该企业还主导了所处行业的数据分布标准编写工作，并且研发了数据分布管理平台工具，在多家企业里得到实际应用，客户反映良好。

【典型的文件证据】

《某公司数据分布奖项》《某行业数据分布标准规范》《某公司数据分布管理平台》。

4.3　数据集成与共享

4.3.1　概述

数据集成与共享职能域是建立起组织内各应用系统、各部门之间的集成共享机制，通过组织内部数据集成共享相关制度、标准、技术等方面的管理，促进组织内部数据的互联互通。

4.3.2 过程描述

数据集成与共享过程描述如下：

a）建立数据集成共享制度，指明数据集成共享的原则、方式和方法；

b）形成数据集成共享标准，依据数据集成共享方式的不同，制定不同的数据交换标准；

c）建立数据集成共享环境，将组织内多种类型的数据整合在一起，形成对复杂数据加工处理、便捷访问的环境；

d）建立对新建系统的数据集成方式的检查。

【过程解读】

数据集成与共享的过程主要划分为两大步骤：第一步是先建立数据集成共享的原则、方式、方法和标准等。组织应该根据自身数据类型和应用系统的情况，判断需要采用哪些方法和方式来集成数据，同时给予每种方法制定具体的原则和标准。第二步需要根据制定的方法、原则等，对组织内的不同类型数据使用对应的方法和规则进行整合集成，并形成高效的数据加工处理和便捷访问的环境，在组织内部提供数据共享。

4.3.3 过程目标

数据集成与共享过程目标如下：

a）建立高效、灵活、适应性好的组织级应用系统间数据交换规范和机制；

b）建立数据集成共享环境，可实现结构化和非结构化数据处理，具备复杂数据加工、挖掘分析和便捷访问等功能。

【目标解读】

数据集成与共享过程最终目标就是建立一个数据集成共享环境，能具备高效的数据加工和挖掘分析功能，能满足组织顶层数据应用的功能和性能需求。同时，建立高效、灵活、适应性好的数据集成共享规范和机制，确保数据集成共享环境可持续集成新的数据和扩容。

4.3.4 能力等级标准解读

第 1 级：初始级
DA-DIS-L1-1：应用系统间通过离线方式进行数据交换。

【标准解读】

本条款所描述的，组织内的应用系统未能通过线上的方式进行数据交互，依然采用了较为落后的离线方式传输数据，例如直接从某应用系统数据库拷贝数据到另一个应用系统。

【实施案例介绍】

某企业刚成立不久，在内部只建设了两套信息系统，分别是公司的 OA 系统和项目管理系统，这两套系统未建立任何的数据交互接口。当项目管理系统需要使用到 OA 系统的数据时，例如员工数据或项目报销数据时，只能从 OA 系统导出 EXCEL，然后再录入到项目管理系统里。

【典型的文件证据】

《某系统数据拷贝记录》。

第 1 级：初始级
DA-DIS-L1-2：各部门间数据孤岛现象明显，拥有的数据相互孤立。

【标准解读】

本条款所描述的，组织内的各个部门的数据均独立存储和应用于本部门，各部门未对组织内其他部门共享数据，各自形成数据孤岛。

【实施案例介绍】

某企业内部设立了研发部门、财务部、人力资源部、市场部等，各个部门管理着各自的数据，研发部门建立了项目管理系统，财务部建立了财务系统，而市场部门未建立任何系统，使用 EXCEL 表管理本部门的数据。但这几个部门都未对其他部门共享数据，各部门如需要使用到其他部门的数据，只能通过高层来协调沟通，然后通过离线的方式获取其他部门数据。各个部门均处于数据孤岛的状态，只有年底总结时会向公司高层汇报部门数据。

【典型的文件证据】

《各部门业务系统设计文档》《公司 IT 架构设计文档》。

第 2 级：受管理级
DA-DIS-L2-1：建立了业务部门内部应用系统间公用数据交换服务规范，促进数据间的互联互通。

【标准解读】

本条款所描述的，组织内的业务部门建立了部门内部的数据交换服务规范，要求部门内部的应用系统应互相开放数据，提供数据接口，促进部门内部应用系统实现线上互联互通。

【实施案例介绍】

某企业的生产部门建立了ERP系统、CRM系统、订单管理系统、物料管理系统等。为了促进内部系统的互联互通，生产部门建立了部门内部的数据交换服务规范，明确了数据交换的基本技术规范，如使用Java接口作为统一的抽象接口描述，数据交换服务可以以EJB、Servlet、WebService等方式发布，交换的数据以XML格式进行表示等，同时对数据交换接口规范、数据交换客户端规范、数据交换服务端规范等做了详细的定义，有效地规范了部门内部应用系统的交换共享。

【典型的文件证据】

《某部门数据交换服务规范》。

第2级：受管理级
DA-DIS-L2-2：对内部的数据集成接口进行管理，建立了复用机制。

【标准解读】

本条款要求，组织对内部的数据集成接口进行了管理，管理工作通常包括：全面收集与整理数据集成接口，在组织内部发布数据集成接口，对各个应用系统的数据集成接口进行评审和审批等。组织应建立数据集成接口复用机制，避免各部门或各项目即使有同类型接口需求时仍各自建立独立的接口，造成开发工作量浪费和接口混乱。

【实施案例介绍】

某制造业企业全面收集和整理了ERP系统、CRM系统、订单管理系统、物料管理系统等系统的数据接口，整理出公司内部系统数据接口清单，接口清单内容包括接口名称、接口类型、接口参数详细描述、接口所属系统等。IT信息部门对数据接口清单进行维护，当有数据接口需求时，研发部门会先判断现在接口是否能满足新需求，或者现有接口重构优化后是否能满足新需求，由研发部门决策是对原集成接口重构优化还是新建集成接口，避免了过度开发重复的数据集成接口。

【典型的文件证据】

《某公司数据集成接口清单》。

第2级：受管理级
DA-DIS-L2-3：建立了适用于部门级的结构化、非结构化数据集成平台。

【标准解读】

本条款要求，组织至少有一部门建立了部门级的数据集成平台，该平台可以把结构化数据和非结构化数据进行集成。结构化数据是指高度组织和整齐格式化的数据，可以是电子表格或关系型数据库中的数据类型。非结构化数据本质上是结构化数据之外的一切数据，它不符合任何预定义的模型，存储在非关系数据库中，例如视频数据和图片数据等。

【实施案例介绍】

某企业的生产部门建立了 ERP 系统、CRM 系统、订单管理系统、物料管理系统等。为了促进部门数据的互联互通，该生产部门建立了一个基于 Hadoop 架构的数据仓库，使用数据采集工具 flume 和 Sqoop 从 ERP 系统、CRM 系统、订单管理系统和物料管理系统中采集数据，包括结构化数据和非结构化数据，如订单管理系统中的视频和图片等。采集到的数据将集成到 Hive 数据仓库中，Hive 数据仓库划分成 ODS（数据准备层）、DWD（数据明细层）、DW（数据汇总层）、DM（数据集市层）和 ST（数据应用层）对数据进行治理，最终向顶层应用提供数据服务。该数据仓库架构具备高可靠性、高扩展性、高效性、高容错性和低成本等特性。

【典型的文件证据】

《某部门数据仓库建设方案》《某部门数据仓库实例》。

第 2 级：受管理级
DA-DIS-L2-4：部门之间点对点数据集成的现象普遍存在。

【标准解读】

本条款所描述的，组织各部门之间数据集成依然是采用了点对点的方式，即组织层面未建立统一的数据集成平台和模式，未对数据进行集中管理，各部门均是各自单独对接数据的交互。如 A 部门需要集成 B 部门的数据时，A 部门需直接跟 B 部门进行沟通协调，由两个部门直接对接并在两个部门之间建立数据互联接口。

【实施案例介绍】

某企业的生产部门建立了 ERP 系统、CRM 系统、订单管理系统、物料管理系统等。为了促进部门数据的互联互通，该生产部门建立了一个基于 Hadoop 架构的数据仓库，从 ERP 系统、CRM 系统、订单管理系统和物料管理系统中采集数据。但该数据仓库目前只有采集生产部门数据的权限，未能集成其他部门数据，如财务部、市场部、研发部等。生产部门如需要用到其他部门数据时，通常由生产部门经理与目标部门经理沟通，经对方同意后，由对方开放相关系统的接口，生产部门再通过接口获取数据。如有其他部门需要获取生产部门数据，也是需要经过生产部门同意，并由生产部门提供对应的数据接口。

【典型的文件证据】

《某系统平台接口设计》《某部门某数据接口申请审批表》。

第 3 级：稳健级
DA-DIS-L3-1：建立组织级的数据集成共享规范，明确了全部数据归属于组织的原则，并统一提供了技术工具的支持。

【标准解读】

本条款要求，组织应建立数据集成共享规范，明确组织内所有数据归属于组织，组织有权集成所有的数据。同时明确目前组织内数据集成的方式，如：文件共享、消息队列技术、离线采集、实时采集、互联网数据采集等，以及各个方式所需要遵循的协议、标准和规定，并提供相关工具开展集成共享工作，如：Flume、Kafka，Sqoop 等。

【实施案例介绍】

某企业发布了组织级的《数据集成共享规范》，明确各部门数据均属于公司数据，各部门均需配合公司的数据集成工作。该规范中提供了 3 种数据采集的方式和相应工具，分别是离线采集、实时采集、互联网数据采集。离线采集使用公司已经采购的 ETL 工具 DataStage，而实时采集则使用 Flume 和 Kafka 工具，互联网数据采集使用 Scraper 等。该规范明确了以上工具的适用场景、使用规范以及各种集成方式的协议、标准和规定。

【典型的文件证据】

《某公司数据集成与共享规范》《某公司数据集成工具使用手册》。

第 3 级：稳健级
DA-DIS-L3-2：建立了组织级数据集成和共享平台的管理机制，实现组织内多种类型数据的整合。

【标准解读】

本条款要求，组织应对数据集成和共享平台建立管理机制，明确数据集成和共享平台的相关责任人和维护管理流程等，通过该平台实现组织内多种类型数据的整合，包括结构化数据和非结构化数据、组织内部数据与互联网采集数据等。

【实施案例介绍】

某企业建立了数据集成和共享平台——数据基础平台，发布了该平台的管理机制，指定公司的大数据工程师为该平台负责人，并划分了公司各角色的权限，如数据分析师对数据资产目录有读的权限等。该管理机制也明确对该平台进行开发、改造和维护的流程与管理规范等，包括新增功能的审批流程、改造功能的流程、系统备份的频率、异常响应机制等内容。该企业使用了该平台实现组织内部数据的整合，包括结构化数据和非结构化数据。

【典型的文件证据】

《某公司数据集成与共享平台管理机制》。

第 3 级：稳健级
DA-DIS-L3-3：建立了数据集成与共享管理的管理方法和流程，明确了各方的职责。

【标准解读】

本条款要求，组织应建立数据集成与共享的管理方法与流程，此条款与“DA-DIS-L3-1：建立组织级的数据集成共享规范，明确了全部数据归属于组织的原则，并统一提供了技术工具的支持”中提到的集成共享规范是有区别的，集成共享规范是偏重于技术规范，而管理方法与流程则更偏管理性的行政流程，如要集成某一部门或某一系统的数据，需要经过数据所属部门的同意，签订数据共享协议，规划集成数据方案，执行集成方案等一系列过程。同时要求组织建立数据共享的流程，如某一部门或某一系统需要共享组织数据时，需要经过哪些审批和评审流程，由哪些人员来审批等。

【实施案例介绍】

某企业建立了《数据集成与共享的管理办法》，流程中规定当要开展数据集成与共享时，主要过程如下：大数据工程师基于公司数据战略和数据应用需要而收集和定义数据集成需求，业务部门配合数据探索，明确需要集成的数据范围，记录数据血缘，大数据工程师向数据所属部门提出数据集成申请，数据所属部门审批通过后，由大数据工程师设计数据集成解决方案，确定数据集成的方法、方式、工具和协议等，映射数据源到目标库，开发数据服务等。该办法由公司在内部发布，要求各部门按该管理办法执行。

【典型的文件证据】

《某公司数据集成与共享管理办法》。

第 3 级：稳健级
DA-DIS-L3-4：通过数据集成和共享平台对组织内部数据进行了集中管理，实现了统一采集，集中共享。

【标准解读】

本条款要求，组织建成了组织层级的数据集成与共享平台，该平台可采集组织所有部门的系统数据（包括结构化数据和非结构化数据），统一进行数据治理和分析，并集中共享给有需要的平台。本条款与条款“DA-DIS-L2-3：建立了适用于部门级的结构化、非结构化数据集成平台”的区别是本条款提升到了组织层面的集成，而“DA-DIS-L2-3”条款只要求在部门层面的集成。

【实施案例介绍】

某企业的生产部门建立了ERP系统、CRM系统、订单管理系统、物料管理系统等。为了促进部门数据的互联互通，该生产部门建立了一个基于Hadoop架构的数据集成平台，使用数据采集工具flume和Sqoop从ERP系统、CRM系统、订单管理系统和物料管理系统中采集数据，集成到Hive数据仓库中，最终向顶层应用提供数据服务。随着公司规模的壮大，公司的市场部门、财务部门、研发部门等也积累了大量的数据，为了有效利用公司所有内部数据，该企业决定把生产部门的数据集成平台提升为公司级的数据集成平台，把销售数据、财务数据、研发数据等均集成到该平台，由该平台统一向公司管理层或各部门提供数据服务。

【典型的文件证据】

《某公司数据集成平台架构》、某公司数据集成平台操作记录。

第4级：量化管理级
DA-DIS-L4-1：采用行业标准或国家标准的交换规范，实现组织内外应用系统间的数据交换。

【标准解读】

本条款要求，组织在进行内外应用系统的数据交换时，要使用行业标准或国家标准的交换规范，而不能随意按开发人员所设计的规范来执行。

【实施案例介绍】

某体检企业在日常体检业务中生产和收集了大量的人员健康数据，这些数据对国家来说也具有重大意义，该体检企业采用了《国家全民健康信息平台数据交换规范》与国家全民健康信息平台进行了数据交换。该体检企业按相应的标准上传了自身收集到的非敏感数据，同时也从国家全民健康信息平台获取到自身需要的数据，实现双赢的局面（见图4-6）。

【典型的文件证据】

《某公司外部数据交换共享平台架构》《国家×××行业数据交换规范与标准》。

第4级：量化管理级
DA-DIS-L4-2：能预见性采用新技术，持续优化和提升数据交换和集成、数据处理能力。

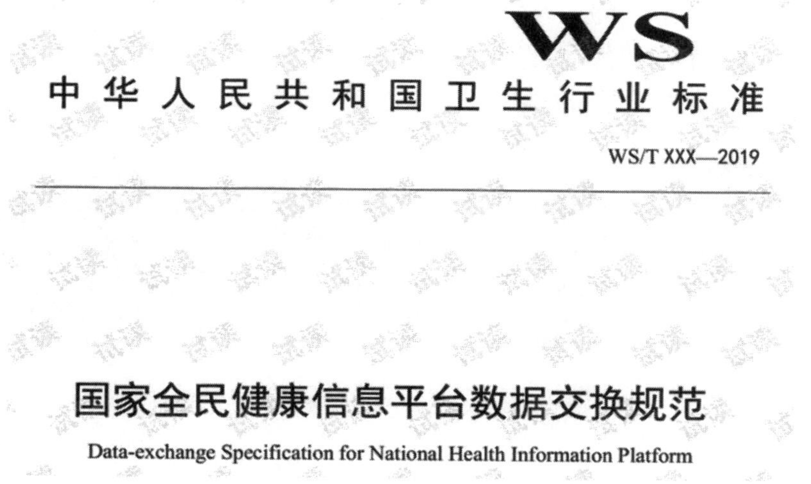

中 华 人 民 共 和 国 卫 生 行 业 标 准

WS/T XXX—2019

国家全民健康信息平台数据交换规范

Data-exchange Specification for National Health Information Platform

图 4-6 《国家全民健康信息平台数据交换规范》部分封面信息

【标准解读】

本条款要求，组织应建立研究团队或研究专员，专职负责数据交换、集成和数据处理等新技术的研发工作，并把研究的成果持续应用于实际的数据管理工作中，持续提升组织的数据交换、集成和数据处理能力。

【实施案例介绍】

某电商互联网企业成立了由 100 多人构成的数据研究院，召集了数据领域的资深专家和科学家等。该研究院划分成数据模型研发团队、数据交换与集成研究团队、数据分析研发团队、数据质量研发团队、人工智能研发团队等，专门研究数据管理最前端的技术，然后把研究成果在某个事业部或应用项目中孵化，成功后再全面推广。该数据研究院持续提升各事业部或应用项目的技术水平和能力，保持在行业内的领先优势。

【典型的文件证据】

《某公司数据交换与集成技术的最新研究成果》《某公司数据集成某新技术应用情况报告》。

第 5 级：优化级
DA-DIS-L5-1：参与行业、国家相关标准的制定。

【标准解读】

本条款要求，组织需要参与到行业或国家在数据集成与共享方面的标准制定过程中。

【实施案例介绍】

如图 4-7 所示，根据全国标准信息公共服务平台所显示，有 5 家单位主要参与了

《资产管理信息化　第 4 部分：数据交换接口规范》，这 5 家单位分别是：中国标准化研究院、北京久其软件股份有限公司、中国财政科学研究院、江苏省质量和标准化研究院、湖北省标准化与质量研究院。

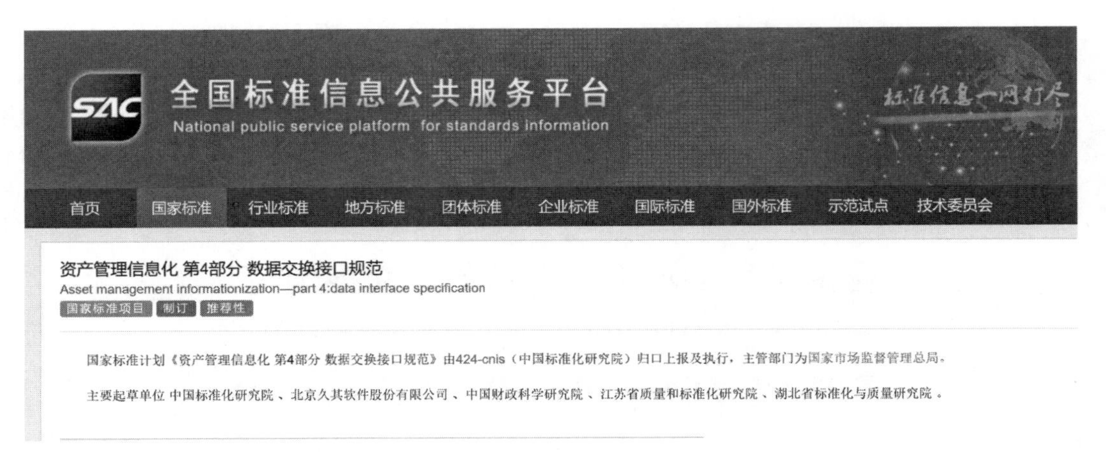

图 4-7 《资产管理信息化　第 4 部分：数据交换接口规范》相关信息

【典型的文件证据】

《某国家或行业数据集成交换标准》。

第 5 级：优化级
DA-DIS-L5-2：在业界分享最佳实践，成为行业标杆。

【标准解读】

本条款要求，组织应参与近期数据集成与共享领域的公开演讲，获得有分量的奖项或者形成理论文章、著作、专利等，该企业应能主导行业的数据集成与共享标准，能证明该组织在数据集成与共享领域达到业界领先的水平。

【实施案例介绍】

某企业被公认为所处行业的数据集成与共享标杆企业，获得了国家级别的数据集成与共享相关奖项，近期多次参与数据集成与共享主题大会的演讲与经验分享。该企业还主导了所处行业的数据集成与共享标准编写工作，并且研发了数据集成与共享管理平台工具，在多家企业得到实际应用，反映良好。

【典型的文件证据】

某公司数据集成与共享奖项、著作，《某行业数据集成与共享标准规范》。

4.4　元数据管理

4.4.1　概述

元数据是关于数据的组织、数据域及其关系的信息，即关于数据的数据，是对数据及信息资源的描述性信息。元数据可以为数据说明其元素或属性（名称、大小、数据类型等）、结构（长度、字段、数据列）或其相关信息（位于何处、与其他数据的关联、拥有者等）。而元数据管理则是关于元数据的创建、存储、整合与控制等一整套流程的集合。

4.4.2　过程描述

元数据管理过程描述如下：

a）元模型管理，对包含描述元数据属性定义的元模型进行分类并定义每一类元模型，元模型可采用或参考相关国家标准；

b）元数据集成和变更，基于元模型对元数据进行收集，对不同类型、不同来源的元数据进行集成，形成对数据描述的统一视图，并基于规范的流程对数据的变更进行及时更新和管理；

c）元数据应用，基于数据管理和数据应用需求，对于组织管理的各类元数据进行分析应用，如查询、血缘分析、影响分析、符合性分析、质量分析等。

【过程解读】

元数据管理的主要过程是，第一步先要建立元模型，对所需要的元数据进行整体规划、抽象描述，进而设计出所需元模型，即建立元数据的数据模型。第二步是基于元模型进行元数据采集，按元模型的设计进行存储，把不同类型和不同来源的元数据按统一的标准形成统一视图。第三步是根据各方需求，开发元数据应用，以满足各方需求。

4.4.3　过程目标

数据集成与共享过程目标如下：

a）根据业务需求、数据管理和应用需求，对元数据进行分类，建立元模型标准，保障不同来源的元数据集成和互操作，元模型变更实现规范管理；

b）实现不同来源的元数据有效集成，形成组织的数据全景图，能从业务、技术、操作、管理等不同维度管理和使用数据，元数据变更应遵循相关规范；

c）建立元数据应用和元数据服务，提升相关方对数据的理解，辅助数据管理和数据应用。

【目标解读】

元数据管理的目的在于通过元数据的采集来全面识别组织的数据资源；通过元数据的规范化管理来实现简单高效管理大量网络化数据；通过元数据的应用来追踪数据资源在使用过程中的变化，实现数据资源的有效发现、查找和一体化组织，满足各方对元数据的需求。

4.4.4 能力等级标准解读

第 1 级：初始级
DA-MM-L1-1：元模型的定义遵循应用系统项目建设需要和工具已有定义。

【标准解读】

本条款要求，组织在应用系统建设时元模型的定义能够满足应用系统项目的需求，并且与工具已有的定义保持一致。

【实施案例介绍】

某企业准备建设一套数据管理系统，希望能通过该系统以图形的方式向用户呈现系统内数据表的存储容量和数据表的更新频率等。该数据管理系统的研发团队在数据库设计阶段设计了元模型，该模型定义的属性有表的名字、表的描述、表的存储容量和表的更新时间等，以上定义满足本数据管理系统的需求。

【典型的文件证据】

《某应用系统元模型设计》。

第 1 级：初始级
DA-MM-L1-2：在项目层面生成和维护各类元数据，如业务术语、数据模型、接口定义、数据库结构等。

【标准解读】

本条款要求，组织在应用系统项目建设时定义了该项目的元数据，例如该项目常用的业务术语，该项目的数据概念模型和逻辑模型，该项目的数据结构等。

【实施案例介绍】

某企业正在建设公司内部的财务系统，当前处于系统设计阶段，该系统的研发团队编写了详细的设计说明书，设计说明书划分成几大模块，包括：项目背景、定义及关键词、设计思路、总体架构、模块设计、数据库设计等。其中在“定义及关键词”中对本项目常用的业务术语按标准格式进行了定义，而在数据库设计中对本项目的数据概念模型和逻辑模型做了定义。该系统研发团队按公司规定对详细设计说明书进行维护，记录了详细的修订变更纪要。

【典型的文件证据】

《某应用系统详细设计说明书》《某应用系统详细需求规格说明书》。

第 1 级：初始级
DA-MM-L1-3：在项目层面收集和实现元数据应用需求，如数据字典查询、业务术语查询等。

【标准解读】

本条款要求，组织在应用系统项目建设前期要收集元数据应用的需求，如数据字典查询、业务术语查询等需求，在设计阶段把这些需求考虑进去，在最终的系统平台实现收集到的元数据应用功能。

【实施案例介绍】

某企业在建设公司的 OA 系统时，总经理提出“随着公司后续的发展，业务越来越多，数据肯定也会越来越多，以后数据尽量进入到 OA 系统中进行整合，所以 OA 系统最好能有一个功能可查看目前已有的数据”，OA 研发团队记录该需求，在功能设计时增加了一个“数据字典”功能，并设计了数据字典的元模型，包括表的信息和字段的信息。最终，研发团队在 OA 系统中推出了“数据字典”功能，用户可通过该功能浏览系统的数据目录，并可按数据名称、类型等来查询检索数据表或字段。

【典型的文件证据】

《某应用系统详细需求规格说明书》《某应用系统用户使用手册》。

第 2 级：受管理级
DA-MM-L2-1：在某个业务领域，对元数据分类并设计每一类元数据的元模型。

【标准解读】

本条款要求，组织至少在某个业务领域，对元数据进行了分类，例如划分成业务元数据、技术元数据、管理元数据等，并对每一类元数据设计了元模型，确定了每一类元数据的属性。

【实施案例介绍】

某企业的地理信息事业部是专业从事地理信息系统建设的部门，该部门把地理信息元数据划分成了三种类型：一是覆盖范围信息元数据，主要是包括实体空间和时间覆盖范围的元数据；二是引用和负责单位信息元数据，主要是引用数据和负责数据单位的基本信息；三是地理信息的核心元数据，包括数据名称、数据语种、空间分辨率、分发格式等。地理信息事业部对以上三种类型的元数据均设计了元模型，明确了三种类型元数据的属性以及关联关系。

【典型的文件证据】

《某业务元数据模型设计说明书》。

第 2 级：受管理级
DA-MM-L2-2：元模型设计参考国际、国内和行业模型规范。

【标准解读】

本条款要求，组织在设计元模型时，有意识地参考了国际、国内或行业的模型规范，识别组织元模型与国际、国内或行业模型规范的共通点和差异。对于共通点，则充分利用国际、国内或行业模型规范；对于差异点，则根据组织实际情况进行调整和优化。

【实施案例介绍】

某企业的地理信息事业部是专业从事地理信息系统建设的部门，该部门在设计地理信息元模型时，参考了国家标准化管理委员会发布的 GB/T 19710—2005《地理信息　元数据》，使用了统一建模语言 UML 设计元模型，匹配了 UML 模型与数据字典的关系，把元数据划分成覆盖范围信息元数据、引用和负责单位信息元数据和地理信息核心元数据三类，并定义了详细的数据字典。

【典型的文件证据】

《某行业元数据模型设计说明书》《某行业元模型设计规范》。

第 2 级：受管理级
DA-MM-L2-3：在某个业务领域建立了集中的元数据存储库，统一采集不同来源的元数据。

【标准解读】

本条款要求，组织至少在某个业务领域制定集中的元数据存储库，该存储库可以从相关应用系统中采集元数据，并对其进行集中的存储和管理。该元数据存储库可通过专门的连接器从各种数据源中提取元数据，也可通过手动输入，还应具备与其他系统交换元数据的功能。

【实施案例介绍】

某企业的生产部门建立了 ERP 系统、CRM 系统、订单管理系统、物料管理系统等。为了促进部门数据的互联互通，该生产部门建立了一个基于 Hadoop 架构的数据集成系统，该系统从 ERP 系统、CRM 系统、订单管理系统和物料管理系统中采集数据的同时也采集其元数据，存储于 Hive 数据库中，并提供了元数据管理功能界面，实现了元数据管理和应用界面化。

【典型的文件证据】

《某业务元数据集中存储库架构设计说明书》。

第 2 级：受管理级
DA-MM-L2-4：在某个业务领域制定了元数据采集和变更流程。

【标准解读】

本条款要求，组织至少在某个业务领域里制定了元数据采集流程，明确了元数据采集技术步骤和审批流程等。同理，组织也应为该领域制定元数据变更流程，以指导元数据变更过程，如在何种场景下需要进行元数据变更，应该由谁来审批变更，使用何种工具来管理变更等。

【实施案例介绍】

某企业的地理信息事业部是专业从事地理信息系统建设的部门，该部门建立了《元数据采集和变更管理办法》，规定了元数据采集可使用自动采集和人工采集两种方式。自动采集元数据时，采集者需要向系统拥有方提出申请，并明确采集的范围、内容和频率等，由系统拥有方确认后方可开展元数据采集工具部署。手动采集元数据时，由采集者先人工采集，数据拥有方确认，再由采集者录入元数据集中存储库。对于元数据变更的流程，自动采集的元数据由系统自动执行变更，并记录变更基本信息。而需要人工手动变更的，由变更提出者提出变更申请，说明变更的内容及理由，经过数据拥有方确认后实施变更。

【典型的文件证据】

《元数据采集和变更管理办法》。

第 2 级：受管理级
DA-MM-L2-5：在某个业务领域，初步制定了元数据应用需求管理的流程，统筹收集、设计和实现元数据应用需求。

【标准解读】

本条款要求，组织至少在某个业务领域里制定了元数据应用需求管理的流程。该流程应覆盖如何收集元数据应用的需求，如何整理和分析元数据应用需求，也包括元数据应用需求的评审。该流程同时应规范元数据应用需求的设计与实现过程。值得注意的是，元数据应用需求管理流程不是非得形成一个单独的流程，在合适的情况下，它是可以与信息研发项目管理流程进行整合。

【实施案例介绍】

某企业的地理信息事业部是专业从事地理信息系统建设的部门，该部门建立了《元数据应用需求管理流程》，该流程规定了元数据管理员负责对元数据应用需求的收集，所有人员如有元数据应用的需求，则要向元数据管理员提出申请，说明元数据应用的功能和申请的原因，由元数据管理员对其进行可行性判断。元数据应用需求被确认后，元数据管理员会把具体的功能设计与开发交给公司的研发团队，元数据管理员负责提供元模型的协助，具体功能由研发团队开发，最终交付给需求提出者验收。

【典型的文件证据】

《元数据应用需求管理流程》。

第 2 级：受管理级
DA-MM-L2-6：实现了部分元数据应用，如血缘分析、影响分析等，初步实现本领域内的元数据共享。

【标准解读】

本条款要求，组织根据自身的需求，只实现部分的元数据应用，但未能全面响应元数据应用的需求。如实现了数据的血缘分析和影响分析，可以追溯数据的来源和去向，但未能实现数据与标准的关联性和一致性检查。

【实施案例介绍】

某企业建立了元数据管理平台，该平台实现了自动和手动采集元数据，对元数据进行了集中的管理。用户可在元数据管理平台上查询到公司的数据库、数据表和字段的详细信息，例如字段名字、类型、长度、约束条件等。用户也可在平台上查询到字段的血缘，只要选择要查询的字段，点击血缘分析即可呈现该字段的来源。同时，也可以实现字段的影响分析，只要选择要查询的字段，点击影响分析即可呈现该字段影响到的下游数据。近期，有研发部门人员发现大比例的业务系统的数据模型设计不符合公司的数据标准要求，由于公司数据量极大，所以研发人员希望通过采集各业务系统的元数据与公司数据标准做关联和对比，识别差异性。但由于公司数据标准未能录入元数据管理平台，所以该应用功能暂时未能实现。

【典型的文件证据】

《元数据应用平台功能介绍》。

第 3 级：稳健级
DA-MM-L3-1：制定了组织级的元数据分类及每一类元数据的范围，设计相应的元模型。

【标准解读】

本条款要求，组织在全组织范围内对所有元数据进行了分类，例如划分成业务元数据、技术元数据、管理元数据，或者数据表元数据、字段元数据等，并对每一类元数据设计了元模型，确定了每一类元数据的属性。本条款与第 2 级条款“DA-MM-L2-1：在某个业务领域，对元数据分类并设计每一类元数据的元模型”内容相似，主要区别在于本条款是要求从组织层面对元数据分类和设计，而“DA-MM-L2-1”只要求在某一个业务领域对元数据进行分类和设计即可。

【实施案例介绍】

某企业的数据管理团队开展了元数据需求调研，明确了各干系人所需要的元数据，识别了元数据清单，并对元数据进行了分类，划分成字段元数据、表元数据、数据库元数据、系统元数据、部门元数据等。该企业的数据管理团队对各类元数据进行了模型设计，明确了各类元模型的属性和各类元数据的关系，如在系统元数据中，该模型定义了系统名称、系统建设日期、系统所属部门、系统业务范围等属性，系统与数据表是一对多的关系。

【典型的文件证据】

《某公司元数据模型设计说明书》。

第 3 级：稳健级
DA-MM-L3-2：规范和执行组织级元模型变更管理流程，基于规范流程对元模型进行变更。

【标准解读】

本条款要求，组织应先制定组织内的元模型变更管理流程，明确元模型变更需求申请、需求审批、变更执行、变更评审等流程，并在组织内发布，要求相关部门和人员严格按此流程执行元模型的变更。值得注意的是，元模型变更管理流程不是非得形成一个单独的流程文件，在合适的情况下，它是可以与其他模型变更流程进行整合的。

【实施案例介绍】

某企业的数据管理团队对各类元数据进行了模型设计，明确了各类元模型的属性和各类元数据的关系，如在系统元数据中，该模型定义了系统名称、系统建设日期、系统所属部门、系统业务范围等属性，系统与数据表是一对多的关系。该企业同时制定并发布《元模型变更管理流程》，规定了任何人需要变更元模型，均需要向元数据管理专员提出变更申请，说明变更的理由，由元数据管理专员召集相关干系人对该变更进行评审，评审通过后才执行变更。该企业最近一年内，进行了 3 次元模型的变更，均保留了详细的需求申请单和评审记录，可看出实际执行流程与元模型变更管理流程的规定保持一致。

【典型的文件证据】

《元模型变更管理流程》。

第 3 级：稳健级
DA-MM-L3-3：建立了组织级集中的元数据存储库，统一管理多个业务领域及其应用系统的元数据，并制定和执行统一的元数据集成和变更流程。

【标准解读】

本条款要求，组织要建立全组织范围的集中的元数据存储库，该存储库可以统一从各个部门、各个业务领域的应用系统中采集元数据，并对其进行集中的存储和管理。该元数据存储库可通过专门的连接器从各种数据源中自动提取元数据，也可通过人工采集，还应具备与其他系统交换元数据的功能。组织还需在组织范围内全面发布和执行统一的元数据集成和变更流程。元数据集成和变更流程的内容在条款“DA-MM-L2-4：在某个业务领域制定了元数据采集和变更流程”有详细描述，在此不再重复说明，主要区别在于不同层面的发布和执行。

【实施案例介绍】

某企业建立了公司级的数据中台，该中台设立了元数据管理模块，该模块可与各应用系统对接，并可自动采集应用系统的元数据，同时也提供了手工录入元数据的功能。目前数据中台已经和公司所有应用系统进行对接，并按设定的频率进行元数据采集，该元数据管理模块可展示已经采集到的元数据，并对其进行分析和应用，如血缘分析和影响分析等。该企业在公司层面制定和发布了元数据采集和变更流程，同时在数据中台建立了元数据集成和变更的审批流，实现流程线上化，提高了流程的管理效率。

【典型的文件证据】

《元数据集中存储库》《数据中台　元数据管理》。

第 3 级：稳健级
DA-MM-L3-4：元数据采集和变更流程与数据生存周期有效融合，在各阶段实现元数据采集和变更管理，元数据能及时、准确反映组织真实的数据环境现状。

【标准解读】

本条款要求，组织的元数据采集和变更流程应与数据生存周期结合，在数据生存周期各个阶段对元数据进行采集和变更管理，如在数据采集阶段采集数据元数据，在数据存储阶段采集存储信息元数据，数据传输阶段采集目标位置元数据，数据交换阶段采集交换对象元数据等，全面、及时和准确反映组织真实的数据环境和数据的全生命周期情况。

【实施案例介绍】

某企业建立了公司级的数据中台，该中台设立了元数据管理模块，该模块可与各应用系统对接，并可自动采集元数据。该企业在数据中台中设立了较多的元数据采集点：当数据从应用系统采集进数仓的 ODS 层，数据中台会对其元数据进行采集，如数据源系统信息、源数据库信息、源数据表信息、源数据的业务信息等；当数据从 ODS 层转移到 DWD 层，数据中台会采集其数据流向的元数据，包括目标数据表信息、目标数据字段信息、数据规范化信息等；当数据已经上升到数据应用层时，数据中台则会采集其数据应用的元数据，例如应用系统信息、应用报表信息、调用接口信息等。该企业通过对数据全生命周期各阶段元数据的采集，充分和及时地掌握了公司数据资产的现状、流动路径及其应用价值。

【典型的文件证据】

《数据中台　元数据管理》。

第 3 级：稳健级
DA-MM-L3-5：制定和执行统一的元数据应用需求管理流程，实现元数据应用需求统一管理和开发。

【标准解读】

本条款要求，组织应建立元数据应用需求的管理流程，明确元数据应用建设的负责团队或人员，定义元数据应用需求的申请、分析、审批、开发的步骤，在组织内发布并要求严格执行。本条款与第 2 级的条款“DA-MM-L2-5：在某个业务领域，初步制定了元数据应用需求管理的流程，统筹收集、设计和实现元数据应用需求”较为接近，但本条款强调的是在组织范围内而不仅是某个业务领域范围。

【实施案例介绍】

某企业内部设立了数据建模团队和数据开发团队。该企业在全公司范围内发布了《元数据应用需求管理流程》，流程里规定所有部门如有元数据应用的需求，应先向数据建模团队提出申请，说明具体的背景和详细需求，由数据建模团队进行技术可行性分析并给出是否建设的建议，由公司管理层决策是否开发该应用，而数据开发团队则负责元数据应用的开发工作，最终由元数据应用需求提出者进行验收和确认。该企业使用了 Jira 项目管理平台对元数据应用需求进行集中管理和跟踪。

【典型的文件证据】

《元数据应用需求管理流程》。

第 3 级：稳健级
DA-MM-L3-6：实现了丰富的元数据应用，如基于元数据的开发管理、元数据与应用系统的一致性校验、指标库管理等。

【标准解读】

本条款要求，组织应根据自身的需求，实现丰富的元数据应用，并通过这些应用解决了实际的问题，如元数据与应用系统的一致性校验，识别出目前应用系统的数据定义与数据标准或数据模型不一致的地方。本条款与第 2 级的“DA-MM-L2-6：实现了部分元数据应用，如血缘分析、影响分析等，初步实现本领域内的元数据共享”类似，主要区别在于本条款是要求充分满足组织对元数据应用的需求，而“DA-MM-L2-6”条款要求只满足组织部分需求即可。

【实施案例介绍】

某企业建立了数据中台，该中台有元数据管理模块，已实现元数据的集中管理。基于公司内部各部门所提出来的需求，数据开发团队对元数据的应用做了充分的开发，如数据血缘分析、数据影响分析等功能，可以查询到数据的来源及数据对下游的影响。近期，有业务部门提出希望通过采集各业务系统的元数据与公司数据标准做关联和对比，识别差异性。数据开发团队迅速对该需求的必要性和可行性进行了调研，并实现了该需求，充分地满足了公司各部门对元数据应用的合理需求。

【典型的文件证据】

《元数据应用系统功能清单及使用记录》。

第 3 级：稳健级
DA-MM-L3-7：各类元数据内容以服务的方式在应用系统之间共享使用。

【标准解读】

本条款要求，各类元数据内容可以以服务的方式在应用系统之间共享使用，应用系统可通过接口等服务形式获取到其他应用系统的元数据。通常较为常见的做法是，组织建立了一个集中式的元数据集中存储库，在元数据集中存储库中把其采集到的元数据对外提供服务，任何需要用元数据的应用系统均可向元数据集中存储库申请服务即可。

【实施案例介绍】

某企业建立了集中式的元数据存储库，并以接口的方式对其他系统开放了元数据共享服务，该企业基于元数据存储库建立了开放接口目录平台，列出了可开放的目录。所有系统的负责人均可通过元数据接口目录平台了解目前已经开放共享的元数据，当需要使用具体接口，可在平台上直接提出申请，开放权限后，对应的应用系统可通过接口来获取相应的元数据。当某系统所需要的元数据不在开放接口目录平台列出时，系统负责人可以向元数据管理员提出申请，由元数据管理员召集相关人员进行评审并决策开放与否。

【典型的文件证据】

《元数据开放接口目录平台》。

第 4 级：量化管理级
DA-MM-L4-1：定义并应用量化指标，衡量元数据管理工作的有效性。

【标准解读】

本条款要求，组织应该定义元数据管理工作的量化指标，如：元数据存储库的完整性（元数据的覆盖率），元数据存储库的访问次数，元数据存储库的正常运行时间、响应速度，血缘分析和影响分析的正确性等，用以衡量元数据管理工作的有效性。

【实施案例介绍】

某企业建立了元数据管理平台，该平台除了实现了元数据采集和丰富的应用外，还对元数据管理数据进行了统计，例如元数据的数量、元数据的分类、元数据的变更次数、元数据接口被调用的次数、血缘分析使用次数、影响分析使用次数等。元数据管理人员每周均记录了在元数据管理投入的工作量和成本，并向管理层定期汇报。该企业使用这些数据对元数据管理工作有效性进行判断，从收益成本角度了解成效。

【典型的文件证据】

《某公司元数据管理量化管理报告》。

第 4 级：量化管理级
DA-MM-L4-2：与外部组织合作开展元模型融合设计、开发。

【标准解读】

本条款要求，组织在适当的时候，可以跟外部组织，例如组织同行、组织监管机构、数据模型研究机构、国家标准研制单位等，一起合并并开展元模型的设计与开发。

【实施案例介绍】

某企业在三年前便与行业巨头某集团公司联合设立了元模型设计联合工作小组，建立了工作小组的工作机制。该工作小组在最近三年内已经发布了五套元模型，可供双方公司使用，经过长时间的使用和验证后，该工作小组把模型的研发成果公开给整个行业参考和使用。

【典型的文件证据】

《元模型整合设计方案》。

第 4 级：量化管理级
DA-MM-L4-3：组织与少量外部机构实现元数据采集、共享、交换和应用。

【标准解读】

本条款要求，组织在适当且有需要的前提下，可与外部机构互相开放元数据的接口或服务，使得双方均可读取对方的有限的元数据，实现双方互相采集、共享和交换，并基于获取到的元数据开发出对本组织有价值的元数据应用。

【实施案例介绍】

某企业由于某 APP 应用的需要，定期从电信运营商中获取手机用户的非敏感数据。电信运营商会不定期对数据模型进行修订，由于没有及时通知该企业，导致该企业 APP 应用多次出现问题，所以该企业与电信运营商沟通商议双方开放一部分的元数据以让该企业的 APP 应用实时获取到电信运营商的元数据，这样该 APP 应用便能通过元数据来识别电信运营商数据模型的变更，并及时对 APP 进行改造，以适应电信运营商数据模型的变化。

【典型的文件证据】

《元数据对外共享交换案例》。

第 5 级：优化级
DA-MM-L5-1：参与国际、国家或行业相关元数据管理相关标准制定。

【标准解读】

本条款要求，组织需要参与到国际、国家或行业的元数据管理标准制定当中去，并且在相关的标准中明确披露了该组织的参与情况。

【实施案例介绍】

根据国家标准化管理委员会发布的 GB/T 21063.3—2007《政务信息资源目录体系 第 3 部分：核心元数据》的前言部分显示，有 3 家单位参与了该标准的起草，分别是国家信息中心、北京航空航天大学和中国电子技术标准化研究院。具体内容如图 4-8 所示。

ICS 35.240.01
L 67

中华人民共和国国家标准

GB/T 21063.3—2007

政务信息资源目录体系
第 3 部分：核心元数据

Government information resource catalog system—
Part 3: Core metadata

GB/T 21063.3—2007

前　　言

GB/T 21063《政务信息资源目录体系》目前分为以下六个部分：
——第 1 部分：总体框架；
——第 2 部分：技术要求；
——第 3 部分：核心元数据；
——第 4 部分：政务信息资源分类；
——第 5 部分：政务信息资源标识符编码规则；
——第 6 部分：技术管理要求。
本部分为 GB/T 21063 的第 3 部分。
本部分的附录 A、附录 B 为规范性附录，附录 C 为资料性附录。
本部分由国务院信息化工作办公室提出。
本部分由全国信息技术标准化委员会归口。
本部分起草单位：国家信息中心、北京航空航天大学、中国电子技术标准化研究所。
本部分主要起草人：徐枫、马殿富、宦茂盛、石雯雯、于建军、高栋、吴淼、吴志刚。

图 4-8　GB/T 21063.3—2007《政务信息资源目录体系　第 3 部分：核心元数据》

【典型的文件证据】

《某元数据国家标准》。

第 5 级：优化级
DA-MM-L5-2：参与国际、国家或行业的元数据采集、共享、交换和应用。

【标准解读】

本条款要求，组织参与国际、国家或行业的元数据采集、共享、交换和应用，参与的方式不限于：（1）向国际、国家、行业提供企业自身的元数据；（2）该组织协助国际、国家或行业组织机构采集元数据；（3）该组织帮助国际、国家或行业组织机构开发元数据应用。

【实施案例介绍】

某企业是行业里元数据管理龙头企业，为了响应国家的号召，该企业安排公司的元数据管理专家支撑了本行业的国家元数据标准的建设工作，并积极主动向国家相关部门共享了自身非敏感的元数据，多次获得国家相关部门的公开表扬。同时，该企业还帮助国家相关部门建立了元数据采集与共享平台，大大提高了元数据采集效率。

【典型的文件证据】

《国家某行业元数据采集支撑单位名单》《国家某行业元数据采集工具开发支撑单位名单》。

第 5 级：优化级
DA-MM-L5-3：在业界分享最佳实践，成为行业标杆。

【标准解读】

本条款要求，组织应参与近期元数据管理的公开演讲，获得有分量的奖项，或者形成较为成熟的理论著作。该企业应能主导行业的元数据管理标准，能证明该组织在元数据管理领域达到业界领先的水平。

【实施案例介绍】

某企业被公认为所处行业的元数据管理标杆企业，获得了国家级别的元数据管理相关奖项，近期多次参与元数据主题大会的演讲与经验分享。该企业还主导了所处行业的元数据标准编写工作，并且研发了元数据管理平台工具，在多家企业得到实际应用，反映良好。

【典型的文件证据】

《某行业元数据管理奖项》《某行业元数据管理标准规范》。

4.5 小结

数据架构能力域包括数据模型、数据分布、数据集成与共享、元数据管理四个能力项。数据模型是使用结构化的语言将收集到的组织业务经营、管理和决策中的数据需求进行综合分析，按照模型设计规范将需求重新组织成数据模型，数据模型是数据架构最重要的产出物，它完成了业务需求从自然语言到数据语言的转化。数据分布能力项是针对组织级数据模型中数据的定义，明确数据在系统、组织和流程等方面的分布关系，明确权威数据源，为数据相关工作提供参考和规范。数据集成与共享能力项是建立起组织内各应用系统、各部门之间的集成共享机制，通过组织内部数据集成共享相关制度、标准、技术等方面的管理，促进组织内部数据的流通，使组织内部数据实现了真正意义的互联互通。而元数据管理则是关于元数据的创建、存储、整合与控制等一整套流程的集合。通过元数据可以全面梳理组织数据资产并掌握其变化。

数据架构的主要作用是在业务战略和技术实现之间建立起一座畅通的桥梁，为数据分析和应用建立坚固的地基，是数据治理最底层的基础。只有把数据架构底层规划好、设计好、建设好，才能高效地给顶层数据应用输出高质量的原材料，达到事半功倍的效果。

数据应用

数据应用是通过对组织数据进行统一的管理、加工和应用，对内支持业务管理、流程优化、风险管理、渠道整合等活动，对外支持数据共享、数据服务等活动，从而提升数据在组织运营管理过程中的支撑辅助作用，同时实现数据价值的变现。数据应用是数据价值体现的重要方面，数据应用的方向需要和组织的战略和业务目标保持一致。

数据应用包括数据分析、数据开放共享和数据服务三个能力项。其中，数据分析促进了科学决策和业务价值实现，是组织的核心竞争力；数据开放共享促进内部数据共享和外部数据流通，是组织数据价值最大化的基础；数据服务促进数据资产价值的变现，是组织数据管理的目标。

5.1 数据分析

5.1.1 概述

数据分析是对组织各项经营管理活动提供数据决策支持而进行的组织内外部数据分析或挖掘建模，以及对应成果的交付运营、评估推广等活动。数据分析能力会影响到组织制定决策、创造价值、向用户提供价值的方式。

数据分析是数据应用的核心，数据分析的成果是数据开放共享和数据服务的内容，因此数据分析成果的优劣一定程度上决定了数据使用者所获取的数据价值含量。通常来说，数据分析应基于明确的经营管理需求，包括交付运营和评估推广的业务需求。对于不同的需求而言，数据分析的数据范围、分析方法和交付成果有所不同。一般地，更广范围的、标准化的数据，更具针对性的分析方法和更多维的交付成果，将提升数据分析的效果。

5.1.2 过程描述

数据分析具体的过程描述如下：

a）常规报表分析，按照规定的格式对数据进行统一的组织、加工和展示；

b）多维分析，各分类之间的数据度量之间的关系，从而找出同类性质的统计项之间数学上的联系；

c）动态预警，基于一定的算法、模型对数据进行实时监测，并根据预设的阈值进行预警；

d）趋势预报，根据客观对象已知的信息而对事物在将来的某些特征、发展状况的一种估计、测算活动，运用各种定性和定量的分析理论与方法，对发展趋势进行预判。

【过程解读】

数据分析是借助适当的统计分析方法对大量数据进行分析，提取有用信息并形成结论的过程。组织依据业务逻辑和加工规则完成常规报表分析和多维分析，并通过表格化、图形化的方式展现分析结果；通过设置动态预警的算法和模型、阈值，在既定的数据范围内实现实时预警，开展问题数据监测和运维；利用报表分析和多维分析结果，在特定场景下进行趋势预报。

5.1.3 过程目标

数据分析的过程目标如下：

a）数据分析能力满足组织的业务运营需求，并适应业务、技术领域的发展变化；

b）数据分析促进数据驱动型决策和业务价值实现，数据分析成为组织的核心竞争力。

【目标解读】

根据组织业务运营的需求建立相应的数据分析能力，包括组织、技术、方法等，针对不同的业务需求选择合理的展现方式，使数据分析结果适应业务、技术领域的发展变化。在实际应用中，数据分析可帮助人们作出判断，以便采取适当行动，包括从市场调研到售后和最终处置的各个业务过程都需要运用数据分析过程，以提高决策的有效性，提高组织的核心竞争力水平。

5.1.4 能力等级标准解读

第 1 级：初始级
DAP-DA-L1-01：在项目层面开展常规报表分析，数据接口开发。

【标准解读】

本条款要求组织至少能够在一个具体的信息化或数字化项目中进行数据接口开发，确保同一系统模块之间或多个系统之间的互通互联，开展常规的数据报表分析，对数据进行统一的采集、加工和展示。

【实施案例介绍】

某制造企业引进 ERP 系统，并打通生产管理系统接口，实现 NC 向生产管理系统推送销售订单、分量计量、出入库等业务数据同步，生产管理系统向 ERP 系统推送产成品入库数据，并在 ERP 中实现产供销等报表的统计分析。

【典型的文件证据】

信息化或数字化项目设计文档包含的接口开发和报表分析的相关内容。

第 1 级：初始级
DAP-DA-L1-02：在系统层面提供数据查询，满足特定范围的数据使用需求。

【标准解读】

本条款要求数据分析需求来源于特定范围，主要是为了解决某一具体问题，并能够通过系统进行数据分析查询，满足特定范围的数据使用需要。

【实施案例介绍】

某制造企业引进 ERP 系统，集成了财务会计、供应链管理（销售、仓储、采购）、生产制造、人力资源、品质管理等管理模块，并在相应模块中提供了对应的数据统计分析及查询功能，实现企业数据挖掘、分析预测，体现数据价值。

【典型的文件证据】

某信息化或数字化系统具备数据分析的查询功能模块。

第 2 级：受管理级
DAP-DA-L2-01：各业务部门根据自身需求制定了数据分析应用的管理办法。

【标准解读】

本条款要求拥有独立数据分析需求的业务部门，或者若干个拥有相同数据分析需求的业务部门，基于自身工作需要建立了相对完整的数据分析制度办法，指导数据分析工作的开展。

【实施案例介绍】

某制造企业的生产部门根据制造系统制定了相关的数据分析应用管理办法；研发部门根据研发系统制定了相关的数据分析应用管理办法；财务部门根据财务系统制定了相关的数据分析应用管理办法；销售部门根据订单管理系统制定了相关的数据分析应用管理办法；客服部门根据 CRM 系统制定了相关的数据分析应用管理办法。

【典型的文件证据】

各业务部门对应的数据分析应用管理办法。

第 2 级：受管理级
DAP-DA-L2-02：各业务部门独立开展各自数据分析应用的建设。

【标准解读】

本条款要求拥有独立数据分析需求的业务部门，或者若干个拥有相同数据分析需求的业务部门，根据自身工作需要各自开展本领域的数据分析应用能力的建设，彼此能力之间不存在明显的交集。

【实施案例介绍】

某制造企业财务部根据财务会计管理需求，在财务系统中开发了客户账龄明细表、应收账款明细表、逾期应收账款明细表、扣账未审核检查表、存货成本期报表、入库金额统计表、在制期报表等数据报表。采购部、销售部、生产部根据进销存管理需求，分别在ERP系统的采购管理模块中开发了供应商管理表单、采购单进度追踪表、收料清单、已收货未入库清单、采购收货统计表、采购单价统计表、交货数量统计分析表、厂商进料明细表，在销售管理模块中开发了货物明细表、出货/销退未立账明细表、出货清单、客户资料查询表、合约订单明细表、产品价格一览表，在库存管理模块中开发了库存杂项异动表、库存明细总表、发料单查询表、收料单查询表。

【典型的文件证据】

各业务部门使用的系统或功能模块，具备对应的数据分析应用内容。

第2级：受管理级
DAP-DA-L2-03：采用点对点的方式处理数据分析中跨部门的数据需求。

【标准解读】

本条款要求组织初步建立数据管理体系，至少能够采用点对点的方式构建单一来源的数据分析需求和结果反馈途径，利用各业务的关联性扩大数据分析的数据范围，由单一部门扩展至多部门，满足跨部门的数据分析需求。

【实施案例介绍】

某制造企业财务部在财务系统中开发了客户账龄明细表、应收账款明细表、逾期应收账款明细表、扣账未审核检查表等数据报表。由于系统权限原因，销售部门无法直接查询财务系统，只能向财务部提出相关数据获取需求。财务部门根据销售部的需求，导出了客户账龄明细表、应收账款明细表、逾期应收账款明细表、扣账未审核检查表，供给销售部催账用。

【典型的文件证据】

跨部门数据需求管理规范或流程、需求部门提出的数据分析需求记录、数据分析结果部门提供给需求部门的反馈记录。

第 2 级：受管理级
DAP-DA-L2-04：数据分析结果的应用局限于部门内部，跨部门的共享大部分是以线下的方式进行。

【标准解读】

本条款要求组织的数据结果应用仍局限于部门内部，跨部门的共享需求主要为线下或部分线上的点对点方式，尚未实现跨部门的数据分析应用融合。

【实施案例介绍】

某制造企业财务部在财务系统中开发了一系列财务报表，并进行了资金运作分析、财务政策分析、经营管理分析、财务分析报告等数据分析应用，为公司业务发展和财务管理流程优化提供信息与决策支持。在经营管理分析中，财务部根据系统数据分析结果，参与销售、生产的财务预测、预算执行分析、业绩分析活动，并提出专业的分析建议，协助相关部门进行改进。

【典型的文件证据】

数据分析结果所属部门的应用情况，如某部门数据分析报告，包括问题、措施、效果等；需求部门提出的数据分析需求记录的形式；数据分析结果部门提供给需求部门的反馈记录的形式。

第 3 级：稳健级
DAP-DA-L3-01：在组织级层面建设统一报表平台，整合报表资源，支持跨部门及部门内部的常规报表分析和数据接口开发。

【标准解读】

本条款要求组织建立统一的统计分析和趋势分析报表平台，整合各部门各系统的报表资源，对数据进行统一的组织、加工和展示，跨部门及部门内部能够利用统一的报表平台开展常规的数据报表分析和数据接口开发，满足自身数据分析需求。

【实施案例介绍】

某金融企业建设了多个跨系统、跨部门的统一报表平台，整合报表资源，支持跨部门及部门内部的常规报表分析和数据接口开发，如驾驶舱、决策平台、知识图谱等，分别适用不同的场景和对象。驾驶舱主要用于存贷款、财务、监管报送等经营管理的数据汇总与分析，主要使用对象是内部各级领导；知识图谱主要用于风险识别、控制和管理，面向对象是信贷、审计、风险管理人员等；决策平台则主要用于用户行为的分析，主要面向对象是信息技术部产品人员和数据分析、需求分析等相关人员（见图 5-1）。

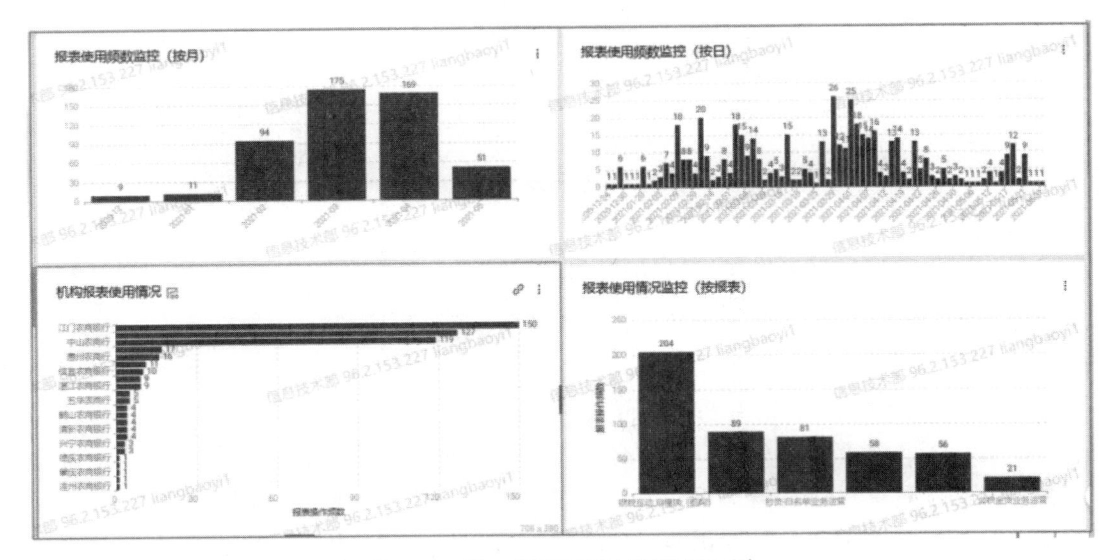

图 5-1　统一报表平台报表分析示例

【典型的文件证据】

数据分析管理平台或者有统一报表功能的系统；平台或系统的设计文档，有明确证据支持跨部门及部门内部的数据分析和数据接口开发；平台或系统中报表分析使用情况。

第 3 级：稳健级
DAP-DA-L3-02：在组织内部建立了统一的数据分析应用的管理办法，指导各部门数据分析应用的建设。

【标准解读】

本条款要求数据分析扩展至整个组织，在组织内部制定了统一的数据分析管理办法、流程规范、技术模板，从组织层面统一数据分析的需求和工作流程，指导各部门数据分析应用的建设。

【实施案例介绍】

某金融企业制定了《数据分析与应用管理办法》，明确各团队职责分工，规范数据分析需求的获取、分析、优先级排序、数据分析报表的设计与开发等过程，对数据分析服务全生命周期实施过程管理，使得分析过程标准化、规范化，指导各业务部门数据分析应用建设（见图 5-2）。

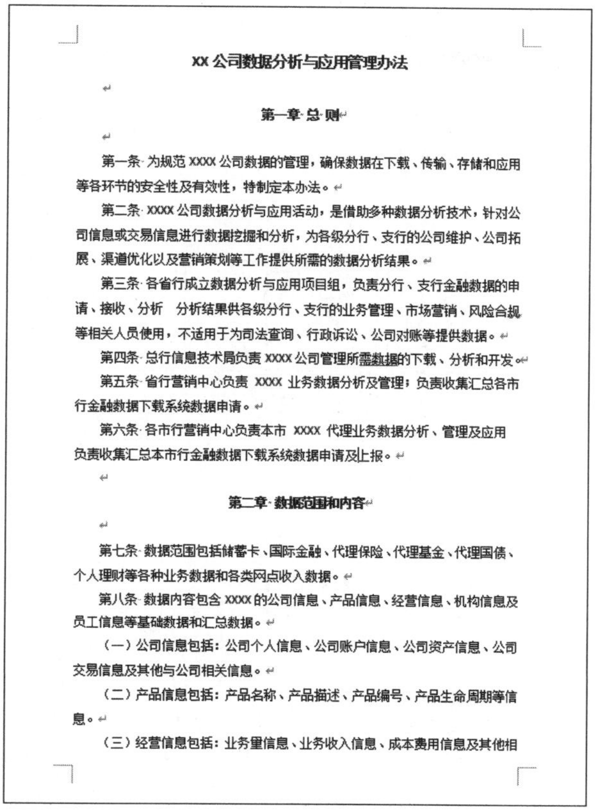

XX 公司数据分析与应用管理办法

第一章 总则

第一条 为规范 XXXX 公司数据的管理，确保数据在下载、传输、存储和应用等各环节的安全性及有效性，特制定本办法。

第二条 XXXX 公司数据分析与应用活动，是借助多种数据分析技术，针对公司信息或交易信息进行数据挖掘和分析，为各级分行、支行的公司维护、公司拓展、渠道优化以及营销策划等工作提供所需的数据分析结果。

第三条 各省行成立数据分析与应用项目组，负责分行、支行金融数据的申请、接收、分析　分析结果供各级分行、支行的业务管理、市场营销、风险合规等相关人员使用，不适用于为司法查询、行政诉讼、公司对账等提供数据。

第四条 总行信息技术局负责 XXXX 公司管理所需数据的下载、分析和开发。

第五条 省行营销中心负责 XXXX 业务数据分析及管理；负责收集汇总各市行金融数据下载系统数据申请。

第六条 各市行营销中心负责本市 XXXX 代理业务数据分析、管理及应用负责收集汇总本市行金融数据下载系统数据申请及上报。

第二章 数据范围和内容

第七条 数据范围包括储蓄卡、国际金融、代理保险、代理基金、代理国债、个人理财等各种业务数据和各类网点收入数据。

第八条 数据内容包含 XXXX 的公司信息、产品信息、经营信息、机构信息及员工信息等基础数据和汇总数据。

（一）公司信息包括：公司个人信息、公司账户信息、公司资产信息、公司交易信息及其他与公司相关信息。

（二）产品信息包括：产品名称、产品描述、产品编号、产品生命周期等信息。

（三）经营信息包括：业务量信息、业务收入信息、成本费用信息及其他相

图 5-2 《数据分析与应用管理办法》示例

【典型的文件证据】

数据分析应用管理办法、数据分析应用技术规范、数据分析应用工作流程等。

第 3 级：稳健级
DAP-DA-L3-03：建立了专门的数据分析团队，快速支撑各部门的数据分析需求。

【标准解读】

本条款要求组织建立专门的数据分析团队，明确团队的人员构成和工作职责，各部门的数据分析需求由数据分析团队统一进行收集、评审、实现。

【实施案例介绍】

某数字企业在大数据平台下组建了数据分析组，专门负责数据的分析应用。按照职业发展路径，分别设置了数据分析组经理、高级大数据分析师、大数据分析师、助理大数据分析师、数据分析实习生等岗位，并明确相关职责，有效推动了数据分析工作的开展（见图 5-3 和表 5-1）。

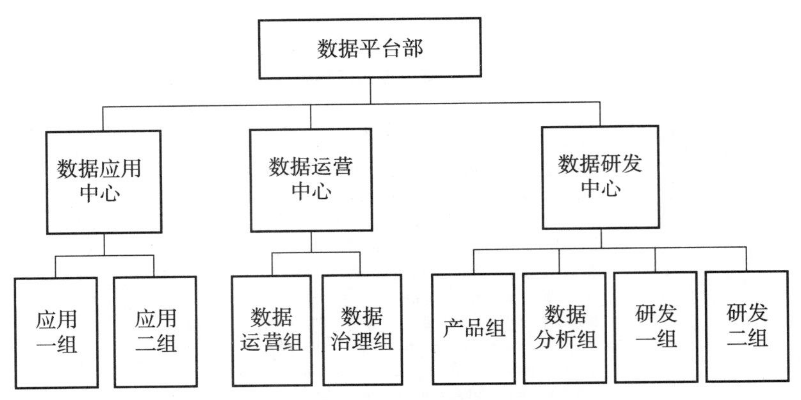

图 5-3　数据分析组组织架构

表 5-1　数据分析组岗位职责

所属中心名称	所属小组名称	职位	职责
	数据分析组	数据分析组经理	1. 统筹政务大数据中心数据分析类需求实施支撑； 2. 统筹支撑各厅局行业数据分析及可视化项目； 3. 统筹大数据分析应用平台的推广及应用
		高级大数据分析师	1. 负责数据可视化工作，负责从业务调研到可视化产品上线全流程； 2. 根据业务需求及数据需求，构建数据分析模型，充分利用政务大数据中心数据资源，服务于业务，创造价值； 3. 负责可视化 BI 工具的使用及培训，利用 BI 工具完成分析及可视化任务，完成 BI 工具培训； 4. 负责大数据分析平台的使用及培训，利用大数据分析平台，提供数据建模定制化服务，完成分析平台培训； 5. 开展日常运营分析、设计指标体系，利用分析工具及分析能力，解决日常运营工作中的问题，定期生成各类分析报告
		大数据分析师	1. 对接政府部门，挖掘并分析业务数据分析需求，搭建所对接业务的数据指标体系，并进行持续迭代优化； 2. 对接公司大数据研发部门，推进大数据分析应用平台的建设和具体应用； 3. 数据分析专题的建设，通过建模、分析为政府客户提供决策依据
		助理大数据分析师	1. 参与对接政府部门，挖掘并分析业务数据分析需求，搭建所对接业务的数据指标体系，并进行持续迭代优化； 2. 参与对接公司大数据研发部门，推进大数据分析应用平台的建设和具体应用； 3. 参与数据分析专题的建设，通过建模、分析为政府客户提供决策依据
		数据分析实习生	

【典型的文件证据】

组织架构图、数据人员岗位职责。

第 3 级：稳健级
DAP-DA-L3-04：能遵循统一的数据溯源方式来进行数据资源的协调。

【标准解读】

本条款要求组织能够按照既定的数据资产盘点或数据资源目录的溯源方式，如标注法和反向查询法，通过数据溯源模型诸如溯源信息模型、时间 - 值中心溯源模型、四维溯源模型、开放的数据溯源模型、Provenir 数据溯源模型、数据溯源安全模型，PrInt 数据溯源模型等协调相关数据资源，获取数据分析所需的数据，输出满足需求的分析结果。

【实施案例介绍】

某电力企业通过数据资源目录系统，运用“统一平台 + 统一模型”的数据溯源方式开展数据资源协调，指导各业务在统一框架下进行溯源存储。在系统层面，数据资源目录系统面向业务人员、数据开发人员、数据分析人员提供了数据图谱服务，满足特定范围内的数据使用需求。对于个性化数据需求，业务人员、数据开发人员、数据分析人员可以在系统中挖出数据溯源需求填报，经审批流转，获取相应的数据资源，满足自助式、探索式的数据分析及数据价值挖掘需求。

【典型的文件证据】

数据资源协调工作流程、数据分析模型相关文档的数据需求、数据资产盘点或数据资源目录清单、数据资源协调相关过程记录。

第 3 级：稳健级
DAP-DA-L3-05：数据分析结果能在各个部门之间进行复用，数据分析口径定义明确。

【标准解读】

本条款要求组织统一数据分析方法、工作流程，提高数据分析结果的复用性；统一数据分析口径，通过开放接口形式，扩大数据分析应用的受益者范围。

【实施案例介绍】

某电力企业制定了《× × 统一统计指标体系规范》，明确定义了指标名称、指标编码、计量单位、指标含义、计算公式、统计范围、统计频度等内容，作为企业数据分析口径的企业标准。在车辆网平台中，采集了用户充电过程中电桩电量数据、台区负荷电量数据，并开展车辆用电统计、电池损耗测算等数据分析，其分析结果可供营销部开展业扩报装需求预测、区域负荷预测，供设备部开展台区负荷分析、台区运维配置分析等，数据分析结果在各部门之间进行复用，提升了数据分析的应用程度。

【典型的文件证据】

数据分析应用管理办法中有统一的数据分析方法、工作流程；指标数据的目录清单，有统一的数据解释、数据计算公式；数据分析结果复用相关证据。

第 4 级：量化管理级
DAP-DA-L4-01：建立了常用数据分析模型库，支持业务人员快速进行数据探索和分析。

【标准解读】

本条款要求组织应建立常用的数据分析模型库，如因子分析、主成分分析、聚类分析、对应分析、多维尺度分析、预测性分析、时间序列，支持业务人员调用相关数据分析模型快速进行数据核对、检查、复算、判断等操作，满足数据探索和分析工作需求。

【实施案例介绍】

某电力企业在内网首页设立专用的分析模型库，对企业已发布的数据分析模型提供了详细的介绍和下载链接，模型展示根据浏览下载热度对模型列表进行调整。以“用户感知度分析模型”为例，借助分布式计算、数据挖掘技术，运用 K-Means 聚类算法构建分析模型，归纳用户对故障事件的感知度，建立用户行为标准，实现降低客户投诉风险的目的。

【典型的文件证据】

数据分析管理平台或系统中集成了数据分析模型库、数据分析模型应用相关证据。

第 4 级：量化管理级
DAP-DA-L4-02：能量化评价数据分析效果，实现数据应用量化分析。

【标准解读】

本条款要求组织应建立数据分析应用成果评价指标体系，通过量化数据分析对组织业务发展和业务运营的贡献度，评价数据分析应用的效果及数据分析团队工作的效果。

【实施案例介绍】

某金融企业将数据应用成效纳入竞争力评价中并建立了相应的评价指标体系，包括执行率、营销成功率、提升度和成效规模四个维度。执行率评价基层银行在数据产品应用中营销执行进度，属于过程指标。营销成功率、提升度和成效规模三项指标主要考察数据产品应用效果。营销成功率是评估该产品的成功客户占全部派发客户的比例。提升度指标分为营销提升度和模型提升度，营销提升度主要是为了评价营销对目标客户的正向影响，对比目标客户中执行营销的客户与不执行营销客户之间的差距。模型提升度主要是为了评价模型精准度，区分通过模型筛选过后的目标客户和样本总体中随机筛选出的非目标客户样本群体之间成功率的差异。提升度指标能够较好地评估数据产品在营销维度和模型准确维度两个方面的成效。成效规模指标考量数据产品应用带来的直接业务 / 经济价值，见表 5-2。

表 5-2　数据分析应用成果评价指标体系

<table>
<tr><th>指标类别</th><th>指标口径（基础分）</th><th>标准分</th><th>指标权重</th><th>最终得分</th></tr>
<tr><td>过程得分</td><td>执行率 = 执行客户数 / 渠道派发客户数</td><td rowspan="4">指标实际得分 = 基础分 ± 级差系数 ×（指标实际值 - 目标值）÷ 标准差，目标值：大中城市平均值</td><td>××%</td><td rowspan="4">各项指标的标准分加权求和</td></tr>
<tr><td rowspan="3">效果得分</td><td>营销成功率 = 成功营销客户数 / 渠道派发客户数</td><td>××%</td></tr>
<tr><td>营销提升度 = 执行组客户成功率 / 对照组客户成功率
模型提升度 = 目标客户成功率 / 非目标客户成功率</td><td>两个提升度各占 ××%，合计 ××%</td></tr>
<tr><td>成效规模：根据目标不同，可能包括资产提升金额，成功签约 / 激活客户数，产品销售金额等</td><td>××%</td></tr>
</table>

【典型的文件证据】

数据分析成果评价指标体系相关文档，包括评价维度、指标解释、计算公式等内容；实际指标值和目标指标值的监视与测量报告。

第 4 级：量化管理级
DAP-DA-L4-03：数据分析能有力支持业务应用和运营管理。

【标准解读】

本条款要求从组织、业务、技术、数据等方面建立更加完善的数据分析能力，丰富数据分析方法、分析技术和分析成果，有效提升数据分析结果的复用性，支撑业务应用和运营管理。

【实施案例介绍】

某行政机构开发了面向人社领域的数据应用模型，如公共就业、社会保险、劳动关系、人事人才、运维服务五大板块 20 个主题，为运营管控和决策提供支撑。例如，在公共就业板块，对就业创业、培训补贴、重点人群就业情况进行分析，建立就业信息各方共享机制，向供求双方提供精准服务。

【典型的文件证据】

数据分析能力建设的相关记录或证据，包括组织、业务、技术、数据；数据分析支撑业务发展取得成效的证据。

第5级：优化级
DAP-DA-L5-01：能推动自身技术创新。

【标准解读】

本条款要求组织通过构建成熟的数据分析管理机制，能够基于数据分析结果的应用推动自身技术的创新发展，为组织的可持续竞争力提供保证。

【实施案例介绍】

某金融企业布局大数据、人工智能领域创新，积极开展数字基础设施建设，自主设计研发了大数据与人工智能技术平台，满足数据分析应用需求。同时，还构筑了线上 DataOps 和 MLOps 研发流水线，支撑了数据的持续集成、自助获取、灵活加工、持续交付、可视化展现、结果发布、服务封装等全链路数据价值挖掘，并不断优化完善线下的 Devops 流水线，助力研发工程师专注于功能研发、深化云原生能力，建立面向安全生产的保障体系，促进平台和共享服务又好又快平稳发展。

【典型的文件证据】

在大数据应用方面的国际、国家、行业各类奖项，以及技术标准、专利、软著、论文等知识产权成果。

第5级：优化级
DAP-DA-L5-02：在业界分享最佳实践，成为行业标杆。

【标准解读】

本条款要求组织能够对自身取得显著成果的数据分析应用经验进行总结、提炼，形成可推广和复制的方法，并在业界中进行分享、应用，形成规模效应。

【实施案例介绍】

某金融机构在银保监会组织开展的数据治理相关年会上，总结和推广大数据分析、模型工具在银行业内控内审方面的工作实践，包括大数据应用模式、数字化内控流程等内容。同时，还出版了《金融数据分析》等书籍，为数据分析生命周期提供了全面和适用的指南，为行业打造行之有效的数据分析能力。

【典型的文件证据】

书籍，各种公开论坛、专题等的经验分享，国际、国家、行业各类最高奖项。

5.2　数据开放共享

5.2.1　概述

数据开放共享是指按照统一的管理策略对组织内部的数据进行有选择的对外开放，同时按照相关的管理策略引入外部数据供组织内部应用。数据开放共享是实现数据跨组织、跨行业流转的重要前提，也是数据价值最大化的基础。

数据开放是组织开放内部数据以及融合内外部数据的过程，数据共享是组织内部数据互通的过程，数据开放共享为数据使用者提供了更多的数据，加速了数据流通的速度，有利于深化数据分析，促进数据价值的释放。

5.2.2　过程描述

数据开放共享具体的过程描述如下：

a）梳理开放共享数据，组织需要对其开放共享的数据进行全面的梳理，建立清晰的开放共享数据目录；

b）制定外部数据资源目录，对组织需要的外部数据进行统一梳理，建立数据目录，方便内部用户的查询和应用；

c）建立统一的数据开放共享策略，包括安全、质量等内容；

d）数据提供方管理，建立对外数据使用政策、数据提供方服务规范等；

e）数据开放，组织可通过各种方式对外开放数据，并保证开放数据的质量；

f）数据获取，按照数据需求进行数据提供方的选择。

【过程解读】

数据开放共享通过梳理开放共享数据，建立清晰的开放共享数据目录，便于数据提供者和数据使用者查询和了解数据，提升数据开放共享的效率；通过建立统一的数据开放共享策略，确保数据开放共享的安全性、合规性、可用性、易用性；通过建立对外数据使用政策、数据提供方服务规范等，确保数据及服务提供的有效开展，满足数据使用方的数据获取需求。

5.2.3　过程目标

数据分析的过程目标如下：

a）数据开放共享可满足安全、监管和法律法规的要求；

b）数据开放共享可促进内外部数据的互通，促进数据价值的提升。

【目标解读】

数据开放共享应明确数据范围和数据权限，确保数据开放共享满足安全、监管和法律法规的要求。同时，组织应采取合理的方法和技术，促进内外部数据的互通，提升数据的可用性和易用性，实现数据价值。

5.2.4 能力等级标准解读

第 1 级：初始级
DAP-DOS-L1-01：按照数据需求进行了点对点的数据开放共享。

【标准解读】

本条款要求数据需求方和数据提供方通过直接对接的方式，开展数据开放共享活动。

【实施案例介绍】

某制造企业是电网供应商，基于客户管理需要自主开发了接口平台，并将销售端和发货端的数据与客户的供应链管理平台进行打通，按照客户的数据需求进行数据的开放共享。

【典型的文件证据】

数据需求方的数据需求记录；数据提供方的数据提供记录。

第 1 级：初始级
DAP-DOS-L1-02：对外共享的数据分散在各个应用系统中，没有统一的组织和管理。

【标准解读】

本条款要求组织有对外共享的数据，但这些数据尚未实现集中，分散在各个应用系统中，也未建立起统一的数据开发共享制度和流程，形成规范化管理。

【实施案例介绍】

某制造企业是电网供应商，通过接口企业可在 ERP 系统中获取到客户的合同编码，经过合同管理分解后转化为企业的内部合同号。当合同投料时，由计划员编制投产计划，投产计划信息分别由接口传递到 PLM 系统以及客户供应链平台的排产计划管理。设计人员在 PLM 系统做工程配置、发布 BOM 表信息到 ERP 系统并通过接口传递到客户供应链平台。车间装配完成并检验合格后，由合同管理员把合同数据录入 ERP 系统成品仓库，通过接口传递到客户供应链平台的供应商成品商管理。接到发运通知后，发货管理员在 ERP 系统编制发货通知单，同时通过接口传递到客户供应链平台的发货管理。发货完成后，开票管理员在 ERP 系统编制开票通知单，申请开票，同时通过接口提交付款情况。

【典型的文件证据】

对外共享的数据清单或目录、对外共享的数据来源记录、数据开放共享流程机制。

第 2 级：受管理级
DAP-DOS-L2-01：在部门层面制定了数据开放共享策略，用以指导本部门数据的开放和共享。

【标准解读】

本条款要求组织中一个或多个部门制定了数据开放共享策略，如无条件开放共享、有条件开放共享、不能共享等策略，指导本部门数据对内部部门或外部单位开放和共享工作的实施。

【实施案例介绍】

某制造企业财务部制定了财务数据开放共享策略，包括无条件共享、有条件共享、不能共享三种策略。可提供给所有内部部门或外部单位共享使用的财务数据资源属于无条件共享类。可提供给相关部门或外部单位共享使用或仅能够部分提供给所有内部部门或外部单位共享使用的财务数据资源属于有条件共享类。不宜提供给内部部门或外部单位共享使用的财务数据资源属于不予共享类。

【典型的文件证据】

数据开放共享清单或目录中有策略相关内容。

第 2 级：受管理级
DAP-DOS-L2-02：建立了部门级的数据开放共享流程，审核数据开放共享需求的合理性，并确保对外数据质量。

【标准解读】

本条款要求组织中一个或多个部门建立了数据开放共享流程，能够通过该流程中对数据开放共享需求进行审核并评估其合理性，采取相应的措施或手段来保证对外提供的数据质量，确保开放共享的数据符合数据需求者的质量要求。

【实施案例介绍】

某制造企业要求各部门向外部共享数据或提供数据服务的，由各部门领导统一汇总，数据对外共享或服务经数据需求部门、数据提供部门、数据管理部门审批后，严格基于审批后的意见进行数据共享或服务。

【典型的文件证据】

数据开放共享流程、数据开放共享需求评审记录、数据提供者确保开放共享数据的质量所采取的措施手段。

第 2 级：受管理级
DAP-DOS-L2-03：对部门内部的数据进行统一整理，实现集中的对外共享。

【标准解读】

本条款要求组织中一个或多个部门按既定的制度规范、流程对部门内部的数据进行统一的数据整理，明确数据开放共享的范围和要求，形成数据开放共享清单或目录，通过线上 / 线下实现数据开放共享的集中管理。

【实施案例介绍】

某制造企业财务部对财务会计管理、成本管理等数据进行统一整理，形成数据开放共享目录清单，并按照既定的开放共享策略实现集中的对外共享服务。如资产负债表、利润表、现金流量表、成本表、所有者权益变动表等数据按法律法规要求上市公司无条件对外共享，投资分析、财务预测、预算执行等数据经利益相关者申请后可开放共享，工资明细、客户信息等机密数据不能共享。

【典型的文件证据】

部门内部数据整理记录，如数据开放共享清单或目录。

第 3 级：稳健级
DAP-DOS-L3-01：在组织层面制定了开放共享数据目录，方便外部用户浏览、查询已开放和共享的数据。

【标准解读】

本条款要求在组织层面梳理能够对外进行开放共享的数据，并对开放共享数据进行汇总，形成开放共享数据目录，并借助数据开放共享平台 / 系统方便外部用户浏览、查询已开放和共享的数据。

【实施案例介绍】

某数字企业依据国家相关法律法规和公司相关要求，针对涉及国家秘密、商业秘密、上下游企业及个人信息等各种不同类型数据以及政府监管类、公益服务类、公共开放类不同数据开放需求制定了开放共享数据目录，并利用 IDataT 共享交换系统配置需要开放共享的数据，类型有无条件共享、有条件共享、不共享等，通过数据开放共享平台以接口方式对外提供数据共享服务。

【典型的文件证据】

开放共享的数据目录或清单、数据开放共享平台 / 系统有浏览、查询开放共享数据的相关功能。

第 3 级：稳健级
DAP-DOS-L3-03：有计划地根据需要修改开放共享数据目录，开放和共享相关数据。

【标准解读】

本条款要求组织跟踪外部监管、法律法规等要求，定期评审开放共享目录的适用性并做出修订；根据业务发展需要，制定计划并按计划逐步开放和共享数据，更新开放共享目录，更好地满足数据使用者的需求。

【实施案例介绍】

某行政机构按照公共数据开放要求梳理了可对外部共享的数据清单，将相关数据共享给全省政府单位，实现了数据横向的集中开放共享，并根据各部门需求不断完善开放共享数据目录，如根据政数局《关于更新调整数据共享类型和经办人的函》，对共享目录清单进行了修订，补充了信用信息、职业资格、法人行政许可、法人荣誉等共享数据；根据发改委《关于商请共享市场主体相关信息的函》，在共享目录清单中修订补充了劳动仲裁的相关共享数据。

【典型的文件证据】

数据开发共享目录修订的需求记录、修改记录、评审记录。

第 3 级：稳健级
DAP-DOS-L3-04：对开放共享数据实现了统一管理，规范了数据口径，实现了集中开放共享。

【标准解读】

本条款要求组织按既定的制度规范、流程对数据进行统一整理，明确数据开放共享的范围和要求，统一数据口径，形成开放共享清单或目录，并通过统一的开放共享平台 / 系统将组织内需要开放共享的数据按照开放共享清单或目录所设定的规则进行集中的开放和共享。

【实施案例介绍】

某行政机构根据《省政务数据资源共享实施细则》编制了《数据资源目录编制指南》，统一数据开放共享策略，明确数据资源的分类、责任方、格式、属性、更新时限、共享类型、共享方式、使用要求等内容，颁布了《数据集成共享管理办法》，明确了编目采集、共享应用、安全管理等要求，指导数据开放共享工作的实施，并制定了共享数据目录清单，要求数据开放必须依照统一的数据目录，通过集中式系统实现统一管理，方便厅局各部门、各地市获取开放共享的数据，实现了数据集中开放和共享。

【典型的文件证据】

数据开放共享的制度规范；数据开放共享目录或清单，包括对数据的描述、定义、释义的内容；数据开发共享平台 / 系统。

第 4 级：量化管理级
DAP-DOS-L4-01：定期评审开放数据的安全、质量，消除相关风险。

【标准解读】

本条款要求组织对开放数据的安全、质量进行定期评审，识别开放数据存在的安全、质量风险，并按照既定的数据安全策略、数据质量要求决定不启动或不继续进行产生风险的活动来规避风险或从根源上消除风险源，确保开放共享的数据满足安全、质量要求。

【实施案例介绍】

某电力企业在数据安全方面，每月开展数据合规信息研究分析，形成《数据合规信息研究分析报告》；每三个月对数据使用、共享阶段的安全措施落实情况进行抽查；每年度开展年度数据业务合规评估工作，形成年《数据业务（服务）合规评估报告》，消除安全相关风险。在数据质量方面，将开放共享的数据纳入到数据质量管理平台中，常态开展数据质量评估、治理工作，形成《数据质量通报》，及时暴露和发现数据质量问题并开展闭环质量改进工作，消除质量相关风险。

【典型的文件证据】

开放共享数据的安全、质量风险识别清单或分析报告，及其版本记录。

第 4 级：量化管理级
DAP-DOS-L4-02：及时了解开放共享数据的利用情况，并根据开放共享过程中外部用户反馈的问题，提出改进措施。

【标准解读】

本条款要求组织通过对开放共享平台的监控，收集数据开放共享的相关指标数据，了解数据的利用情况。同时，根据既定的数据问题反馈机制，收集、分析、处理外部用户的问题，进一步满足外部用户的需求。

【实施案例介绍】

某电力企业通过能源大数据中心运营平台的资源看板模块及时了解共享数据利用情况，包括产品浏览次数、应用访问次数、数据文件下载次数、数据接口调研次数等信息。为做好能源大数据中心数据需求响应与反馈工作，企业按照“需求集中归集、平台统一输出”的策略，对线上（如通过平台进行数据需求提报）、线下（如通过会议交流、传真函件等多种形式进行数据需求、问题反馈提报）进行集中收集，经确认评估后，统一整改并对外输出，满足用户需求。

【典型的文件证据】

收集外部用户反馈问题的流程、数据开放共享问题汇总清单、数据开发共享问题整改方案 / 措施及其整改结果。

第 5 级：优化级
DAP-DOS-L5-01：通过数据开放共享创造更大的社会价值，同时促进组织竞争力的提升。

【标准解读】

本条款要求组织聚焦跨组织、合作伙伴、用户的数据需求，培植自身数据资源和能力，通过数据开发共享为社会创造更多的价值效益，提升以企业理念、企业价值观为核心的企业文化、内外一致的企业形象、企业创新能力、差异化个性化的企业特色等核心竞争力。

【实施案例介绍】

某电力企业响应国家社会信用体系建设，近年来在信用体系建设上采取了一系列重大举措，建成了信用信息共享平台，共享信息超过 2 亿条，如电力准失信数据（拖欠电费、偷窃电和违章用电等）为银行放贷提供征信参考，降低不良贷款率；重点污染企业电力监测数据为环保部门提供执法支持，有效降低生态环保执法成本。

【典型的文件证据】

数据开放共享是否助力外部单位创造价值的相关证据。

第 5 级：优化级
DAP-DOS-L5-02：在业界分享最佳实践，成为行业标杆。

【标准解读】

本条款要求组织能够对自身取得显著成果的数据开放共享经验进行总结、提炼，形成可推广和复制的方法，并在业界中进行分享、应用，形成规模效应。

【实施案例介绍】

某电力企业在业界积极分享最佳实践经验，多次参加“能源互联网论坛”“数字中国建设峰会”“数博会”等论坛峰会，分享电力数据在生态环境领域的共享取得的成效，介绍在碳达峰碳中和战略下如何通过能源数据资源，实现“双碳”关键数据指标的实时监控、预警、分析与评价，为碳达峰碳中和、能源安全运行、能源双控等工作提供有力支撑，促进能源与经济、环境协调发展。

【典型的文件证据】

书籍，各种公开论坛、专题等的经验分享，国际、国家、行业各类最高奖项。

5.3 数据服务

5.3.1 概述

数据服务是通过对组织内外部数据的统一加工和分析，结合公众、行业和组织的需要，以应用的形式对外提供跨领域、跨行业的数据服务。

数据跨领域、跨行业流转的重要前提是数据开放共享，将开放共享的数据接口封装和改造成为服务，通过 API 网关的方式暴露给上层应用来调用，实现有偿或无偿服务。数据服务是数据资产价值变现最直接的手段，也是数据资产价值衡量的方式之一，通过良好的数据服务对内提升组织的效益，对外更好地服务公众和社会。

数据服务的提供可能有多种形式，包括数据分析结果、数据服务调用接口、数据产品或者数据服务平台等，具体服务的形式取决于组织数据的战略和发展方向。

5.3.2 过程描述

数据服务具体的过程描述如下：

a）数据服务需求分析，需要有数据分析团队来分析外部的数据需求，并结合外部的需求提出数据服务目标和展现形式，形成数据服务需求分析文档；

b）数据服务开发，数据开发团队根据数据服务需求分析对数据进行汇总和加工，形成数据产品；

c）数据服务部署，部署数据产品，对外提供服务；

d）数据服务监控，能对数据服务有全面的监控和管理，实时分析数据服务的状态、调用情况、安全情况等；

e）数据服务授权，对数据服务的用户进行授权，并对访问过程进行控制。

【过程解读】

数据服务通过对外部的数据需求分析，形成数据服务需求分析文档；通过数据服务需求的分析结果，设计数据产品；通过部署数据产品，对外提供服务，实现数据资产价值的变现；通过对数据服务的状态、调用、安全、授权、访问进行监控，管理数据服务的全过程，更好地满足外部数据需求。

5.3.3 过程目标

数据分析的过程目标如下：

a）通过数据服务探索组织对外提供服务或产品的数据应用模式，满足外部用户的需求；

b）通过数据服务实现数据资产价值的变现。

【目标解读】

组织通过收集、了解外部数据需求，不断探索组织对外的数据应用模式，通过提供数据服务、设计数据产品满足外部用户需求，实现数据资产价值的变现；通过不断优化数据服务模式和数据服务产品，提升数据资产价值变现的效率。

5.3.4　能力等级标准解读

第 1 级：初始级
DAP-DS-L1-01：根据外部用户的请求进行了针对性的数据服务定制开发。

【标准解读】

本条款要求组织通过数据需求方和数据提供方直接对接的方式开展数据服务，形成单一需求管理和开发机制，满足外部用户数据服务定制开发需求。

【实施案例介绍】

某制造企业是电网企业供应商，基于客户管理需要自主开发了接口平台，并将销售端和发货端的数据通过接口服务的方式提供到客户的供应链管理平台中，满足客户的供应链管理的数据需求。

【典型的文件证据】

数据需求方的数据服务需求记录、数据提供方的数据服务开发记录。

第 1 级：初始级
DAP-DS-L1-02：数据服务分散在组织内的各个部门。

【标准解读】

本条款要求组织够提供数据服务，但这种服务未融合组织外部的数据服务使用者需求以及组织内各部门的数据服务提供能力，统一对外提供数据服务。

【实施案例介绍】

某制造企业是电网供应商，通过接口服务的方式提供客户数据服务。生产部计划员在 ERP 系统中编制投产计划并由接口传递到客户供应链平台的排产计划管理中；销售部合同管理员把合同数据录入 ERP 系统成品仓库并通过接口传递到客户供应链平台的供应商成品商管理。仓库发货管理员在 ERP 系统编制发货通知单同时通过接口传递到供应链平台的发货管理。财务部开票管理员在 ERP 系统编制开票通知单，申请开票，同时通过接口提交付款情况。

【典型的文件证据】

数据服务清单、数据服务提供方来源于各部门的相关证据。

第 2 级：受管理级
DAP-DS-L2-01：对数据服务的表现形式进行了统一的要求。

【标准解读】

本条款要求组织对数据服务过程中的数据使用途径、数据描述规则、数据内容呈现等一系列表现形式进行统一的规范和管理。

【实施案例介绍】

某数字企业开发了数据服务平台提供标准化的数据服务，封装数据库与外部接口两种来源的数据，形成统一的数据服务接口提供，并制定《API 网关开发者手册》对接口进行规范，统一各部门政务应用开发中的数据服务调用，有效解决事项办理过程中因数据不同、系统不同而导致的办事不畅、繁杂、低效等突出问题。

【典型的文件证据】

API 相关规范和要求的文件或文档、数据服务平台的呈现方式。

第 2 级：受管理级
DAP-DS-L2-02：组织层面明确了数据服务安全、质量、监控等要求。

【标准解读】

本条款要求组织应制定数据服务安全、质量、监控等的规范和要求，防止未经授权的访问或者伪造身份的安全攻击行为，提供满足用户需求的高质量数据，并对数据服务安全、质量、使用情况进行监控、分析、调优。

【实施案例介绍】

某金融企业在数据服务管理制度方面发布了《服务水平管理实施细则》《运行监控管理实施细则》，明确数据服务的安全、质量、监管指标等内容。

【典型的文件证据】

数据服务相关制度规范中覆盖了安全、质量、监控等内容。

第 2 级：受管理级
DAP-DS-L2-03：组织层面定义了数据服务管理相关的流程和策略，指导各部门规范和管理。

【标准解读】

本条款要求组织够制定数据服务管理流程和策略，如数据服务开发规范、数据服务开发流程、数据服务上线规范、数据服务上线流程、数据服务下线策略、数据服务下线流程、数据服务退役策略、数据服务退役流程等，指导组织内各部门按既定的流程和策略有序、规范地开展数据服务工作。

【实施案例介绍】

某服务企业在《数据服务管理办法》中明确规定数据服务下线的管理重难点工作：（1）数据服务下线策略：通过 API 调用和服务统计，当数据服务使用次数每年不超过 10 次，而且使用对象是非关键用户时，可以考虑下线；当数据服务的归属部门主动要求数据服务下线，同时数据服务不会影响业务时（可以通过看调用次数和使用对象来决定），可以考虑下线。（2）数据服务下线流程：数据服务必须通过数据服务下线流程才能正式下线，此流程由 IT 系统管理员发起，由 IT 所有者和业务所有者审批后，由 IT 系统管理员执行。

【典型的文件证据】

数据服务管理制度规范中有相关的流程和策略规定、数据服务管理流程和策略的过程记录。

第 3 级：稳健级
DAP-DS-L3-01：在组织层面制定了数据服务目录，方便外部用户浏览、查询已具备的数据服务。

【标准解读】

本条款要求组织梳理能够对外提供的数据服务目录，并基于 API 网关的方式，借助专门的数据服务平台 / 系统实现在服务目录中注册和开放接口。服务目录中所有标准化、通用化的接口都可以被组合与编排以满足在不同场景下的数据服务，方便外部用户浏览、查询已具备的数据服务。

【实施案例介绍】

某行政机构制定了数据服务目录：广东省省级民办职业培训学校名单、省直职业技能鉴定所名单，并将数据挂接到开放广东平台，为公众提供了查询、下载等服务（见图 5-4）。

图 5-4　对外提供的数据服务目录

【典型的文件证据】

数据服务目录或清单、数据服务平台 / 系统。

第 3 级：稳健级
DAP-DS-L3-02：统一了数据服务对外提供的方式，规范了数据服务状态监控、统计和管理功能，并由统一的平台提供。

【标准解读】

本条款要求组织利用数据服务平台统一数据服务对外提供的方式，例如基于 API 网关对所有输入输出服务进行监管，从数据层面的服务注册、服务发布、服务定义到服务审核，实现全流程的服务监控、统计和管理，以保证平台对外提供数据的健康和稳定。

【实施案例介绍】

某行政机构针对内部共享数据服务，对已使用省集中系统的各单位（厅局和各地市）通过推送方式提供数据服务，对未使用省集中系统的各单位通过接口的方式提供数据服务，并制定了《省厅跨层级数据共享服务项目》。针对外部数据共享服务（全省各厅局单位），则通过省集中系统向政数局平台提供接口的方式提供数据共享服务，并制定了《数据共享服务接口目录》。省集中系统对接口调用情况进行监控、统计，为多样化的政务服务需求提供更为实用的服务支撑。

【典型的文件证据】

数据服务提供方式的相关文档记录，数据服务平台有相关的状态监控、统计、管理等相关功能。

第 3 级：稳健级
DAP-DS-L3-03：进一步细化了数据服务安全、质量、监控等方面的要求，建立了企业级的数据服务管理制度。

【标准解读】

本条款要求组织应制定企业的数据服务管理制度，规范数据服务的管理职责和流程，并根据数据安全策略、质量规则、服务使用、性能、提供的监控情况细化数据服务的安全、质量、监控要求，更好地指导组织开展数据服务。

【实施案例介绍】

某金融企业在安全方面发布了《API 服务安全指引》《API 服务安全级别及审核要求》等制度，明确了数据服务的安全管控要求。在质量方面，发布了《API 服务检查情况表》，明确了数据服务的质量管理要求。在监控方面，发布了《API 运营安全检测要求》，明确了 API 的运营监控要求。

【典型的文件证据】

数据服务安全、质量、监控等方面分别有对应的制度规范。

第 3 级：稳健级
DAP-DS-L3-04：有意识地响应外部的市场需求，积极探索对外数据服务的模式，主动提供数据服务。

【标准解读】

本条款要求组织及时收集、了解外部市场的服务需求，结合自身数据服务能力，通过设计、部署数据产品主动为数据需求者提供优质的数据服务，在满足客户需求的基础上最大程度地实现数据价值。

【实施案例介绍】

某数字企业基于政务大数据中心的库表资源和接口资源，通过标签构建（包括企业属性标签、事项标签、政策标签、企业行为标签）和算法构建（包括事项推荐算法、政策推荐算法），为某 APP 上的注册企业进行精准推荐，协助企业及时了解相关政策、标准和政务信息。

【典型的文件证据】

外部市场需求分析的相关记录及对应的数据服务。

第 4 级：量化管理级
DAP-DS-L4-01：与外部相关方合作，共同探索、开发数据产品，形成数据服务产业链。

【标准解读】

本条款要求组织与外部单位或机构建立良好的数据服务合作模式，共同探索、开发数据产品，以更自动化、更准确、更智能的方式来发挥数据的决策价值，在各个产业部门之间基于数据服务形成链条式关联关系形态。

【实施案例介绍】

某电力企业数据服务定位是运用电力大数据技术实现跨界融合赋能，并构建了“电力数据＋社会治理”“电力数据＋金融”“电力数据＋智能制造”“电力数据＋房地产”等新业态，典型业务场景包括金融辅助贷款决策、金融风险控制、电工装备智能制造服务、房屋空置率分析等场景，探索数据增值服务。

【典型的文件证据】

基于组织的数据服务，外部单位数据应用的业务场景及成效。

第 4 级：量化管理级
DAP-DS-L4-02：通过数据服务提升组织的竞争力，并实现了数据价值。

【标准解读】

本条款要求组织能够根据客户需求开展数据服务，通过解决客户问题实现数据跨领域、跨行业的有偿或无偿的服务，提升组织竞争力，实现数据资产的经济或社会价值。

促成客户目标的实现，实现数据价值。

【实施案例介绍】

某金融机构了解到省财政厅需要掌握公务卡消费情况，便专门为省财政厅设计了查询公务卡消费流水的数据服务。公务卡消费流水的每工作日访问次数超过 200 次，有效支持了省财政厅的工作，提升了企业服务数字政府建设的竞争力。

【典型的文件证据】

客户数据服务解决方案、数据解决方案带来的收益。

第 4 级：量化管理级
DAP-DS-L4-03：对数据服务的效益进行量化评估，量化投入产出比。

【标准解读】

本条款要求组织通过量化数据服务评估对组织业务发展和业务运营的贡献度，如数据服务增加利润率，数据服务提升运营效率，数据服务专题的价值、时效、满意度等方面的综合评分等；评价数据服务的效果及数据服务团队的工作情况。

【实施案例介绍】

某电力企业对数据服务投入成本做了详细规定：数据工程类人工费率参考系统开发人工费率标准执行，数据标准化、数据判断、数据资源目录构建、数据质量治理等其他工作参考软件行业协会基准费率执行。以辅助贷款决策数据服务为例，投入约 2300 万元，总营收约 2500 万元，约 1.5 年，投入产出比为 1.05，根据产品每年支出以及未来营收估算，到第三年累计总投入 3600 万元，总营收约 8000 万元，投入产出比约 2.22。

【典型的文件证据】

数据服务投入产出评估指标体系及计算公式。

第 5 级：优化级
DAP-DS-L5-01：业界分享最佳实践，成为行业标杆。

【标准解读】

本条款要求组织能够对自身取得显著成果的数据服务经验进行总结、提炼，形成可推广和复制的方法，并在业界进行分享、应用，形成规模效应。

【实施案例介绍】

某金融企业基于多年积累的经验和能力，打造了面向银行和非银行金融机构的反洗钱系列产品，将专家经验、业务规则和机器学习等技术相融合，实现智能防控和监管报送，助力银行、基金公司等金融机构提升风控能力。中国人民银行曾多次发文向全国金融机构推广该企业反洗钱改革经验和有效做法，并在反洗钱形式通报会上多次对该企业反洗钱工作模式及系统取得的成果予以肯定，先后获得中国人民银行颁发的科技发展二等奖、金融科技应用成果大赛最佳应用奖等荣誉。

【典型的文件证据】

书籍，各种公开论坛、专题等的经验分享，国际、国家、行业各类最高奖项。

5.4　小结

随着数据应用的不断深入，引发了各领域、各行业生产模式、商业模式、管理模式的变革和创新，促使各行各业的发展从业务驱动向数据驱动转变，实体经济发展步入数字化转型、融合化创新、体系化重塑发展新时代。

在制造领域，数据应用可以打通产业链上下游之间的信息渠道，消除供求信息不对称，优化资源配置，实现供需动态平衡；在服务业领域，数据应用可以提升精准营销和服务能力，促进供求精准匹配、服务业态创新和服务质量升级；在农业领域，数据应用可以为农业增效、农民增收、农村发展提供有力支持。

目前，数据的资产化进程给各类组织带来重生、颠覆和创新，大数据的应用已成为经济转型发展的新要素。因此，组织应建立起符合自身业务和数据特点的数据应用体系和能力，通过设计、部署数据产品提供服务，实现数据资产价值的变现。数据的价值体现在决策精准、敏锐洞察，结合业务应用的数据管理不仅使数据保值增值，还将会给组织带来更加巨大的经济效益和社会效益。

数据安全

数据安全是指通过计划、制定、执行相关安全策略和规程，对数据和信息资产的全生命周期采取认证、授权、访问、加密、脱敏和审计等恰当的措施，确保数据处于有效保护和合法利用的状态，以及具备保障持续安全状态的能力。

网络安全是指网络系统的硬件、软件及其系统中的数据受到保护，不因偶然的或者恶意的原因而遭受到破坏、更改、泄露，系统连续可靠正常地运行，网络服务不中断。

信息安全是为数据处理系统建立和采用的技术、管理上的安全保护，旨在保护计算机硬件、软件、数据不因偶然和恶意的原因而遭到破坏、更改和泄露。

数据安全、网络安全与信息安全三者之间均有各自代表的领域和侧重点，既有区别也有关联。网络安全是以网络为主的安全体系，主要涉及网络安全域、防火墙、网络访问控制等场景，更多是指向整个网络空间的环境。网络信息和数据都可以存在于网络空间内或网络空间外。数据是信息的主要载体，信息则是对数据做出有意义分析的价值资产，常见的信息安全事件包括网络入侵窃密、信息泄露和信息被篡改等。数据安全则是以数据为中心，主要关注数据生存周期的安全和合规性，保护数据的安全。

数据安全能力域包含数据安全策略、数据安全管理和数据安全审计三个能力项。数据安全策略是数据安全的核心内容，制定数据安全标准和策略旨在对数据进行分级分类，并明确不同安全等级和不同类别数据相应的安全管控手段。数据安全管理是在数据安全标准与策略的指导下，开展数据分类分级管控、数据访问授权、数据加密、数据脱敏、数据安全监控等数据安全相关管理工作。数据安全审计是一项控制活动，负责定期分析、验证、讨论和改进前期制定的数据安全标准、策略以及实施的数据安全管理活动。

6.1 数据安全策略

6.1.1 概述

数据安全策略是数据安全的核心内容，是数据安全顶层规划的重要体现。数据安全策略作为企业内部的标准，是以数据为中心的企业综合安全策略，有效的数据安全策略要确保合适的人以正确的方式使用、更新和管理相应等级和类别的数据，并限制所有不适当的访问和更新数据。数据安全策略的制定与组织管理需求、监管需求以及国家相关标准息息相关，需梳理组织管理需求并满足相关标准规范，是组织数据安全管理顶层设计的重要内容，为全面开展数据安全管理工作提供依据。

6.1.2 过程描述

数据安全策略具体的过程描述如下：

a）了解国家、行业等监管需求，并根据组织对数据安全的业务需要，进行数据安全策略规划，建立组织的数据安全管理策略；

b）制定适合组织的数据安全标准，确定数据安全等级及覆盖范围等；

c）定义组织数据安全管理的目标、原则、管理制度、管理组织、管理流程等，为组织的数据安全管理提供保障。

【过程解读】

数据安全标准与策略的制定需要遵循合理的管理流程，组织数据安全的利益相关者和内外部的数据安全需求均是数据安全标准与策略的重要组成要素，对数据安全标准与策略的制定和执行构成影响。首先应制定数据安全标准与策略的相关管理流程，识别安全利益相关者并明确其在数据安全管理过程中的职责，梳理、识别组织相关的外部法律、监管等方面关于安全方面的需求和组织内部的数据安全需求，再遵循相关的管理流程制定数据安全标准与策略，并将制定后的数据标准与策略文件在组织范围内进行发布。组织需定期开展数据安全标准和策略相关的培训和宣贯，从而让组织成员知晓和了解数据安全标准和策略的内容，并据此实施数据安全管理工作。数据安全标准与策略的内容并不是一成不变的，随着组织的业务发展以及内外部环境对数据安全需求的变化，组织的数据安全标准与策略需定期进行优化和提升。

6.1.3 过程目标

数据安全策略具体的过程目标如下：

a）建立统一的数据安全标准；

b）提供适用的数据安全策略。

【目标解读】

数据安全策略的核心目标是能够建立数据安全标准与策略，以及明确数据安全利益相关者、内部数据安全需求、外部法律、监管等方面关于安全方面的需求等，并能够据此指导数据安全管理，确保数据处理的全过程安全，包括数据的收集、存储、使用、加工、传输、提供、公开。

6.1.4 能力等级标准解读

第1级：初始级
DSE-DSP-L1-1：在项目中设置了数据安全标准与策略，并在文档中进行了描述。

【标准解读】

本条款要求组织至少能够在某一个具体的信息化或数字化项目中编制了数据安全标准与策略文件。

【实施案例介绍】

某组织在某信息化或数字化项目中编制了数据安全标准与策略，基于合规风险大小、用户敏感程度和数据潜在价值等多方面因素，将用户数据从宽松到严格划分为S4、S3、S2、S1、S0五个安全等级，并明确了每个等级的用户数据的主要特征。该项目的数据安全策略规定了数据生命周期安全原则和防护要求，建立覆盖数据采集、传输、存储、使用、删除及销毁过程的安全框架，形成了项目层面的数据安全策略。

【典型的文件证据】

信息化或数字化项目实施方案中数据安全标准与策略相关文件。

第2级：受管理级
DSE-DSP-L2-1：业务部门内部建立了数据安全标准、管理策略和管理流程。

【标准解读】

本条款要求组织至少能够在某业务部门内制定数据安全标准与策略的管理流程或制度文件的通用管理流程，并形成了部门内统一的数据安全标准与策略。

【实施案例介绍】

某组织的某业务部门在内部建立了针对数据制度的管理办法，统一了对各类数据相关制度的制定、审批、发布、执行、检查、修订、废止等各环节的管理流程，用以指导数据安全标准和策略的制定。同时，该业务部门根据数据安全性遭受破坏后的影响对象和所造成的影响程度，将数据安全级别从高到低分为4级、3级、2级、1级，并明确了各级数据特征。该业务部门制定了数据安全管理细则作为数据安全策略，建立覆盖数据采集、使用、存储、交换、传输、销毁全生命周期过程的安全框架和防护要求，以确保数据的安全性、完整性、一致性、保密性，规范行内数据管理，杜绝一切由于人为或其他原因造成的数据丢失、损坏、外泄等事件的发生，保证数据安全。

【典型的文件证据】

部门级别的制度管理办法、数据安全标准和数据安全策略。

第 2 级：受管理级
DSE-DSP-L2-2：业务部门内部识别数据安全利益相关者。

【标准解读】

本条款要求组织的某个业务部门在制定数据安全标准和策略前，应当识别数据安全利益相关者，如数据安全策略制定者、数据安全相关管理人员和数据安全审计人员等。

【实施案例介绍】

某组织的业务部门建立了数据安全人员岗位职责表，识别了数据安全利益相关者，规范了其在数据安全管理过程中的职责，如数据安全运营岗、数据安全检查人员、数据安全审计人员等岗位。

【典型的文件证据】

部门级别的数据安全利益相关者名单。

第 2 级：受管理级
DSE-DSP-L2-3：业务部门内部数据安全标准与策略的建立能遵循合理的管理流程。

【标准解读】

本条款要求组织在某业务部门内制定数据安全标准与策略的管理流程或制度文件的通用管理流程，并且依据文件的管理流程对数据安全标准与策略进行制定、审批、发布、执行、检查、修订、废止等。

【实施案例介绍】

某组织的某业务部门制定了制度文件的通用管理办法和管理流程，在编写完成数据安全标准和策略后，相关人员通过 OA 的发文流程发布，由办公室负责人审核、核稿，由发布数据安全标准和策略的部门校对并提出校对意见，再提交部门领导审批后发布。

【典型的文件证据】

某业务部门发布数据安全标准与策略的审批流程记录。

第 3 级：稳健级
DSE-DSP-L3-1：建立组织统一的数据安全标准以及策略并正式发布。

【标准解读】

本条款要求组织识别数据安全利益相关者并明确其在数据安全管理过程中的职责，梳理、识别组织相关的外部法律、监管等关于安全方面的需求和组织内部的数据安全需求，制定组织统一的数据安全标准以及策略，并通过相应的管理流程在组织层面正式发布。

【实施案例介绍】

某金融企业以 JR/T 0197—2020《金融数据安全　数据安全分级指南》为依据，根据数据安全性遭受破坏后的影响对象和所造成的影响程度，将数据安全级别从高到低划分为 5 级、4 级、3 级、2 级、1 级，明确各级数据具有的特征。组织参考《金融数据安全 数据生命周期安全规范》国家标准，制定了数据安全策略，规定了数据生命周期安全原则和防护要求，建立覆盖数据采集、传输、存储、使用、删除及销毁过程的安全框架，形成了一套完整的数据安全策略。

【典型的文件证据】

组织级的数据安全管理办法、数据安全分级规范、数据安全管理细则等。

第 3 级：稳健级
DSE-DSP-L3-2：规范了组织数据安全标准与策略相关的管理流程，并以此指导数据安全标准和策略的制定。

【标准解读】

本条款要求组织应当制定数据安全标准与策略的管理流程或数据安全制度文件的通用管理流程，通过制度来规范数据安全标准与策略的制定、发布、执行、修订等管理流程。

【实施案例介绍】

某金融企业建立了针对数据制度的管理办法，统一了对各类数据相关制度的制定、审批、发布、执行、检查、修订、废止等各环节的管理流程，用以指导数据安全标准和策略的制定。在编写完成数据安全标准和策略后，相关人员通过 OA 的发文流程发布，由办公室负责人审核、核稿，由发布数据安全标准和策略的部门校对并提出校对意见，再提交部门领导审批。

【典型的文件证据】

组织级的制度管理办法、发布数据安全标准与策略的审批流程记录。

第 3 级：稳健级
DSE-DSP-L3-3：数据安全标准与策略制定过程中能识别组织内外部的数据安全需求，包括外部监管和法律的需求。

【标准解读】

本条款要求组织应识别数据安全利益相关者，明确其在数据安全管理过程中的职责，定期收集数据安全利益相关者的需求。同时，以组织的行业或业务为依据，梳理、识别组织相关的外部法律、监管等方面关于数据安全的需求。

【实施案例介绍】

某企业梳理了一系列外部监管和法律对数据安全的需求，形成需求清单，编制成PPT用于员工培训，如法律层级包括数据安全法、网络安全法、民法典，行业监管文件包括《征信业管理条例》《中国人民银行关于进一步加强征信信息信息安全管理的通知》《金融数据安全　数据安全分级指南》等。

【典型的文件证据】

外部法律、监管等方面关于安全方面的需求清单，内部数据安全需求清单。

第3级：稳健级
DSE-DSP-L3-4：规范了数据安全利益相关者在数据安全管理过程中的职责。

【标准解读】

本条款要求组织在制定数据安全标准和策略前，应当识别数据安全利益相关者，如有数据安全策略制定者、数据安全相关管理人员和数据安全审计人员等，并明确其在数据安全管理过程中的职责。

【实施案例介绍】

某组织建立了《数据安全人员岗位职责表》，规范了数据安全利益相关者在数据安全管理过程中的职责。公司的数据安全管理工作由信息安全部门负责，信息安全部负责日常具体数据安全工作的组织和协调，该部门设立了数据安全运营岗、数据安全监察人员、数据安全审计人员等岗位，并详细描述了各岗位的职责，如数据安全负责人负责对数据安全制度的具体实施、落地和把控，数据安全监察人员负责对数据负责人和其他数据安全从业人员的管理与考核，数据安全审计人员负责对数据安全风险的评估、检测和提出优化建议。

【典型的文件证据】

数据安全利益相关者名单、数据安全岗位职责表、数据安全相关岗位说明书。

第3级：稳健级
DSE-DSP-L3-5：定期开展数据安全标准和策略相关的培训和宣贯。

【标准解读】

本条款要求组织应当在发布、修订数据安全标准和策略后，制定数据安全培训方案，明确数据安全标准和策略相关的培训计划，定期组织数据安全利益相关者开展相关的培训和宣贯，使组织内的数据利益相关者清楚组织数据安全标准和策略中新增、废止的内容，便于其更好地开展数据安全管理工作。

【实施案例介绍】

某企业制定了《数据安全标准和策略培训计划》，定期开展数据安全标准和策略相关的培训和宣贯。培训计划包含了培训需求与目标、培训策略和培训计划等内容，组织对业务管理人员、数据技术人员、数据安全管理人员和数据安全审计人员提供组织层面的数据安全策略的培训，使利益相关者更好地开展数据安全相关技术、管理和审计工作。

【典型的文件证据】

组织层面的数据安全标准和策略相关培训或宣贯的计划、通知、教材和签到表。

第4级：量化管理级
DSE-DSP-L4-1：数据安全标准和策略的制定能符合国家标准或行业标准的相关规定。

【标准解读】

本条款要求组织层面应认识到数据是组织的战略资产，在制定数据安全标准和策略前应梳理和识别相关国家标准或行业标准的要求，在制定数据安全标准和策略时充分考虑国家标准或行业标准的相关规定。

【实施案例介绍】

某组织以JR/T 0197—2020《金融数据安全　数据安全分级指南》为依据，根据数据安全性遭受破坏后的影响对象和所造成的影响程度，将数据安全级别从高到低划分为5级、4级、3级、2级、1级，明确各级数据具有的特征。将业务数据、业务参数、技术参数等数据资产分为内部敏感（包括商密AAA、商密AA、商密A）和外部公开。根据遭到未经客户信息主体授权的查看或未经客户信息主体授权的变更后所产生的影响和危害，将个人客户信息按敏感程度从高到低分为C3、C2、C1三个类别。商密AAA、商密AA、商密A与C3、C2、C1均分别与4级、3级、2级金融数据一一对应。

【典型的文件证据】

组织级数据安全标准和策略、制定数据安全策略依据的国家标准或行业标准的清单。

第 4 级：量化管理级
DSE-DSP-L4-2：梳理和明确了组织相关的外部法律、监管等方面关于安全方面的需求列表，并和组织的数据安全标准和策略进行了关联。

【标准解读】

本条款要求组织应当基于自身数据战略、实际情况和行业性质，梳理、分析国家政策、外部法律、监管要求、组织现状、客户需求、国内外行业标杆、技术发展趋势等对组织数据安全策略产生影响的因素，识别获取与组织数据安全方面相关的需求，形成需求列表作为组织级数据安全标准与策略的重要依据，据此制定数据安全标准与策略。同时，将需求列表与组织现行数据安全标准和策略的关联处进行梳理并形成清单，以便维护组织的数据安全策略和标准与组织相关的外部法律、监管等方面关于安全要求的联系。

【实施案例介绍】

某电力企业高度重视外部监管及法律法规在数据安全方面的要求，为加强法律法规在数据安全政策的贯彻执行，企业发布通知，要求数据安全管理团队定期识别并收集组织内外部数据安全相关的法律法规，形成组织应遵循的《数据安全相关法律法规列表》。《数据安全相关法律法规列表》涵盖数据安全相关的法律法规、信息安全标准、数据跨境安全标准、工业互联网信息安全标准，共计四大类、103 个数据安全法律法规。

数据安全管理团队参考《国家电网有限公司数据分类分级指南》等国家及行业标准，制定符合标准要求的数据安全标准和策略，依据《数据安全相关法律法规列表》中的要求，制定了《数据管理实施细则》《数据生命周期管理工作规范》等管理制度文件。数据安全管理团队建立了法律法规与制度对应的清单，维护数据安全管理制度与法律法规、外部监管要求的关联关系。

【典型的文件证据】

组织梳理的相关法律法规、外部监管等方面关于数据安全的需求列表，并和组织的数据安全标准与策略进行了关联的证据。

第 4 级：量化管理级
DSE-DSP-L4-3：能根据内外部环境的变化定期优化提升数据安全标准与策略。

【标准解读】

本条款要求组织应当建立数据安全标准与策略优化提升有关的团队，必要时由组织主要领导推动实施，成员有数据安全相关职能和层级的主管领导、参与数据安全标准与策略制定的人员、数据安全管理人员、负责审计的人员以及组织内数据安全的利益相关者等。该团队负责关注业内对标的组织的数据安全策略工作、外部法律和监管要求的变化，定期对组织的数据安全标准与策略进行检查和复审。团队根据复审结果，从组织自身全局利益出发，结合组织实际情况制定优化方案，同时，优化方案应与组织的数据战略保持一致。

【实施案例介绍】

某电力企业的数据安全管理团队负责收集各业务部门数据安全管理制度的执行情况，定期组织各业务部门专家对执行情况进行讨论，及时修订不符合要求的数据安全管理策略及标准，同步更新数据安全管理制度，修订后的制度经互联网部审批后重新发布。例如《数据安全防护管理指导意见》发布后，根据制度执行反馈情况进行了修订，数据安全管理员在“数据共享”章节中加入了数据共享传输应遵循的安全规范，在“数据安全监控”章节中加入了数据安全监控的范围以及应对措施等内容。数据安全管理团队将优化的结果统一记录在《数据安全管理标准和策略优化》记录表中。

【典型的文件证据】

规定组织定期优化数据安全标准和策略的制度文件、定期优化数据安全标准和策略的实施证据。

第 5 级：优化级
DSE-DSP-L5-1：参与数据安全相关国家标准的制定。

【标准解读】

本条款要求组织在数据安全策略制定方面具备行业领先能力，作为行业标杆能够对行业内的数据安全相关标准制定提供指导，参与或者主导数据安全相关国家标准的制定。

【实施案例介绍】

某企业被公认为所处行业的数据安全标准标杆企业，多次获得国家级别的数据安全标准相关奖项，并且近期多次参与数据安全标准大会的演讲与经验分享。该企业还参与了数据安全相关国家标准制定工作。如图 6-1 所示，某企业参与了 GB/T 38667—2020《信息技术　大数据　数据分类指南》的编制，并在该标准所列出的起草单位中排名靠前。

【典型的文件证据】

数据安全相关国家标准及组织署名页。

GB/T 38667—2020

前　言

本标准按照 GB/T 1.1—2009 给出的规则起草。

请注意本文件的某些内容可能涉及专利。本文件的发布机构不承担识别这些专利的责任。

本标准由全国信息技术标准化技术委员会(SAC/TC 28)提出并归口。

本标准起草单位：中国科学院信息工程研究所(信息安全国家重点实验室)、国家信息中心、浪潮软件集团有限公司、智慧神州(北京)科技有限公司、方正国际软件(北京)有限公司、国网安徽省电力有限公司(电力科学研究院)、中国铁道科学研究院集团有限公司、中国电子技术标准化研究院、上海三零卫士信息安全有限公司、联通大数据有限公司、中国保险信息技术管理有限责任公司、九次方大数据信息集团有限公司、中电长城网际系统应用有限公司、广东电网有限责任公司信息中心、中电科大数据研究院有限公司、北京大学、山东省计算中心(国家超级计算济南中心)。

本标准主要起草人：陈驰、马红霞、马书南、田雪、高亚楠、黄先芝、单震、张慧敏、张煜、顾广宇、吴艳华、郑金子、尹卓、叶林、于露、关泰璐、李燕超、郎佩佩、闵京华、魏理豪、禄凯、张吉才、冯念慈、赵俊峰、史丛丛、孙嘉阳。

图 6-1　GB/T 38667—2020《信息技术　大数据　数据分类指南》起草单位

第 5 级：优化级
DSE-DSP-L5-2：在业界分享最佳实践，成为行业标杆。

【标准解读】

本条款要求，组织应参与近期数据安全策略领域的公开演讲，获得有分量的奖项等，该企业应能主导行业的数据安全标准工作，能证明该组织在数据安全策略领域达到业界领先的水平。

【实施案例介绍】

国家工信安全中心与华为联合发布的《数据安全白皮书》，是国内首部聚焦国家数据战略，基于数据安全存储研究的白皮书，具有较强的前瞻性、创新性和战略性。该白皮书全面梳理了全球新经济形态以及主要经济体的数据战略，剖析了数据安全在新产业生态中的需求与挑战，提出了数据安全总体策略及治理思路。在此基础上，深入分析了我国数据安全产业、技术、法律法规现状，从提升数据安全产业基础能力、加快研究和应用数据安全防护技术、强化法律法规在数据安全主权的支撑保障作用三方面，展望数据安全发展未来，提出数据安全发展建议，为行业发展提出借鉴和参考，助力产业数字化和数字产业化安全发展。

【典型的文件证据】

数据安全策略实践分享的相关报道、获奖、著作等。

6.2　数据安全管理

6.2.1　概述

数据安全管理是组织数据安全策略落地的重要体现。其核心是在数据安全标准与策略的指导下，通过对数据访问的授权、分类分级的控制、监控数据的访问等安全控制措施进行数据安全的管理工作，目的是满足组织数据安全的业务需要和监管需求，实现组织内部对数据生存周期的数据安全管理。该能力项的设定为组织在人员、系统、设备等层面具体落实数据安全管理策略提供遵循。

6.2.2　过程描述

数据安全管理具体的过程描述如下：

a）数据安全等级的划分，根据组织数据安全标准，充分了解组织数据安全管理需求，对组织内部的数据进行等级划分并形成相关文档；

b）数据访问权限控制，制定数据安全管理的利益相关者清单，围绕利益相关者需求，对其数据访问、控制权限进行授权；

c）用户身份认证和访问行为监控，在数据访问过程中对用户的身份进行认证识别，对其行为进行记录和监控；

d）数据安全的保护，提供数据安全保护控制相关的措施，保证数据在应用过程中的隐私性；

e）数据安全风险管理，对组织已知或潜在的数据安全进行分析，制定防范措施并监督落实。

【过程解读】

数据安全管理要求组织应理解组织内外部数据安全需要以及法律法规等外部监管要求，根据已整理好的法律法规、外部监管、组织数据战略、组织现状、业务流程和数据安全标准与策略等，对组织内数据进行全面安全等级划分，并形成相关文档或在相关平台工具中进行应用。在进行数据全面划分级别的基础上，识别数据安全管理的利益相关者，制定数据安全管理的利益相关者清单，如组织各层级负责人、数据安全管理人员、财务人员、各业务部门涉及使用或调用的人员等，并明确不同层级、岗位人员的数据需求。围绕利益相关者的数据需求，为其分配相应的访问权限，对其访问权限进行控制，在各数据安全利益相关者的数据访问过程中，对其身份进行认证识别，记录和监控各用户的数据访问行为。组织应运用脱敏、加密、过滤等相关措施，对数据进行安全保护，保证数据在应用过程中的隐私性。在数据安全风险管理方面，组织应分析已知或潜在的数据安全风险，评估风险等级，并制定和实施风险预防方案。

6.2.3 过程目标

数据安全管理具体的过程目标如下：

a）对组织内部的数据进行分级管理，重点关注数据的管理需求；

b）对数据在组织内部流通的各个环节进行监控，保证数据安全；

c）分析潜在的数据安全风险，预防风险的发生。

【目标解读】

数据安全管理的核心目标是组织根据外部监管需求、已制定的数据安全标准与策略、组织的数据战略和组织自身数据安全管理的需求，对组织内部的数据全面划分安全等级。制定数据安全管理的利益相关者清单，对所有可能的数据访问用户进行权限控制及行为监控。针对数据本身采取脱敏、加密、过滤等相关保护措施保障数据的隐私性。同时，定期对已知或未知的数据安全风险进行监控和分析，明确要点，制定并落实整改措施。

6.2.4 能力等级标准解读

第 1 级：初始级
DSE-DSM-L1-1：在项目中进行了数据访问授权和数据安全监控。

【标准解读】

本条款要求组织某部门在某项目实施过程中，在涉及数据安全管理时，通过给用户分配数据访问权限、监控用户和系统行为的方式，识别异常行为，避免数据安全风险事件发生。

【实施案例介绍】

某金融企业在项目中通过堡垒机和前置机实现访问控制和数据的安全授权，组织印发了《堡垒机安全管理规范》，明确了堡垒机管理流程和安全管理要求等。堡垒机管控流程为：堡垒机账号申请—前置机创建—前置机关联—服务器资源关联—堡垒机特权开通—前置机维护—堡垒机账号锁定 / 删除—前置机删除、回收—堡垒机安全策略制定、审核、检查—堡垒机监控。

【典型的文件证据】

信息化或数字化项目实施方案中数据访问授权或数据安全监控的内容，实施数据访问授权或数据安全监控的工具。

第 2 级：受管理级
DSE-DSM-L1-2：对出现的数据安全问题进行分析和管理。

【标准解读】

本条款要求组织可授权项目管理人员对研发的系统、项目相关数据等相应的访问权限，通过监控、审批等方式分析系统和人员处理数据时的行为，并对出现的数据安全问题进行管理。

【实施案例介绍】

某企业在运行数字化项目过程中发现存在客户个人信息泄露问题，经分析发现是由于尚未对系统中的个人信息等敏感数据进行脱敏处理，随即引入数据脱敏工具对敏感数据实施脱敏处理。

【典型的文件证据】

《某项目数据安全问题监控记录表》《某项目数据安全问题分析记录》《某项目数据安全问题跟踪管理表》。

第2级：受管理级
DSE-DSM-L2-1：依据数据安全标准在业务部门内部对数据进行安全等级的划分。

【标准解读】

本条款要求组织的某个业务部门明确外部监管和数据安全利益相关的需求，建立数据安全标准与策略，并由部门主管领导、安全专家、业务骨干和技术骨干等共同对部门内的数据进行安全等级划分。数据安全分级的步骤一般为：初步设定部门数据安全级别，由部门主管领导、安全专家、业务骨干和技术骨干共同评审其合理性，根据评审结果调整数据安全级别。

【实施案例介绍】

某企业的业务中台部梳理了相关的法律法规和外部监管需求，收集了部门内部的数据安全管理需求，制定了数据安全标准和策略，并开始对部门内的数据实施数据安全等级划分及数据分类。该部门内部数据分为客户、业务、科技和管理等类别，并根据其数据安全性遭受破坏后的影响对象和所造成的影响程度，将数据安全级别划分为4个等级。

【典型的文件证据】

部门级的数据安全标准与策略、部门级数据安全分级表。

第2级：受管理级
DSE-DSM-L2-2：业务部门内部进行了数据利益相关者需求的识别，并进行数据访问授权以及数据安全保护。

【标准解读】

本条款要求组织的某个业务部门应当识别数据安全利益相关者的需求，如不同数据安全利益相关者对于数据获取、使用、传输、分析、共享和销毁的需求，对数据进行权限分配和访问控制，采用技术、管理手段对相关系统和数据制定并实施相应的防护措施。

【实施案例介绍】

某电力企业的某业务部门识别数据安全利益相关者的需求，通过某系统工具给不同用户授权。系统工具的权限管理实现了对人员身份的统一认证、统一管理、统一授权，依据数据安全管理策略，为不同用户分配了不同的数据访问权限。

【典型的文件证据】

《某业务部门数据利益相关者需求清单》、某业务部门进行数据访问授权的工具界面截图、某业务部门进行数据安全保护的工具界面截图。

第 2 级：受管理级
DSE-DSM-L2-3：业务部门内部进行了数据访问、使用等方面的监控。

【标准解读】

本条款要求组织某个业务部门应当对部门内部人员进行权限分配和访问控制，并监控部门内部人员的数据访问、使用行为，识别异常行为，避免数据安全风险事件发生。

【实施案例介绍】

某电力企业某部门使用监测平台对数据进行全生命周期的安全监控，平台首页可实时展示敏感应用、敏感服务、安全事件预警、负面清单调用统计 TOP 排行、应用系统方面负面清单 TOP 排行、数据安全基线预警等信息。平台可实时掌握数据中台被访问数据的访问时间、被访问的表、被调用的服务、被访问的应用系统、是否属于负面清单等信息等。

【典型的文件证据】

某业务部门对数据访问、使用等监控的工具界面截图。

第 2 级：受管理级
DSE-DSM-L2-4：业务部门内部对潜在数据安全风险进行了分析，制定了预防措施。

【标准解读】

本条款要求组织某个业务部门应开展信息系统数据安全风险评估等相关活动，对部门内数据、系统的潜在数据安全风险进行分析并制定相应的预防措施。由于上述措施仅是部门级的行为，因此组织内不同部门的措施可能不尽相同。

【实施案例介绍】

某金融企业的业务部门定期对部门内部的潜在数据安全风险进行分析，对风险事件的类型、分级等维度进行分析，形成风险量趋势图，发布整改通知书，整改相关负责人反馈整改反馈表。

【典型的文件证据】

《某业务部门开展数据安全风险评估通知》《某业务部门数据安全风险评估记录表》《某业务部门数据安全风险预防方案》。

第3级：稳健级
DSE-DSM-L3-1：组织对数据进行了全面的安全等级划分，每级数据的安全需求能清晰定义，安全需求的责任部门明确。

【标准解读】

本条款要求组织应全面梳理内部的数据，根据“DSE-DSP-L3-1：建立组织统一的数据安全标准以及策略并正式发布”条款所正式发布的数据标准，由组织数据安全主管领导、安全专家、业务骨干和技术骨干等共同对组织内的数据进行全面的分级分类，形成文档形式的数据资产等级划分表，数据资产等级划分表中需清晰定义每级数据的安全需求和相关责任部门，同时，在工具平台中实现对所有数据的分级分类。

【实施案例介绍】

某企业根据已发布的数据安全标准要求，制定了数据资产清单，对数据进行了全面的安全等级划分，将组织的数据从高到低分别划分为四级（高敏感数据）、三级（一般敏感数据）、二级（内部数据）、一级（公开数据），并在数据资产清单中明确了数据列名、数据总量、数据分类、数据敏感级别分级、分布存储位置、关联的表和责任部门等内容。

【典型的文件证据】

组织级的数据安全标准与策略、组织级的数据安全分级表、组织级的内外部数据需求清单等。

第3级：稳健级
DSE-DSM-L3-2：根据外部监管定义数据范围，能清楚地定义外部监管对数据的安全需求。

【标准解读】

本条款要求组织应梳理、识别组织相关的外部法律、监管等方面关于数据安全的需求和组织内部的数据安全需求，组织能够根据外部监管定义数据安全管理的数据范围，制定满足外部监管的安全管理措施。

【实施案例介绍】

某企业梳理了《中华人民共和国数据安全法》、GB/T 35273—2020《信息安全技术　个人信息安全规范》、工信部2013年24号令《电信和互联网用户个人信息保护规定》等国家法律、国家标准和行业监管要求的条款清单，结合以上组织内外部数据安全需求，制定了数据安全规范文件《公司IT系统用户信息敏感数据安全分级规范》，并在规范文件中将以上国家法律、国家标准和行业监管文件作为该文档的制定依据。

【典型的文件证据】

《外部监管对数据的安全需求清单》、根据外部监管需求制定的《数据安全管理办法》。

第3级：稳健级
DSE-DSM-L3-3：围绕数据生存周期，了解组织内利益相关者的数据安全需求，并对数据进行了安全授权和安全保护。

【标准解读】

本条款要求组织应当识别数据安全利益相关者的需求，如有机会接触敏感数据的人员、数据安全相关管理人员以及数据安全审计人员等需求，围绕数据采集、存储、传输、处理、交换和销毁的数据生存周期对数据进行权限分配和访问控制，采用技术、管理手段对相关系统和数据制定并实施相应的防护措施。

【实施案例介绍】

某企业的数据安全工程师负责大数据平台数据的安全授权和安全保护工作，当出现大数据平台的授权需求时，可通过OA系统提交账号申请，由数据智能事业部的数据安全工程师及相关负责人进行审批，审批通过后即可开通大数据平台账号。数据安全工程师可对大数据平台账号分配相应的权限，包括授权该账号的数据密级、异步请求数据行数限制、用户优先级、数据资产和关联系统等，同时数据安全工程师可根据组织利益相关者的需求实施数据脱敏、数据加密、数据安全监控等数据安全管理活动。

【典型的文件证据】

《组织层面的访问控制管理制度》《组织数据安全利益相关者关于数据授权和安全保护的需求清单》和组织层面的数据权限分配和控制的工具截图、组织层面的其他安全防护措施的工具截图。

第 3 级：稳健级
DSE-DSM-L3-4：能对数据生存周期进行安全监控，及时了解可能存在的安全隐患。

【标准解读】

本条款要求组织应当使用相应的平台工具对组织内流动的数据实施全生命周期的监控，覆盖数据采集、存储、传输、处理、交换和销毁等过程，识别异常行为、异常数据等数据安全隐患，避免数据安全风险事件发生。

【实施案例介绍】

某金融企业使用大数据平台的数据保护伞模块对数据生存周期进行安全监控，通过手工打标、风险规则、AI 算法等多种方式，识别威胁数据安全的潜在风险，及时了解可能存在的安全隐患，数据保护伞可对数据访问人员的访问类型、操作数量、SQL（结构化查询语言）详情和风险状态进行监控。

【典型的文件证据】

相关平台工具对数据生存周期进行安全监控的截图、《监控发现数据安全隐患清单》。

第 3 级：稳健级
DSE-DSM-L3-5：对于不同的数据使用对象，通过数据脱敏、加密、过滤等技术保证数据的隐私性。

【标准解读】

本条款要求组织应当根据已识别的数据安全利益相关者名单以及每级数据的不同安全需求，对不同等级不同类别的数据使用对象采取数据脱敏、加密、过滤等综合的安全技术手段进行安全防护。

【实施案例介绍】

某金融企业使用数据静态脱敏系统对不同的数据使用对象进行数据脱敏操作，数据安全管理员创建的新用户，根据不同数据利益相关者的需求将不同用户和已添加的相应数据源进行绑定，当不同的用户绑定不同的数据源时，各个用户的操作相互隔离，互不影响。绑定后，用户可以对数据源进行脱敏操作，脱敏操作包括数据使用申请、脱敏方案审核、脱敏任务审核、数据分发操作等。

【典型的文件证据】

《组织层面的数据脱敏、加密、过滤等技术的相关规范文档》和对于不同对象使用不同技术保障数据隐私性的工具平台截图。

第 3 级：稳健级
DSE-DSM-L3-6：定期开展数据安全风险分析活动，明确分析要点，制定风险预防方案并监督实施。

【标准解读】

本条款要求组织的数据安全管理团队以及审计团队应定期开展数据安全风险评估，分析、发现、汇总数据安全问题等相关活动，对组织内数据、系统的潜在数据安全风险进行分析，制定相应的预防措施并监督实施。

【实施案例介绍】

某电力企业定期由数据安全管理团队开展数据安全风险分析及预防活动，数据安全管理团队建立并维护《基础合规风险库》，该风险库收集了风险内容、风险等级、风险控制措施、风险归口部门等，为各部门识别数据安全风险提供依据。某电力企业制定《数字运营中心风险应急预案及快速恢复方案》，成立数据安全应急工作小组，负责数据安全风险应急事件的处理。该方案制定了数据安全风险事件的应急处理流程和应急处理预案，有效指导各部门开展数据安全风险防护工作，同时方案要求对已发生的数据安全事件进行总结，并找到安全事件发生的根源，杜绝类似安全事件的再次发生。

在实施层面，某电力企业采用“敏感数据资产检测平台”监控数据安全的风险，明确数据中平台数据的具体风险点。例如平台可监控某个 IP 地址访问负面清单的次数，以此评估该 IP 地址的风险等级系数，在平台中对该 IP 地址进行综合风险评分，并持续监控该 IP 地址的操作，进而降低平台监控数据的安全风险系数。

【典型的文件证据】

《开展数据安全风险分析活动的通知》《数据安全风险预防方案》和实施数据安全风险预防方案的工具截图。

第 3 级：稳健级
DSE-DSM-L3-7：定期汇总、分析组织内部的数据安全问题，并形成数据安全知识库。

【标准解读】

本条款要求组织在实施权限控制、数据加密、数据脱敏、数据过滤、数据全生命周期安全监控、数据安全风险分析等安全管控措施后，定期汇总组织内部产生的数据安全问题，并制定相应的预防措施，形成数据安全知识库。

【实施案例介绍】

某电力企业采用各类监控平台定期汇总分析数据安全问题，并制定数据安全问题的解决措施，形成数据安全知识库，知识库收录了数据安全相关的隐患、风险事件，以及相应的原因分析和预防方案等。如针对数据泄露的风险问题，原因是数据权限控制不严、尚未实施数据加密工作和数据安全意识不强等问题，相应的解决措施为：严格控制开发人员对系统数据的导出权限，尽快推出数据加密和脱敏工具，加强数据安全意识宣传等。

【典型的文件证据】

数据安全相关知识库文档或截图。

第 3 级：稳健级
DSE-DSM-L3-8：新的项目建设中能按照数据安全要求进行数据安全等级划分、数据安全控制等。

【标准解读】

本条款要求组织将已发布的数据安全标准和策略纳入新建项目的实施方案中，以此指导新项目中数据安全等级划分、数据安全控制等数据安全建设，在项目投入使用后其数据和安全控制措施能够持续与组织的数据安全标准和策略保持统一。

【实施案例介绍】

某金融企业正在建设公司级的信贷管理系统，该系统的研发团队在制定项目文件时增加了组织级的数据安全标准和策略内容，将信贷数据的安全级别按照数据标准要求从高到低分别划分为 5 级、4 级、3 级、2 级、1 级。同时，参考组织级的数据安全策略，规定了信贷数据生命周期安全防控措施和防护要求，如访问控制、数据加密、数据脱敏、数据安全监控等措施。研发团队建设该系统时将上述标准嵌入到系统数据属性中，使得新建项目的数据分级方式与组织的数据分级保持一致，并在后续运行该系统时统一参考数据安全策略，对信贷数据实施数据安全管控。

【典型的文件证据】

《新建项目实施方案》（需包含关于数据安全等级划分、数据安全控制等相关证据）。

第 3 级：稳健级
DSE-DSM-L3-9：定期开展数据安全相关培训和宣贯，提升组织人员数据安全意识。

【标准解读】

本条款要求组织应在每年初或年末制定数据安全培训和宣贯计划，明确培训内容、培训周期、培训时间和涉及人员等。在完成培训或宣贯后，应开展线上或线下的考核以保证数据安全培训和宣贯的效果。

【实施案例介绍】

在数据安全培训方面，某金融企业定期召开数据安全、员工安全意识、个人信息保护合规意识等培训。

每期培训均为员工准备培训材料，数据安全培训材料中包含了国内数据泄露当前现状，梳理了相关数据安全法规监管要求、相关数据安全国家标准、单位数据安全规范等清单，同时为员工提供相关的案例分享，并从技术角度向员工讲解如何防范数据泄漏。

【典型的文件证据】

《数据安全培训和宣贯计划》《数据安全培训和宣贯材料》《数据安全培训和宣贯通知》《数据安全培训和宣贯签到表》和数据安全培训和宣贯照片。

第 4 级：量化管理级
DSE-DSM-L4-1：定义了数据安全管理的考核指标和考核办法，并定期进行相关的考核。

【标准解读】

本条款要求组织应建立数据安全管理相关的考核办法，制定数据安全管理等相关的考核指标，定期对相关人员和数据安全管理活动的效果进行量化考核，并发布考核报告。

【实施案例介绍】

某电力企业建立了数据账号管理规范率、数据安全核查工作完成率、数据安全管理任务完成率、数据安全运营工作完成率四个考核指标，明确了考核指标的计算公式、指标单位、指标类型、评价方法、数据来源、目标值等，上述指标的目标值均为100%。数据安全管理团队定期对集团数据归口管理部门、各处数据管理部门、各地市公司数据中心的数据安全管理工作进行考核，并进行考核通报，例如 2021 年 7 月的工作通报中，记录了下级 17 个单位数据安全指标的考核结果，对未达到考核指标的单位进行通报，加强了集团及各地市公司对数据安全工作的重视。

【典型的文件证据】

《数据安全管理考核办法》《数据安全管理考核指标》《数据安全管理考核报告》。

第 4 级：量化管理级
DSE-DSM-L4-2：定期总结数据安全管理工作，在组织层面发布数据安全管理工作报告。

【标准解读】

本条款要求组织定期总结现阶段组织数据安全管理工作总体情况、优秀经验以及不足之处，制定数据安全管理工作报告，并在内部公开发布。

【实施案例介绍】

某金融企业对数据安全态势进行监控，定期发布信息安全运营报告——数据安全专项，报告重点汇报数据安全管理工作的开展情况、近期工作重点、数据安全风险及问题，并提出数据安全工作的改善建议。组织开展常态化运营保障工作，每日开展安全监测、分析、研判和处置工作，包括外部攻击态势分析、服务器安全分析、数据安全运营分析、办公安全运营分析和外部资产运营分析等工作。

【典型的文件证据】

《数据安全管理工作报告》。

第4级：量化管理级
DSE-DSM-L4-3：重点数据的安全控制可落实到字段级，明确核心字段的安全等级和管控措施。

【标准解读】

本条款要求组织对数据安全管控的颗粒度可精确至字段级，重点数据的安全控制应落实到字段级，明确各字段尤其是核心字段的数据安全级别和管理措施，并对重点字段开展相应安全防护。

【实施案例介绍】

某企业编制了数据资产清单，清单包含数据列名、数据总量、数据分类、数据敏感级别分级、归口部门等内容，同时将清单中的信息同步到数据安全管理平台中，在平台工具中明确了核心字段的安全等级和管控措施，将重点数据的安全控制落实到字段级。

【典型的文件证据】

《核心字段的数据安全分级标准和策略》和能落实到字段级的安全管控措施的平台工具截图。

第5级：优化级
DSE-DSM-L5-1：能主动预防数据安全风险，并对已发生的数据安全问题进行溯源和分析。

【标准解读】

本条款要求组织能够评估数据安全管理的建设，通过建立数据安全风险防范机制，设立防范数据安全风险相关人员，使用平台工具进行监控等各项措施主动预防数据安全风险。同时，对已发生的数据安全问题进行溯源和分析，了解其源头和根本原因，制定相关的解决防范和预防方案。

【实施案例介绍】

某企业数据安全管理团队定期监控数据安全风险变化，编写《数据安全现状与风险评估报告》，报告从数据安全组织建设、流程制度、技术手段等方面对风险进行了评估，向各部门发布可能存在的数据安全风险，为杜绝数据安全隐患起到了预防作用。同时，数据安全管理团队对数据安全态势进行监控，组织开展常态化运营保障工作，每日开展安全监测、分析、研判和处置工作，包括外部攻击态势分析、服务器安全分析、数据安全运营分析、办公安全运营分析和外部资产运营分析等工作，根据分析内容定期发布信息安全运营报告——数据安全专项，在某期报告中，数据安全管理团队未发现高位攻击行为以及成功攻击事件，通过态势分析以及外部资产监测主动发现一起信息泄露漏洞隐患，已督促完成修复，避免了数据泄露风险。

【典型的文件证据】

《防范数据安全风险制度规范》和监控数据安全风险的平台工具截图、《数据安全风险预防方案》。

第 5 级：优化级
DSE-DSM-L5-2：在业界分享最佳实践，成为行业标杆。

【标准解读】

本条款要求，组织应参与近期有关于数据安全管理的公开演讲、新闻或获奖等，该企业应参与和主导行业的数据安全管理相关标准工作，能证明该组织在数据安全管理领域达到业界领先的水平。

【实施案例介绍】

某金融企业被公认为是所处行业的数据安全管理标杆企业，获得了国家级别的数据安全管理相关奖项，近期多次参与数据安全管理主题大会的演讲与经验分享。该企业参与了中国人民银行发布的数据安全管理相关的行业标准《金融网络安全 Web 应用服务安全测试通用规范》编写工作，发布了企业标准《网上银行技术安全规范》，其中包含应用数据的安全要求，同时研发了数据安全管理平台工具，在多家企业里得到实际应用，客户反映良好。

【典型的文件证据】

数据安全管理实践分享的相关报道、获奖，某行业数据安全管理相关标准规范等。

6.3　数据安全审计

6.3.1　概述

数据安全审计是持续提升组织数据安全管理能力，形成管理能力优化闭环的关键内容。其内容主要是定期分析、验证、讨论、改进数据安全管理相关的政策、标准和活动。该工作可由组织内部或外部审计人员执行，审计人员独立于审计所涉及的数据和流程。其目的是为组织以及外部监管机构提供评估和建议。该能力项的设定为企业实现数据安全策略、管理的动态优化更新提供重要保障。

6.3.2　过程描述

数据安全审计具体的过程描述如下：

a）过程审计，分析实施规程和实际做法，确保数据安全目标、策略、标准、指导方针和预期结果相一致；

b）规范审计，评估现有标准和规程是否适当，是否与业务要求和技术要求相一致；

c）合规审计，检索和审阅机构相关监管法规要求，验证机构是否符合监管法规要求；

d）供应商审计，评审合同、数据共享协议，确保供应商切实履行数据安全义务；

e）审计报告发布，向高级管理人员、数据管理专员以及其他利益相关者报告组织内的数据安全状态；

f）数据安全建议，推荐数据安全的设计、操作和合规等方面的改进工作建议。

【过程解读】

数据安全审计主要包括过程审计、规范审计、合规审计、供应商审计等。过程审计要求组织应分析现有数据安全策略、标准、目标等实施规程以及实际落实的数据安全管控措施，评估现有规程和预期结果的一致性。规范审计是指评估现有数据安全策略、标准、目标等标准和规程是否与实际数据安全管控措施的业务要求和技术要求保持一致。合规审计是指组织应整理组织外部数据安全需要以及法律法规等外部监管要求，评审组织的数据安全标准与策略和数据安全管理措施等是否符合监管法规要求。供应商审计要求组织评审与供应商等内外部利益相关者签订的合同、协议等，确保组织内外部利益相关者切实履行数据安全义务。在实施审计检查后，组织应将在各项审计中发现的问题汇总并编制数据安全审计报告，将其在组织内发布，使利益相关者了解组织内数据安全情况。同时，应形成数据安全建议，为数据安全设计、操作和合规等工作推荐改进建议。

6.3.3 过程目标

数据安全审计具体的过程目标如下：

a）确保组织的安全需求、监管需求得到满足；

b）及时发现数据安全隐患，改进数据安全措施；

c）提出数据安全管理建议，促进数据安全的优化提升。

【目标解读】

数据安全审计的核心目标是确保组织现有的数据安全策略、标准、管理制度和管理措施等符合组织内外部的数据安全需求以及政策法规、标准规范等外部监管需求。通过审计发现组织实际数据安全管理过程与预期的差异，及时发现数据安全隐患，提出相应的数据安全优化建议，制定改进数据安全措施，形成数据安全优化提升闭环管理，促进数据安全优化提升。

6.3.4 能力等级标准解读

第 1 级：初始级
DSE-DSA-L1-1：与组织信息化安全审计合并进行，没有独立的数据安全设计。

【标准解读】

本条款要求组织的数据安全审计尚未独立开展，作为组织信息化安全审计的附属存在，未独立于组织的信息化安全审计。

【实施案例介绍】

某企业制定了《信息安全审计管理办法》和《信息安全审计管理办法实施细则》，规定了信息安全审计的人员职责、审计目标、审计流程等内容，其相应的信息安全审计检查表中包含了数据安全的内容，例如，检查表要求检查用户密码定期变更和用户密码申请审批记录、各类日志汇总和分析报告、密钥管理过程记录、数据安全保护自查报告等内容。

【典型的文件证据】

《信息安全审计制度》《信息安全审计检查表》《信息安全审计报告》。

第 1 级：初始级
DSE-DSA-L1-2：根据外部或监管的需要进行审计。

【标准解读】

本条款要求当出现外部监管的强制性要求时，组织被动地按需求开展数据安全审计。

【实施案例介绍】

某企业依据《信息安全等级保护管理办法》规定，邀请第三方测评单位对内部信息安全服务平台开展信息安全等级测评工作，从安全物理环境、安全通信网络、安全区域边界、安全计算环境、安全管理中心、安全管理制度、安全管理机构、安全管理人员、安全建设管理和安全运维管理等多个方面对信息安全服务平台进行综合测评。

【典型的文件证据】

《外部或监管要求的文件》《相关审计通知》《相关审计报告》。

第 2 级：受管理级
DSE-DSA-L2-1：检查数据安全管理标准与策略是否能满足各业务部门数据安全管理的需要。

【标准解读】

本条款要求组织意识到了数据安全审计的重要性，有至少一个部门主动开展了数据安全审计。由部门的审计相关人员定期与部门内部数据安全相关利益者进行交流，了解和检查目前的数据安全管理标准与策略与该部门的数据安全管理需求的一致性。

【实施案例介绍】

组织的某业务部门根据部门发布的《数据安全审计管理办法》要求，制定了《数据安全审计检查表》，检查表要求查验部门内部的数据安全标准与策略文档，并访谈数据安全相关利益者已建立的数据安全标准与策略是否能满足其日常数据安全管理的需要。

【典型的文件证据】

《某部门数据安全审计管理办法》《某部门数据安全检查表》。

第 2 级：受管理级
DSE-DSA-L2-2：评估数据安全管理的措施是否能按照数据安全管理标准与策略的要求进行。

【标准解读】

本条款要求组织的某业务部门评审当前的访问控制、加密、过滤、安全监控、安全风险分析等安全管理措施是否能依照数据安全管理标准与策略的要求落实到位。

【实施案例介绍】

组织的某业务部门根据部门发布的《数据安全审计管理办法》要求，制定了《数据安全审计检查表》，检查表要求查验部门内部是否实施了访问控制、加密、过滤、安全监控、安全风险分析等安全管理措施，并评估上述安全管理措施和已建立的数据安全标准与策略的符合程度。

【典型的文件证据】

《某部门数据安全审计管理办法》《某部门数据安全检查表》。

第 2 级：受管理级
DSE-DSA-L2-3：规范数据安全审计的流程和相关文档模板。

【标准解读】

本条款要求组织某个业务部门应建立一套完整的数据安全审计流程，包括周期、审计人员组成、审计对象和具体审计流程等，同时制定审计检查表、审计结果告知书、审计报告等相关文档模板，将本部门的数据安全审计流程规范化。

【实施案例介绍】

某企业的某业务部门制定了《数据安全审计制度》，规范了数据安全审计的流程和相关文档模板。部门内审计小组定期对数据安全风险进行评估，并对相关系统及其控制的适当性和有效性进行监测，部门主管根据数据安全风险评估结果，决定对数据安全管理工作进行审计的频率，按至少每年进行一次数据安全审计。审计小组根据《数据安全审计计划》对数据安全管理工作进行审计，审计小组根据现场审计的结果如实填写《数据安全审计检查表》，不符合问题记录到《数据安全审计报告》中，并由责任人负责完成纠正和纠正措施，审计小组需跟进确认纠正和纠正措施的实施，对于超过纠正期限无法解决的不符合项，上报部门主管会进行决策。该业务部门制定了《数据安全审计计划》《数据安全审计检查表》《数据安全审计报告》等文档模板。

【典型的文件证据】

《某部门数据安全审计制度》《某部门数据安全审计计划模板》《某部门数据安全审计检查表模板》《某部门数据安全审计报告模板》。

第 3 级：稳健级
DSE-DSA-L3-1：在组织层面统一了数据安全审计的流程、相关文档模板和规范，并征求了利益相关者的意见。

【标准解读】

本条款要求组织制定数据安全审计规范，建立内部遵循的、统一的数据安全审计流程，包括周期、审计人员组成、审计对象和具体审计流程等，同时制定审计检查表、审计结果告知书、审计报告等相关文档模板，并征求利益相关方的同意和认可。

【实施案例介绍】

某企业制定的《数据安全管理制度》明确了数据安全审计的责任部门和利益相关

者在安全审计过程中的职责，在组织层面统一了数据安全审计的流程、相关文档模板和规范。

该制度要求由数据治理组指派成立数据安全审计小组，成员包括数据安全管理小组成员、各部门的业务和技术专家等，数据安全审计小组负责制定数据安全审计计划、执行数据安全审计工作，数据安全管理员需在此环节配合进行数据安全审计。

数据安全审计流程方面，制度规定组织内应每半年进行一次数据安全审计，审计范围需覆盖数据生命周期各环节。数据安全审计小组应在审计前编制《数据安全审计计划》并报高层领导批准，计划批准后由数据安全审计小组于审计实施前完成《数据安全审计检查表》的编制工作。审计小组应根据《数据安全审计计划》对组织的数据安全管理工作进行审计，审计内容已在管理制度中做出要求。审计小组应根据现场审计的结果如实填写《数据安全审计检查表》，不符合问题记录到《数据安全审计报告》中，并在审计结束后的规定时间内提交至数据治理组，经批准后下发至各部门。不符合项由责任部门负责完成纠正和纠正措施，审计小组负责验证纠正和纠正措施的效果。《数据安全审计计划》《数据安全审计检查表》《数据安全审计报告》《数据安全审计问题跟踪表》等相关文档模板已作为管理制度的附件一同发布。

【典型的文件证据】

《组织级的数据安全审计管理办法》《数据安全审计管理流程》《数据安全审计计划》《数据安全审计检查表》《数据安全审计报告》《数据安全审计问题跟踪表》等文档模板。

第 3 级：稳健级
DSE-DSA-L3-2：制定了数据安全审计计划，可定期开展数据安全审计工作。

【标准解读】

本条款要求组织应设置专职或兼职制定数据安全审计计划的人员，收集组织利益相关者关于数据安全审计的需求，定期制定数据安全审计计划，根据数据安全审计计划通知各部门开展具体的数据安全审计工作。

【实施案例介绍】

某企业的数据安全审计小组编制了数据安全审计计划，审计时间为每年 6 月 15 日至 7 月 15 日和 12 月 1 日至 12 月 30 日，审计范围包括数据安全管理制度的建设情况、数据安全人员岗位的建设情况、数据安全策略的规划情况、数据安全策略的执行情况、数据的权限设置情况、敏感数据的使用情况、退役数据的管理情况和行为日志的记录情况等。

【典型的文件证据】

数据安全审计计划、定期开展审计的记录。

第 3 级：稳健级
DSE-DSA-L3-3：评审数据安全标准与策略对业务、外部监管的需求。

【标准解读】

本条款要求组织以相关的外部法律、监管关于数据安全方面的需求和组织内部的数据安全需求为依据，按照数据安全审计划要求定期评审数据安全标准与策略对业务、外部监管的需求的符合度，并收集汇总发现的问题和差距形成记录文档。

【实施案例介绍】

某金融企业 2020 年进行审计后形成了审计问题明细表，明细表显示组织按照监管要求划分数据安全级别并建立差异化管控措施的工作还有待完善，具体表现为：一是数据安全归口管理部门制定的数据安全分级标准未按照 JR/T 0197—2020《金融数据安全　数据安全分级指南》中的影响对象和影响程度进行安全级别的划分细化；二是针对不同级别的数据建立不同的访问控制策略和安全管控措施有待完善。

【典型的文件证据】

《数据安全审计检查表》《数据安全评审记录》。

第 3 级：稳健级
DSE-DSA-L3-4：评审数据安全管理岗位、职责、流程的设置和执行情况。

【标准解读】

本条款要求组织应当按照数据安全审计计划要求，通过访谈、文档查阅、系统工具检查的形式定期评审数据安全管理岗位、职责、流程的设置和执行情况，确保在实际工作中由合适的人员正确地执行数据安全策略、标准、管理制度等，同时将收集汇总发现的问题和差距形成记录文档。

【实施案例介绍】

某金融企业的信息科技风险部在检查前下发《广东 ×××× 科技合规建设工作清单》《执行情况检查表》《数据防泄密安全检查表》《网络信息安全与客户数据保护自查表》等，按照检查表中所列出的清单对数据安全管理情况进行检查。如《广东 ×××× 科技合规建设工作执行情况检查表》中检查了某企业每年开展的数据安全制度学习和培训工作、用户密码定期变更和用户密码申请审批记录、各类日志汇总和分析报告、数据库和应用系统等日志管理策略、密钥管理过程记录、辖内数据安全检查方案和报告以及商业银行数据分级标准、分级列表、商业银行数据分级安全控制要求、数据安全保护自查报告等。《数据防泄密安全检查表》的检查内容包括对数据防泄密主管部门和相关岗位设置，是否制定了包含电子档案、客户信息、敏感文件的分级、调研、处理、保管、销毁的相关安全制度，是否定期开展过本机构数据防泄密自查工作，是否开展过员工数据安全保密教育，对送出维修的介质是否清除敏感数据等进行检查。《网络信息安全与客户数据保护自查表》覆盖了客户数据保护制度、流程等管理体系，客户数据保护工作的管理部门，客户数据的分类与分级标准和不同等级数据的保护要求，是否建立覆盖数据全生命周期的管理制度并明确岗位职责和操作规程等方面。

某企业的审计中心开展的审计工作制定了一系列审计项目资料调阅清单，包括数据治理资料调阅清单、支付敏感信息保护资料调阅清单和客户信息保护资料调阅清单。审查数据治理资料要求调阅数据治理组织架构及职责、高管层数据治理履职记录、数据安全管理办法、数据治理人员培训材料、历史数据治理问题整改报告等。审查支付敏感信息保护资料要求调阅支付敏感信息清单、支付敏感信息保护策略、支付敏感信息系统数据脱敏要求等。审查客户信息保护资料要求调阅个人金融信息保护方针、个人金融信息保护管理办法、个人金融信息分类分级管理办法、个人金融信息脱敏管理办法、个人金融信息保护审计报告等。

【典型的文件证据】

《数据安全审计检查表》《数据安全评审记录》。

第 3 级：稳健级
DSE-DSA-L3-5：评审组织数据安全等级的划分情况。

【标准解读】

本条款要求组织应当重新审视数据安全等级的划分情况，检查组织的数据等级划分是否存在级别过低或过高的情况，并对数据安全等级划分不合理的情况提出调整的建议。

【实施案例介绍】

某企业在 2020 年发布了《数据安全审计通知》，开展组织内部的数据安全审计，《数据安全审计检查表》显示本次审计评审了组织是否严格按照已制定的数据安全标准进行数据安全等级的划分、划分标准是否合理等，当审计完成后，组织根据审计内容和结果编制《数据安全审计总结报告》，对数据安全等级划分情况进行总结，并对划分不合理提出整改建议。

【典型的文件证据】

数据安全标准、评审组织数据安全等级的划分情况的检查表和审计报告等。

第 3 级：稳健级
DSE-DSA-L3-6：评审新项目开展过程中的数据安全管理工作情况。

【标准解读】

本条款要求组织应当评审新项目开展过程中的数据安全管理工作情况，如数据安全标准与策略对业务、外部监管的需求，数据安全管理岗位、职责、流程的设置和执行情况，数据安全等级的划分情况等。

【实施案例介绍】

某金融企业在 2021 年发布了《关于开展 2021 年全行数据安全审计的通知》，根据《数据安全检查表》所列清单开展了数据安全审计检查，在新项目方面，该检查表评审了本年度新项目从建设到实施过程中，是否按照组织级的数据安全标准进行数据等级划分，是否配置了数据安全员，是否对辖内各支行数据安全员及其他成员开展安全培训，办公外网终端是否处理、存储或传输客户敏感数据、生产数据，是否通过境外邮箱传输制卡数据等重要数据等。

【典型的文件证据】

评审新项目开展过程中的数据安全管理工作情况的检查表、审计报告等。

第 3 级：稳健级
DSE-DSA-L3-7：定期发布数据安全审计报告。

【标准解读】

本条款要求组织在完成审计、检查后，应整理审计情况、发现的问题等内容，定期发布数据安全审计报告。

【实施案例介绍】

某金融企业每年定期对客户信息及数据安全进行审计，并出具年度客户信息及数据安全审计报告。在 2019 年对客户信息及数据安全进行全面和系统的审计，内容包括数据泄露防护和安全准入等两大方面，通过日志审计等方式开展审计。2020 年通过审计不同业务的抽数单、客户敏感信息、数据脱敏记录等内容进行审计，特别是对异常日志重点检查，并对发现的问题督促相关人员进行整改。《数据安全审计报告》详细描述检查情况，并列出各项案例，如外包人员拷出敏感文件操作案例、自动阻止未授权设备连接办公终端案例、自动化脱敏工具不同组件及流程等。

【典型的文件证据】

《数据安全审计计划》《某年第 × 期数据安全审计报告》。

第 4 级：量化管理级
DSE-DSA-L4-1：内部审计和外部审计相结合，协同推动数据安全工作的开展。

【标准解读】

本条款要求组织的数据安全审计不是单一的内部审计，而必须是内外部结合的审计。组织应定期邀请外部第三方审计机构或团队对组织内部的数据安全管理标准、策略以及数据安全管理措施等进行安全审计，并形成数据安全审计报告。

【实施案例介绍】

某金融企业的数据安全审计工作主要设置了三道防线：第一道防线是数据安全归口管理部门对数据安全进行自我检查；第二道防线是信息科技风险管理部门对组织的全面检查，其中包含数据安全专项内容；第三道防线是审计部开展的内部审计。除此之外，组织每三年会进行一次全面外部审计，包含数据安全内容，对审计和检查中出现的问题进行调整、优化管理流程。

在第一道防线中，主要由数据安全归口管理部门统筹数据安全管理工作，落实数据安全风险控制措施，落实数据安全监管要求，开展数据安全检查等。每年定期对客户信息及数据安全进行检查，并出具年度客户信息及数据安全检查报告。

第二道防线是信息科技风险管理部门对组织的全面检查，其中包含数据安全专项内容。信息科技风险管理部的职责是负责制定信息科技风险评估制度，实施信息科技风险识别、评估、监控等管理工作，根据监管要求对数据安全开展专项风险评估，负责向监管机构报告信息安全和数据安全风险的相关情况。信息科技风险管理部每年开展对组织的信息科技风险评估，发布正式的检查通知。

第三道防线是某企业审计中心对组织开展的审计工作。根据监管部门有关要求和企业工作部署，企业审计中心筹备工作组发布了信息科技审计通知书，对企业内重要信息系统与重大项目、数据治理、数据安全、敏感数据安全管理、网络信息安全与客户信息数据保护等领域进行审计。

【典型的文件证据】

内外部数据安全审计的计划、检查表以及数据安全审计报告。

第4级：量化管理级
DSE-DSA-L4-2：数据安全审计报告包括数据安全对业务、经济的影响并分析影响数据安全的根本原因，提出数据安全管理工作的改进建议。

【标准解读】

本条款要求组织的数据安全已与组织的业务和发展深度融合，数据安全审计报告不仅需要对数据安全自身进行总结、分析和建议，还需要分析对业务、经济的影响以及影响数据安全的根本原因，并与组织的数据安全管理工作和整体发展提出改进建议。

【实施案例介绍】

某电力企业的数据安全工作组按照《数据安全审计检查表》开展现场审计，审计结束后，审计组编写了《关于开展数据安全审计工作的汇报》，审计报告记录了审计的范围、审计时间、审计发现的问题等，同时审计报告分析了数据安全问题对公司经济及业务带来的影响。数据安全归口管理部门组织专家对问题进行总结分析，对数据安全工作流程或制度提出了改善建议。审计报告经数据安全归口管理部门批准后下发至各业务部门。

【典型的文件证据】

数据安全审计报告中对业务、经济的影响，影响数据安全的根本原因，数据安全管理工作的改进建议等内容。

第 4 级：量化管理级
DSE-DSA-L4-3：数据安全的管理流程、制度能根据数据安全审计来进行优化提升，实现数据安全管理的闭环。

【标准解读】

本条款要求组织应在实施数据安全审计后，持续开展相关提升优化工作。组织的数据安全审计流程和机制要对数据安全闭环管理做出规定，组织在审计结束后应根据审计报告对数据安全问题进行整改，根据审计结果优化提升数据安全的管理流程、制度，实现数据安全管理的闭环。

【实施案例介绍】

在数据安全审计流程及制度优化方面，某电力企业的数据审计工作组对审计发现的问题进行跟踪，采用《数据安全审计不符合项跟踪表》记录不符合项问题描述、问题发现日期、问题等级、原因分析、纠正措施等。审计工作组落实每个不符合项关闭的验证人，对于审计问题不能及时关闭的，上报数据管理高层领导小组协调解决。

该企业的业务部门对审计不符合项进行分析，分析其产生原因，制定解决措施。经分析后需要优化的流程及制度，互联网部组织各领域专家讨论优化方案，从而提升公司数据安全管理能力。例如审计工作组对数据中台进行数据安全审计时，审计工作组发现“数据中台的日志缺少检查机制”的不符合项。针对此不符合项，数据安全归口管理部门组织信通公司对问题进行分析定位，最终确定在数据运维中增加检查数据中台日志的内容，从而实现了数据安全审计不符合项的闭环。

【典型的文件证据】

数据安全审计报告，数据安全的管理流程、制度能根据数据安全审计来进行优化提升的相关实施证据。

第 5 级：优化级
DSE-DSA-L5-1：数据安全审计是组织审计工作的重要组成，数据安全审计能推动数据安全标准和策略的优化及实施。

【标准解读】

本条款要求组织将数据安全审计作为审计工作的重要组成，在每年的审计工作中突出数据安全审计的重要性，同时，将审计中发现的问题及时修正，推动数据安全标准和策略的优化及实施。

【实施案例介绍】

某金融企业基于审计发现的数据安全分级问题，一是依照 JR/T 0197—2020《金融数据安全　数据安全分级指南》发布了《客户信息保护管理规定》，将个人客户信息按敏感程度从高到低分为 C3、C2、C1 三个类别，分别与金融数据安全定级的 2 级、3 级、4 级数据相对应；二是依照 JR/T 0197—2020《金融数据安全　数据安全分级指南》制定发布了《数据安全分级定义》，根据金融数据安全性遭受破坏后的影响对象和所造成的影响程度，将数据安全级别从高到低划分为 5 级、4 级、3 级、2 级和 1 级，实现对数据安全级别的全面划分和定义。同时修订并重新发布了《数据安全保护管理策略》，针对 5 个数据安全级别制定数据收集、传输、存储、使用、删除、销毁等安全要求以及网络技术和客户端应用软件的安全要求，对数据安全标准和策略进行了优化。

【典型的文件证据】

数据安全审计发现的问题、数据安全审计推动数据安全标准和策略优化的证据。

第 5 级：优化级
DSE-DSA-L5-2：在业界分享最佳实践，成为行业标杆。

【标准解读】

本条款要求，组织应参与近期数据安全审计领域的公开演讲，获得有分量的奖项或者形成数据安全审计方面的理论文章、著作、专利等，该企业应能主导行业的数据安全审计相关标准，参与数据安全审计相关国家标准、法规的制定，能证明该组织在数据安全审计领域达到业界领先的水平。

【实施案例介绍】

某企业主导了所处行业的数据安全审计标准编写工作，参与了数据安全审计相关法规的制定，近期多次在数据安全合规、审计主题大会进行演讲与经验分享。

【典型的文件证据】

某公司数据安全审计著作、《某行业数据安全审计标准规范》、某数据安全审计法律法规。

6.4 小结

数据安全域包含数据安全策略、数据安全管理和数据安全审计三个能力项，从规划设计到具体实施为行业企业数据机密性、完整性和可用性提供了全流程的指导。

通过实施数据安全管理职能，行业企业通过关注组织利益相关者和外部监管的需求，可为组织建立统一的数据安全标准，依据数据安全标准与策略，对组织内部的数据进行分级管理；对数据在组织内部流通的各个环节进行监控，保证数据安全；分析潜在的数据安全风险，预防风险的发生。实施数据安全审计，确保组织的安全需求、监管需求得到满足，及时发现数据安全隐患，改进数据安全措施；提出数据安全管理建议，促进数据安全的优化提升。

第7章 数据质量

数据质量是指在指定条件下使用时，数据的特性满足明确的和隐含的要求的程度（引用自 GB T 36073—2018《数据管理能力成熟度评估模型》）。数据质量重点关注数据质量需求、数据质量检查、数据质量分析和数据质量提升的实现能力。实施数据质量管理，即是指对数据从计划、获取、存储、共享、维护、应用、消亡全生命周期的每个阶段里可能引发的各类数据质量问题，进行识别、度量、监控、预警等一系列管理活动，并通过改善和提高组织的管理水平使得数据质量获得进一步提高。数据质量在数据治理中具有重要意义，高质量的数据可提升数据在使用中的价值，最终为企业赢得经济效益。

数据质量能力域包含数据质量需求、数据质量检查、数据质量分析和数据质量提升四个能力项。数据质量需求是数据质量的基石，在明确组织数据质量目标的基础上，了解组织内部的数据质量需求，制定相应的数据质量规则，为后续数据质量工作打好基础。数据质量检查是依托目标和需求，有计划地利用数据质量规则监控组织数据质量情况，形成数据质量问题管理机制。数据质量分析是采用某些分析方法对前序工作产生的数据质量问题进行分析，帮助组织掌握数据质量情况，并将其汇总形成知识库。数据质量提升是根据数据质量分析结果制定相应的改进措施和提升方案，帮助企业建立良好的数据质量文化。

7.1 数据质量需求

7.1.1 概述

数据质量需求指的是根据业务需求及数据要求制定用来衡量数据质量的规则，包括衡量数据质量的技术指标、业务指标以及相应的校验规则与方法。数据质量需求是度量和管理数据质量的依据，需要依据组织的数据管理目标、业务管理的需求和行业的监管需求并参考相关标准来统一制定、管理。数据质量需求是开展数据质量管理的前提和基础，只有明确了数据质量的衡量标准和规则，后续的数据质量检查、分析、提升等工作才能得以顺利开展。

7.1.2 过程描述

数据质量需求具体的过程描述如下：

a）定义数据质量管理目标，依据组织管理的需求，参考外部监管的要求，明确组织数据质量管理目标；

b）定义数据质量评价维度，依据组织数据质量管理的目标，制定组织数据质量评估维度，指导数据质量评价工作的开展；

c）明确数据质量管理范围，依据组织业务发展的需求以及常见数据问题的分析，明确组织数据质量管理的范围，梳理各类数据的优先级以及质量需求；

d）设计数据质量规则，依据组织的数据质量管理需求及目标，识别数据质量特性，定义各类数据的质量评价指标、校验规则与方法，并根据业务发展需求及数据质量检查分析结果对数据质量规则进行持续维护与更新。

【过程解读】

数据质量需求是开展数据质量管理工作的首要任务，数据质量需求管理主要包括定义数据质量管理目标、定义数据质量评价维度、明确数据质量管理范围、设计数据质量规则等过程。首先，应定义数据质量的管理目标，即依据组织管理的需求或外部监管的要求，明确数据质量管理需要达成的总体性目标。其次，需定义数据质量评价维度，即根据数据质量管理的目标，明确从哪些维度评价数据质量，例如完整性、一致性、及时性等维度。再次，应明确数据质量管理范围，即明确数据质量管理涉及的数据范围，并根据数据质量的具体需求，定义不同类型和范围的数据的质量管理优先级。最后，设计数据质量规则，依据数据质量管理需求及目标，识别各类数据的质量特性，例如报送数据的质量特性应关注准确性、及时性等，并定义各类数据的质量评价指标、校验规则与方法，并根据业务发展需求及数据质量检查分析结果对数据质量规则进行持续维护与更新。

7.1.3 过程目标

数据质量需求具体的过程目标如下：

a）形成明确的数据质量管理目标；

b）明确各类数据质量管理需求；

c）建立持续更新的数据质量规则库。

【目标解读】

数据质量需求的管理目标是能够为数据质量管理的后续工作提供依据，形成明确的数据质量管理目标，根据目标明确各类数据质量管理需求，根据数据质量管理需求建立数据质量规则库，并根据业务发展及数据质量管理情况对数据质量规则库进行持续更新等，从而推动数据质量管理的落地实施。

7.1.4　能力等级标准解读

第 1 级：初始级
DQ-DQR-L1-01：在项目中分析了数据质量的管理需求，并进行了相关的管理。

【标准解读】

本条款要求组织至少能够在某一个具体的信息化或数字化项目中分析数据质量的管理需求，例如该项目的数据准确性应达到 100% 等，并能够在项目实施过程中对数据质量需求进行收集、汇总、分析等管理工作。

【实施案例介绍】

某企业为了在原有信息化建设成果的基础上，建立适应集团和下属公司两级行政管理体系和产品科研生产管理的企业资源管理系统 ERP 示范项目，形成企业集团资源管理集成框架体系，在项目建设过程中，分析了人力资源相关数据的质量要求，并更正了相关的错误数据，开展了数据质量的管理工作。

【典型的文件证据】

信息化或数字化项目实施方案中关于数据质量管理的描述内容。

第 2 级：受管理级
DQ-DQR-L2-01：制定数据质量需求相关模板，明确相关管理规范。

【标准解读】

本条款要求组织能够制定数据质量需求的相关模板，通过数据质量需求模板统一数据质量需求的内容和形式，并制定数据质量管理相关的规范，规范数据质量管理的职责、流程等内容。

【实施案例介绍】

某企业制定了《数据质量管理办法》，在管理办法中制定了数据质量需求的申请模板，包括申请人、需求描述、需求日期等内容，并规定了数据质量管理的职责，以及数据质量规则维护、数据质量评估、数据质量监控、数据质量问题管理等工作流程。

【典型的文件证据】

数据质量需求相关模板和管理规范。

第 2 级：受管理级
DQ-DQR-L2-02：在组织或业务部门识别了关键数据的质量需求。

【标准解读】

本条款要求在组织范围内或在某业务部门识别关键数据的质量需求，数据质量需求的来源一般包括内部业务部门、外部监管部门等，并形成相应的数据质量需求清单，详细描述数据质量需求的具体内容。

【实施案例介绍】

某企业为了提高客户主数据的质量情况，由市场部牵头对数据质量需求进行识别，例如个人客户姓名、个人客户联系方式、企业客户名称、企业客户代码等关键数据的质量要求，并形成了数据质量需求清单。

【典型的文件证据】

数据质量需求清单。

第 2 级：受管理级
DQ-DQR-L2-03：设计满足本业务部门需求的数据质量评价指标，并建立了数据质量规则库。

【标准解读】

本条款要求组织在某业务部门内能够制定数据质量评价指标，确定数据质量评价的维度，包括完整性、一致性、准确性、及时性等，制定各评价指标的计算公式和参考阈值，再根据实际的业务情况对各数据字段的数据质量规则进行梳理后，形成数据质量校核规则库。

【实施案例介绍】

某企业制定了部门级的《数据质量管理实施细则》，在细则中明确了数据质量评价指标体系，包括准确性、完整性、一致性、时效性等维度，并定义了质量评估指标的计算方法，例如字段数据缺失率 =（1- 非空行数 / 实际行数）× 100%，并通过数据质量管理平台建立了统一的数据质量规则库，见图 7-1 和图 7-2。

数据质量管理方案工作计划 —— **定义数据质量评估指标及计算方法** 2

质量维度	质量评估指标	指标计算方法	指标计算举例	指标参考阈值	改善措施(若存在质量问题)
准确性	传输后字段数据准确率	(1-不一致行数/实际行数)*100%	原表100行，传输后100行，对比同一字段发现有一个数据不一致，传输后该字段数据准确率99%	所有表的所有字段：=100%	➢ 重新进行数据抽取传输 ➢ 分析ETL相关软件问题 ➢ 分析是否存在操作风险
完整性	行数据缺失率	(1-实际行数/理论行数) *100%	某部门人员信息表理论行数100行，实际行数98行，行缺失率2%	➢ 重要表：=0 ➢ 较重要表：<0.5% ➢ 一般重要表：<5% ➢ 其他表：不做要求	尽可能补全缺失行
完整性	字段数据缺失率	(1-非空行数/实际行数) *100%	某部门人员信息表理论行数100行，实际行数98行，身份证号字段实际有值95行，身份证号字段缺失率3.06%	➢ 重要字段：=0 ➢ 较重要字段：<0.5% ➢ 一般重要字段：<5% ➢ 其他字段：不做要求	尽可能补全缺失数据
一致性	字段数据一致率	(1- 一致行数/实际行数)*100%	主表A表100行，通过人员id匹配B表，发现A表与B表身份证号字段有99行一致，AB表身份证号字段数据一致率99%	重要表：=100% 较重要表：>99.99% 一般重要表：>99.9% 其他表：不做要求	➢ 分析数据不一致原因 ➢ 确定表优先级，使用高优先级的表的数据为准确数据
时效性	字段更新及时率	(1-超期未更新确认行数/实际行数)*100%	客户表100行，客户电话字段至少每3个月更新确认一次，最近3个月未更新确认共5行，客户电话更新及时率95%	➢ 重要字段：=100% ➢ 较重要字段：>95% ➢ 一般重要字段：80% ➢ 其他字段：不做要求	及时更新确认数据
精确度	表字段数据类型异常率	(1-数据类型异常字段数/总字段数)*100%	某表共计100个字段，其中2个字段数据类型无法满足业务需求，该表字段数据类型异常率2%	所有表的所有字段：=0%	更改字段数据类型，若有可能需重新提交精确数据
合理性	数据不合理率	(1-数据不合理行数/实际行数)*100%	根据业务提供的逻辑规则(如data1>date2)检验某100行的表，检测结果2行不满足，则不合理率2%	所有表：=0%	对异常数据进行修正
有效性	字段数据有效率	(数据有效行数/实际行数)*100%	某表100行，检测发现2行违背业务部门提供的(数据类型，数据格式，数据值域)规则，则有效率98%	所有表的所有字段：=100%	对异常数据进行修正
参照完整性			两张员工维度表中的人员ID字段无法一一对应(某张表中出现部分ID缺失)		
唯一性	字段数据唯一率	(唯一的编码数量/编码的数量)*100%	员工信息表101行，员工id共计100个，其中某id存在重复，则员工id字段的数据唯一率99%	所有表的类主键字段：100%	删除冗余信息

图 7-1　数据质量评估指标及计算方法

数据质量规则 4

清洗规则名称	子规则名称	规则描述
字段长度检核	长度控制	对于规定了长度的字段，长度不符合指定的长度时，直接过滤掉这条记录，程序继续运行。
主键字段检核	主键空值	1、对于允许主键为空的情况，不对主键字段作任何特殊处理 2、如果该表不允许主键为空，实际却为空值时，对所有主键作空值判断，为空则直接过滤掉这条记录，程序继续运行。
数值字段检核	空格处理	定长记录或不定长记录，数据全部为空格时的情况： 1、如果该表设置该字段允许为空，则不做任何处理； 2、如果表中该字段不允许为空，则对所有记录进行检核，为空则直接过滤掉这条记录，程序继续运行。
整型字段检核	大小控制	1、Int32类型的，只能在[-2147483648，2147483647]区间， Int64类型的，只能在[-9223372036854775808, 9223372036854775807]区间。 2、不在上述指定的区间内，若设置了default值，则赋为default值；若没有设置default，则过滤掉这条记录，程序继续运行.
整型字段检核	非数值判断	该字段出现非”0123456789”和空格“”情况，若设置了default值，则赋为default值；若没有设置default，则过滤掉这条记录，程序继续运行.
其他数值字段检核	非数值判断	该字段出现非”0123456789.”和空格“”情况，若设置了default值，则赋为默认值；若没有设置default，则过滤掉这条记录，程序继续运行。
其他数值字段检核	小数点处理	该字段只出现字符“.”，置为0，程序继续运行。
日期字段检核	日期字段处理	定长记录或不定长记录，数据出现为空格的情况， 1、表中若设置为允许为空，正常输出null值； 2、表中没有设置允许为空,则赋值为'0001-01-01'或default值。 程序继续运行。
日期字段检核	不满足年月日条件	数据不满足年月日条件且不在下面所列情况的,如月份：不在1-12月之间,日期不在1-31之间，赋值为'0001-01-01'或default值，程序继续运行。
时间、时间戳的检核	时间、时间戳处理	时间的内部固有默认值为'12:00:00'，时间戳的内部默认值为'0001-01-01 12:00:00'。
固定电话检核	固定电话检核	固话不满足区号以0856开头，固定电话的位数不符合实际要求： 1、如果该表设置该字段允许为空，则不做任何处理； 2、如果表中该字段不允许为空，则对所有记录进行检核，为空或数据不满足要求则直接过滤掉这条记录，程序继续运行。
身份证号码检核	身份证号码检核	数据不满足18位要求，并且数据格式不符合身份证号码的实际要求： 1、如果该表设置该字段允许为空，则不做任何处理； 2、如果表中该字段不允许为空，则对所有记录进行检核，为空或数据不满足要求则直接过滤掉这条记录，程序继续运行。

图 7-2 数据质量规则

【典型的文件证据】

部门级数据质量评价指标、部门级数据质量规则库。

第 3 级：稳健级
DQ-DQR-L3-01：明确组织层面的数据质量目标，统一数据质量需求相关模板、管理机制。

【标准解读】

本条款要求在组织层面明确整体的数据质量目标，例如建立职责明确的数据质量管理组织、实现数据质量的常态化管理等，并制定统一的数据质量需求相关模板，通过数据质量需求模板统一数据质量需求提交的内容和形式，并制定数据质量管理相关的管理制度，规范数据质量管理的职责、流程等内容。

【实施案例介绍】

某企业制定了《数据质量管理办法》，规定了该企业数据质量管理的总体目标和原则，制定了数据质量需求的申请模板，包括申请人、需求描述、需求日期等内容，并规定了数据质量管理的职责，以及数据质量规则维护、数据质量评估、数据质量监控、数据质量问题管理等工作流程。

【典型的文件证据】

数据质量管理办法。

第 3 级：稳健级
DQ-DQR-L3-02：建立数据认责机制，明确各类数据管理人员以及相关职责，制定各类数据的优先级和质量管理需求。

【标准解读】

数据认责是数据管理和服务各领域、各环节工作落到实处的有效手段。通过数据认责，将数据定义、产生、使用、监督等全生命周期中的各类责任落实到相关部门，明确数据质量、数据标准等具体工作的参与部门与责任。本条款要求组织应当建立数据认责相关的管理制度和工作机制，明确不同岗位的数据管理人员和相关职责，梳理各类数据的质量管理需求，形成数据质量需求清单，并制定相应的优先级。

【实施案例介绍】

某企业制定了《数据质量管理实施细则》，在细则中明确了不同岗位的数据管理人员和相关职责，例如财务数据由财务部门数据管理员负责，并在全公司范围内对数据质量需求进行识别，例如个人客户姓名、个人客户联系方式、企业客户名称、企业客户代码等关键数据的质量要求，并形成了数据质量需求清单，在清单中明确了不同类型数据的优先级。

【典型的文件证据】

各部门数据质量管理人员职责说明、数据质量管理需求及优先级定义。

第 3 级：稳健级
DQ-DQR-L3-03：数据质量目标的制定考虑了外部监管、合规方面的要求。

【标准解读】

本条款要求组织在制定数据质量目标以及相关的质量规则时，应充分考虑外部监管机构的要求。某些特定的行业属于强监管行业，例如银行业等，监管机构对特定类型数据有着专门的监管要求，在制定数据质量目标以及相关的质量规则时，应充分考虑外部监管机构的具体要求，例如监管机构发布的政策文件。

【实施案例介绍】

某银行企业为切实提高监管数据质量，开展监管数据质量专项治理工作，并根据《中国银保监会关于印发监管数据质量专项治理工作方案的通知》，结合企业实际情况，明确了数据质量专项治理的工作目标，即：促进全行监管数据质量管控，强化数据来源保真，落实监管统计管理责任，提升监管数据的真实性和准确性，从而提高监管数据报送质量，为全面提升经营管理能力和各项监管工作质效打造良好的数据基础。

【典型的文件证据】

外部监管对于数据质量方面的要求。

第 3 级：稳健级
DQ-DQR-L3-04：设计组织统一的数据质量评价体系以及相应的规则库。

【标准解读】

本条款要求在组织范围内制定统一的数据质量评价指标体系，确定数据质量评价的维度，包括完整性、一致性、准确性、及时性等，制定各评价指标的计算公式和参考阈值，再根据实际的业务情况对数据质量规则进行梳理后，形成组织级的数据质量规则库。

【实施案例介绍】

某企业制定了组织级的《数据质量管理实施细则》，在细则中明确了数据质量评价指标体系，包括准确性、完整性、一致性、时效性等维度，并定义了质量评估指标的计算方法，例如字段数据缺失率 =（1- 非空行数 / 实际行数）× 100%，并通过数据质量管理平台建立了统一的数据质量规则库。

【典型的文件证据】

组织级数据质量评价指标体系、组织级数据质量规则库。

第 3 级：稳健级
DQ-DQR-L3-05：明确新建项目中数据质量需求的管理制度，统一管理权限。

【标准解读】

本条款要求组织应当在数据质量管理制度中明确新建项目的数据质量需求，新建项目的数据质量管理应基于现有数据质量管理内容的基础上，开展相关的数据质量管理，并在实际工作中明确新建项目数据质量的管理权限。组织在完成数据质量治理后的各类新建项目，应充分考虑现有的数据质量需求，确保新建系统数据的互联互通及有效供给，应设置组织级别的管理人员和相应管理权限。

【实施案例介绍】

某企业制定了《数据质量管理办法》，在管理办法中包含新建项目质量管理的章节，详细规定了新建项目的数据质量管理的人员职责和过程要求，规定新建项目的数据质量管理包括开展数据质量要求 / 问题收集—数据质量规则制定—数据质量监控—数据质量问题剖析—制定并执行提升方案—评估落实成果等环节。

【典型的文件证据】

新建项目数据质量的管理制度和实施证据。

第 4 级：量化管理级
DQ-DQR-L4-01：数据质量需求能满足业务管理的需要，融入数据生存周期管理的各个阶段。

【标准解读】

本条款要求组织应当在数据规划、设计、运维、使用等数据生存周期的各个阶段都能够进行有效的数据质量管理，数据质量管理的需求能够满足业务发展的需要。考虑数据在生存周期不同阶段的特性和数据要求不同，因此需要从数据生存周期各环节入手，确保数据在全生存周期中的真实、可靠。

【实施案例介绍】

某企业通过数据质量治理，实现了数据规划、设计、运维、使用等数据生存周期各个阶段的数据质量管理。数据规划环节通过建立健全数据治理体系，把数据质量管理提升至数据战略中去，形成数据文化，梳理数据需求，定义数据源头，统一定义数据质量的标准规范，规范数据的业务含义、业务规则等特性，实现数据在组织范围内描述统一，为后续数据质量分析、识别问题数据工作提供重要依据。数据设计环节依据数据标准统一建立数据模型，通过设计数据模型，统一定义数据关系、数据存储结构，为后续数据有序的集成、共享、迁移、应用奠定基础，从根本上解决了数据获取的质量问题。数据运维环节利用数据标准、数据模型，加强系统对错误数据的预警校验机制，保证数据的正确性、完整性、唯一性，制定并严格执行数据管理规范，明确数据的认责机制，在数据运维环节严格执行数据标准。数据使用环节通过引入数据资产管控平台，及时有效地进行数据质量管控，保证数据分析应用时，数据输入正确，数据源头可信，通过数据血缘分析，显示数据上下游关系和数据迁移转换路径，便于进行影响分析，及时发现数据质量问题，制定数据整改措施，通知相关责任人，持续监控数据质量。

【典型的文件证据】

无。

第 4 级：量化管理级
DQ-DQR-L4-02：数据质量评价指标体系的制定参考了国家、行业相关标准。

【标准解读】

本条款要求组织在制定数据质量评价指标体系的时候能够参考国家、行业相关标准。国家、行业相关标准作为优秀实践，对制定合理的数据质量评价指标体系有着很大的参考价值，组织可以借鉴国家、行业相关标准乃至国际标准，结合自身实际情况，制定合适的数据质量评价指标体系。

【实施案例介绍】

某企业在制定数据质量评价指标体系的时候参考了 GB/T 36344—2018《信息技术 数据质量评价指标》、GB/T 25000.24—2017《系统与软件工程　系统与软件质量要求和评价（SQuaRE） 第 24 部分：数据质量测量》等国家标准，具体见表 7-1。

表 7-1　数据质量目标制定参考

序号	标准内容
1	YD/T 3595.1—2019《大数据管理技术要求　第 1 部分：管理框架》
2	DB15/T 1590—2019《大数据标准体系编制规范》
3	《大数据标准化白皮书（2018 版）》
4	GB/T 36073—2018《数据管理能力成熟度评估模型》
5	《DAMA 数据管理知识体系》
6	GB/T 34960.5—2018《信息技术服务　治理　第 5 部分：数据治理规范》
7	《数据资产管理实践白皮书 4.0》
8	GB/T 36344—2018《信息技术　数据质量评价指标》
9	GB/T 25000.12—2017《系统与软件工程　系统与软件质量要求和评价（SQuaRE）第 12 部分：数据质量模型》
10	GB/T 25000.24—2017《系统与软件工程　系统与软件质量要求和评价（SQuaRE）第 24 部分：数据质量测量》
11	ISO 8000-115：2018《数据质量　第 115 部分：主数据：质量标识符的交换：句法、语义和分辨率要求》
12	ISO 8000-61：2016《数据质量　第 61 部分：数据质量管理：流程参考模式》
13	ISO 8000-130：2016《数据质量　第 130 部分：主数据：特征数据交换：精度》
14	ISO 8000-120：2016《数据质量　第 120 部分：主数据：特征数据交换：起源》
15	ISO 8000-140：2016《数据质量　第 140 部分：主数据：特征数据交换：完备性》
16	ISO 8000-100：2016《数据质量　第 100 部分：主数据：特征数据交换：概述》

【典型的文件证据】

数据质量评价指标体系参考的国家、行业相关标准清单。

第 4 级：量化管理级
DQ-DQR-L4-03：量化衡量数据质量规则库运行的有效性，持续改善优化数据质量规则库。

【标准解读】

本条款要求组织应当使用量化指标对数据质量规则库的运行情况量化分析，重点评价数据质量规则库是否满足组织的数据质量管理目标和需求，并根据量化分析的结果持续优化数据质量规则库。

【实施案例介绍】

某企业制定了数据质量规则库运行的量化评价指标，包括数据质量规则的数量、使用频率等方面，设置了专门的数据质量规则管理人员对数据质量规则库的运行情况进行量化跟踪，并根据量化评价的结果以及业务发展和数据质量规则的使用情况持续优化数据质量规则库。

【典型的文件证据】

数据质量规则库运行情况的量化评价和优化记录。

第 5 级：优化级
DQ-DQR-L5-01：在业界分享最佳实践，成为行业标杆。

【标准解读】

本条款要求组织能够建立完善的数据质量评价体系和数据质量规则库，在数据生存周期管理的各个阶段实现数据质量需求的有效管理，对数据质量规则库的运行情况进行量化跟踪，并持续优化数据质量规则库，在数据质量需求方面成为行业内的标杆，得到行业内的认可，形成了完整的理论方法和工具，并能够积极在业界分享成功经验，是公认的行业最佳实践。

【实施案例介绍】

某企业参加行业内权威的数据管理相关的论坛，对自身数据质量需求方面做最佳实践的分享，包括如何制定数据质量评价体系、如何建立数据质量规则库等内容，并获得了权威的数据管理相关的奖项，出版了相关的书籍等。

【典型的文件证据】

数据质量需求实践分享的相关报道、获奖、著作等。

7.2 数据质量检查

7.2.1 概述

数据质量检查根据数据质量规则中的有关技术指标和业务指标、校验规则与方法对组织的数据质量情况进行实时监控，从而发现数据质量问题，并向数据管理人员进行反馈。数据质量检查是数据质量保证极为关键的环节，通过数据质量检查可在数据应用前充分发现数据的问题，并采取相应的方法与手段对数据进行纠正，保障数据的可用性，避免数据应用上线后给数据质量带来的巨大损失。数据质量检查工作可贯穿整个数据生命周期，从数据采集开始到数据传输、数据开发、数据交换、数据应用等环节均可对数据质量进行检查，从而保证各个环节质量可控。

7.2.2　过程描述

数据质量检查过程描述如下：

a）制定数据质量检查计划，根据组织数据质量管理目标的需要，制定统一的数据质量检查计划；

b）数据质量情况剖析，根据计划对系统中的数据进行剖析，查看数据的值域分布、填充率、规范性等，切实掌握数据质量实际情况；

c）数据质量校验，依据预先配置的规则、算法，对系统中的数据进行校验；

d）数据质量问题管理，包括问题记录、问题查询、问题分发和问题跟踪。

【过程解读】

数据质量检查的过程可以分为三步，第一步要对数据质量检查制定详细的计划和策略，明确要检查的目标、检查的数据范围和系统范围、检查的先后顺序、检查的重点、检查的方法和工具等。第二步是严格按照数据质量检查计划，执行实际的质量检查工作，包括准备检查规则、准备检查工具、准备检查环境、执行检查规则等。第三步是对检查过程中发现的质量问题进行管理，包括详细记录问题，分派问题给相关责任人，对问题进行跟踪直到被解决等。

7.2.3　过程目标

数据质量检查过程目标如下：

a）制定数据质量检查计划；

b）全面监控组织数据质量情况；

c）建立数据质量问题管理机制。

【目标解读】

数据质量检查的主要目标就是建立一个科学完整的数据质量检查计划，该计划应该是在有限的资源与时间里，最大限度地发现数据质量问题。组织根据该数据质量计划对组织数据质量情况进行全面监控，并对数据质量检查发现的问题进行闭环管理。

7.2.4　能力等级标准解读

第 1 级：初始级
DQ-DQI-L1-1：基于出现的数据问题，开展数据质量检查工作。

【标准解读】

本条款所描述的，组织只有在数据问题已经明显暴露的情况下，才开展数据质量检查工作，是一种被动式的检查工作，未能主动和提前开展数据质量检查，预防数据问题的发生。

【实施案例介绍】

某企业在内部建设了多套信息系统，分别是公司的 OA 系统、财务系统、项目管理系统、人力资源管理系统等。三个月前，财务人员多次反馈财务系统的数据不准确，财务报表数据合并后与合并前的数据不一致，信息部门人员对财务数据进行检查与分析，纠正了部分基础数据。一个月前，人力资源管理系统的用户反馈其数据与 OA 数据不一致，信息部门人员对两个系统数据进行了同步处理。

【典型的文件证据】

《某数据质量问题处理记录》。

第 2 级：受管理级
DQ-DQI-L2-1：定义了数据质量检查方面的管理制度和流程，明确数据质量检查的主要内容和方式。

【标准解读】

本条款所描述的组织已经定义了数据质量检查方面的管理制度和流程，明确了数据质量检查的主要内容和方式，但该管理制度还未能细化数据质量检查的细节步骤和工具等。数据质量检查管理制度不一定是独立的一份管理制度文件，有可能会与数据质量需求、数据质量分析和数据质量提升等整合在一个制度里。

【实施案例介绍】

某企业在内部制定并发布了《数据质量管理办法》，规范了数据质量的管理工作。该制度对以下的工作内容做了规定：数据质量提升规划、数据质量提升实施与监控、数据质量提升总结、数据质量问题处理规范、新项目数据质量管理、数据质量问题等级划分等。图 7-3 所示为该企业的《数据质量管理办法》目录。

目　录

图 7-3 《数据质量管理办法》目录

【典型的文件证据】

《数据质量管理办法》《数据质量监控管理办法》《数据质量评估管理办法》。

第 2 级：受管理级
DQ-DQI-L2-2：业务部门根据需要进行数据质量剖析和校验。

【标准解读】

本条款所描述的，组织的业务部门主要是根据自身的需要来开展数据质量检查工作，这种检查是非定期的，当业务部门觉得有需要时才执行。未能组织有计划性和周期性的主动式质量检查。

【实施案例介绍】

某企业的生产部门建立了 ERP 系统、CRM 系统、订单管理系统、物料管理系统等。三年前，由于生产部门经理感觉到系统数据比较混乱，还保留了很多过期数据和脏数据，所以组织了一次全面的数据质量检查工作，并清理了过期数据、重复数据、脏数据等。近期，由于生产工作满负荷，管理层未能顾及数据质量工作，所以一直未开展数据质量检查工作。

【典型的文件证据】

《某部门数据质量检查问题跟踪记录》《某部门数据质量检查报告》。

第 2 级：受管理级
DQ-DQI-L2-3：在各新建项目的设计和实施过程中参考了数据质量规则的要求。

【标准解读】

本条款要求，组织在建立新的信息化或数据项目时，对数据质量的需求进行了梳理，并在设计时参考了现有的数据质量规则，在项目中实现了全部或部分数据质量规则的要求，例如通过程序实现某业务数据的清洗和检验数据的正确性等。

【实施案例介绍】

某制造企业正在建设公司级的物料管理系统，该系统的研发团队对物料数据的质量规则开展了梳理，整理出一系列数据正确性和一致性的规则，包括某些物料型号的特别要求等，例如某个品种物料的长度不能大于 50 cm。研发团队决定把这些数据质量规则嵌入到前端页面录入的检验规则中去，用户在录入相应的数据时，前端页面会先进行第一轮检查，如发现不合规的数据则不允许用户提交。例如当用户录入某个品种物料为 60 cm（超过 50 cm）时，系统会自动提醒用户验证并不允许提交。

【典型的文件证据】

《某系统详细设计说明书》《某数据质量规则清单》。

第 3 级：稳健级
DQ-DQI-L3-1：明确组织级统一的数据质量检查制度、流程和工具，定义了相关人员的职责。

【标准解读】

本条款所描述的组织已经全面和详细地定义了数据质量检查方面的管理制度和流程，并在组织内发布执行。该管理制度应明确数据质量检查的要求，如数据质量检查的目标、检查步骤、检查周期、检查方法与工具、各个环节的责任人和干系人等。数据质量检查管理制度不一定是独立的一份管理制度文件，有可能会与数据质量需求、数据质量分析和数据质量提升等整合在一个制度里。

【实施案例介绍】

某企业在内部制定并发布了《数据质量监控流程》，该流程中规划了清晰的流程图，把数据质量监控划分成四个阶段：监控需求提出阶段、监控方案制定阶段、监控方案执行阶段和监控结果分析与报告阶段。《数据质量监控流程》对每个阶段要开展的工作步骤及各个步骤的负责岗位均详细做定义，同时明确了数据质量监控工具为公司的数据治理平台。该企业还制定《数据质量问题管理流程》，规划了详细的流程图，把数据质量问题管理划分为问题发现与提交、问题分析与方案制定、解决方案执行和问题验证四个阶段，并明确了各个阶段的详细步骤和责任人。

【典型的文件证据】

《数据质量检查管理办法》《数据质量问题管理办法》。

第 3 级：稳健级
DQ-DQI-L3-2：根据组织内外部的需要，制定了组织级的数据质量检查计划。

【标准解读】

本条款要求，组织根据自身和外部的需求，外部包括监管部门、合作机构、供应商等，制定了组织级的数据质量检查计划。需要注意的是，要制定一个组织级的计划，不是针对某个系统的数据质量检查计划，而是要对组织所有的数据开展全面的数据质量检查，该检查计划明确具体的目标、数据范围、检查的重点、工作任务安排与人员、检查的方法和工具等。

【实施案例介绍】

某企业每个季度开展一次针对公司所有信息系统平台的数据质量检查，在每个季度早期，该企业均会先编制公司的数据质量检查方案，明确具体的检查步骤、任务及分工。图 7-4 所示为该企业的《数据质量检查方案》目录，主要的内容包括：检查需求与目标，检查参考标准，被检查对象与范围，检查干系人，检查人力资源，检查工具与设备，检查团队与职责，检查进度安排等。

目　录

图 7-4 《数据质量检查方案》目录

【典型的文件证据】

《某公司数据质量检查方案》《某公司数据质量需求清单》。

第 3 级：稳健级
DQ-DQI-L3-3：在组织层面统一开展数据质量的校验，帮助数据管理人员及时发现各自的数据质量问题。

【标准解读】

本条款要求，组织应根据统一的规划和统筹，提供统一的检查工具，有策略有计划地开展数据质量校验，并把校验的结果反馈给相关的数据管理人员，帮助数据管理人员及时发现各自的数据质量问题。通常组织应根据条款“DQ-DQI-L3-2：根据组织内外部的需要，制定了组织级的数据质量检查计划”中所制定的计划开展数据质量检查。在数据质量检查中，质量检查工具对检查效率起关键作用，特别是当数据量极大的情况，不可能通过人工来进行校验。

【实施案例介绍】

某企业根据公司所制定的数据质量检查计划，使用了公司的数据管控平台—数据质量模块功能对公司内部所有数据质量进行统一的检核。数据质量检查团队在数据管控平台上建立了检核规则，设定检查对象与检查频率等，使用数据检核规则对目标数据执行质检，检核的内容包括：空值检查、值域检查、规范检查、逻辑检查、重复数据检查、及时性检查、记录缺失检查等。数据质量检查团队把检查结果从数据管控平台上导出，并发送给对应的数据负责人，让相关数据负责人了解具体的数据问题，并尽早处理和解决，提升数据质量。

【典型的文件证据】

《某公司数据质量检核平台》《某公司数据质量问题跟踪清单》。

第 3 级：稳健级
DQ-DQI-L3-4：在组织层面建立数据质量问题发现、告警机制，明确数据质量责任人员。

【标准解读】

本条款要求，组织需要建立数据质量问题的发现与告警机制，发现机制是指工作人员在日常工作中如有遇到数据质量问题时应如何进一步去识别、分析和确认数据质量问题，而告警机制是指当发现数据质量问题后，应向哪个部门或哪个岗位汇报，需要通报哪些人员，通过哪种方式发出告警等。在发现与告警机制中均需要非常明确地指定各个步骤的责任人员，否则会导致责任不清，出现问题后互相推诿的情况发生，错过问题最佳解决时机。

【实施案例介绍】

某企业在公司内部建立了《数据质量问题管理流程》，明确规定问题的发现、告警、处理和验证过程。《数据质量问题管理流程》中规定，各部门在数据使用过程中发现疑似数据质量问题时，需将问题及时上报给本部门数据管理员，由部门数据管理员上报至公司数据管理办公室的数据质量管理员。数据质量管理员对上报的数据质量问题进行归类和整理，并将问题分派给相应的系统负责人和业务部门，由数据质量管理员和业务部门以及 IT 信息部共同商定解决方案。根据解决方案的不同，由对应的部室负责方案的执行。最终由数据质量管理员和质量问题发现者共同对数据质量问题的解决情况进行验证。

【典型的文件证据】

《数据质量问题管理流程》《数据质量问题告警与处理机制》。

第 3 级：稳健级
DQ-DQI-L3-5：建立了数据质量相关考核制度，明确了数据质量责任人员考核的范围和目标。

【标准解读】

本条款要求，组织需要建立数据质量的考核制度，该制度应明确数据质量的考核对象和岗位、数据质量的考核范围和维度、数据质量的考核目标。数据质量考核对象可能包括数据质量检查人员、数据质量治理人员、数据采集人员等。数据质量的考核范围和维度则会针对不同的对象和岗位而有不同，通常考核的范围包括数据种类的范围、系统的范围等。而数据质量考核维度则包括数据正确性、完整性、一致性、及时性等。数据质量考核目标也应针对不同的岗位设置与其岗位职责相关的目标，该目标应遵循 SMART 原则（具体的、可量化的、可实现的、有相关性的、明确时间范围的）。

【实施案例介绍】

某企业建立了公司的《数据质量考核机制》，明确考核对象为应用系统的数据录入部门、技术部门和基础数据管理部门，并给各个考核对象定义了考核的数据范围，如对于应用系统的数据录入部门是考核其录入的数据，而对于技术部门则是考核其负责运维的系统数据，而基础数据管理部门则是考核所有的基础数据。该考核机制对不同的考核对象设置针对性的数据质量指标，如对于应用系统的数据录入部门，考核的指标包括：数据录入正确率、数据问题纠正率、数据录入及时性等指标。对于技术部门的考核指标则包括：技术原因出错率、数据同步出错率、数据迁移出错率等。

【典型的文件证据】

《数据质量考核管理办法》《数据质量考核 KPI》。

第 3 级：稳健级
DQ-DQI-L3-6：明确新建项目各个阶段数据质量的检查点、检查模板，强化新建项目数据质量检查的管理。

【标准解读】

本条款要求，组织应明确信息化或数字化研发项目各个阶段的数据质量检查点和检查模板。通常，数据质量的检查应与信息化研发项目流程进行整合，在信息化研发流程中明确数据质量的检查点和检查模板。如在系统需求阶段，在对系统需求评审时，需要检查是否收集了数据质量方面的需求。在系统设计阶段，需要检查系统设计是否能满足数据质量的需求。在系统测试阶段，需要检查是否编写数据质量需求相关的测试用例，验证数据质量需求的满足程度。

【实施案例介绍】

某企业建立并发布了《信息化项目研发管理流程》及其附件，明确了信息化研发项目的各个阶段以及各阶段的主要工作步骤和流程。在需求阶段，该企业制定了系统需求规格说明书的模板，在模板中增加了数据质量需求章节，强制要求收集数据质量方面的需求。《信息化项目研发管理流程》规定，系统设计、实现和测试阶段均要对数据质量的需求进行验证或测试，确保数据质量需求在系统全生命周期中得到满足和实现。该企业还发布了信息化项目各阶段的评审检查单，在评审检查单中也明确了数据质量需求及其满足情况的检查项。

【典型的文件证据】

《信息化项目研发管理流程》《信息化项目需求评审检查单》《信息化项目设计评审检查单》。

第 4 级：量化管理级
DQ-DQI-L4-1：定义并应用量化指标，对数据质量检查和问题处理过程进行有效分析，可及时对相关制度和流程进行优化。

【标准解读】

本条款要求，组织应对数据质量检查和问题处理过程制定相应的量化指标，并通过这些量化数据来识别相关制度和流程的不足和问题，进而改善和优化数据质量检查和问题处理流程。需要注意的是，组织应设立检查和问题处理过程的量化指标而不是问题本身的指标，通常包括：数据质量检查的投入、数据质量检查的效率、问题处理的时效、问题处理的成本等。

【实施案例介绍】

某企业建立了数据质量管控平台，可通过该平台实现数据质量检查和对质量问题进行全闭环跟踪。该企业在数据质量管控平台上也开发了质量检查过程的数据统计和分析功能，该平台可监控每个检查任务的检查时长、检查数量、检查问题数量，也可统计数据质量问题处理过程数据，如质量问题的总数、问题关闭总数、每个岗位人员处理问题数量、未关闭问题原因分类等。同时该平台能以各种图表来直观展示数据质量检查与问题处理的状况，如以饼图的形式分别展示了已处理问题和未处理问题的占比率，当未处理问题占比长期维持在高位时，该公司启动数据质量问题解决流程的深入调研，了解数据质量问题解决速度过慢的原因，并与相关业务部门共同探讨解决方案，优化数据质量问题处理流程，提高问题解决效率。

【典型的文件证据】

《数据质量检查与监控平台统计功能》《数据质量检查与问题处理流程优化记录》。

第 4 级：量化管理级
DQ-DQI-L4-2：数据质量管理纳入业务人员日常管理工作中，可主动发现并解决相关问题。

【标准解读】

本条款要求，组织在定义业务人员日常工作职责时，应同时考虑数据质量管理的工作内容，并给予合适的岗位定义合适的数据质量管理职责，要求业务人员在处理日常工作中须有数据质量管理的意识，能够主动发现数据质量问题，并在能力范围内解决数据质量问题，而不用再将问题传递到技术部门或数据部门来处理，提高数据质量问题解决的时效和效率，节省解决问题的成本。

【实施案例介绍】

某金融行业的企业由于监管部门的要求，每天需要向监管部门上报企业的业务数据。在该企业里先由各个业务部门各自梳理部门的数据，然后统一向数据管理部提交业务数据，数据管理部对各部门数据进行汇总和整合，并进行数据质量的校验，如发现有质量问题的情况，则退回给对应的业务部门纠正。该企业再定期给予业务部门开展数据质量方面的培训，提高业务人员在数据质量方面的意识和能力，并在业务人员的岗位职责中明确在收集、处理和使用数据过程中要对数据的正确性和一致性进行校验，特别是对于要上报给监管部门的数据。该企业还给重要上报数据相关的业务人员岗位定义了数据质量考核 KPI，对其上报数据的质量进行检核，包括数据的正确性、一致性和上报及时性等，极大地加强了业务人员对数据质量的重视程度。

【典型的文件证据】

《业务人员职责说明》《业务人员数据质量问题跟踪清单》《业务人员 KPI 考核指标》。

第 5 级：优化级
DQ-DQI-L5-1：在业界分享最佳实践，成为行业标杆。

【标准解读】

本条款要求，组织应参与近期数据质量检查领域的公开演讲，获得有分量的奖项等，组织应能主导行业的数据质量检查标准，能证明组织在数据质量检查领域达到业界领先的水平。

【实施案例介绍】

某企业被公认为所处行业的数据质量检查标杆企业，获得了国家级别的数据质量检查相关奖项，近期多次参与数据质量检查主题大会的演讲与经验分享。该企业还主导了所处行业的数据质量检查标准编写工作，研发了数据质量检查平台工具，在多家企业里得到实际应用，反映良好。

【典型的文件证据】

《某公司数据质量检查奖项》《某行业数据质量检查规范》（行业或国际标准）《某公司数据质量检查平台工具》。

7.3 数据质量分析

7.3.1 概述

数据质量分析是组织了解其自身数据质量情况的关键。其核心是制定明确的数据质量分析方法，对数据质量检查过程中发现的数据质量问题及相关信息进行分析，找出影响数据质量的根本原因。同时，通过对数据质量检查过程中形成的数据质量问题及累积的各种信息进行汇总，形成数据质量知识库，以此作为数据质量提升的参考依据。

7.3.2 过程描述

数据质量分析具体的过程描述如下：

a）数据质量分析方法和要求，整理组织数据质量分析的常用方法，明确数据质量分析的要求；

b）数据质量问题分析，深入分析数据质量问题产生的根本原因，为数据质量提升提供参考；

c）数据质量问题影响分析，根据数据质量问题的描述以及数据价值链的分析，评估数据质量对于组织业务开展、应用系统运行等方面的影响，形成数据质量问题影响分析报告；

d）数据质量分析报告，包括对数据质量检查、分析等过程累积的各种信息进行汇总、梳理、统计和分析；

e）建立数据质量知识库，收集各类数据质量案例、经验和知识，形成组织的数据质量知识库。

【过程解读】

数据质量分析要求组织首先应建立数据质量分析方法，明确数据质量分析要求，利用已制定的数据质量分析方法深入分析数据质量产生的根本原因，如制度流程、职责设置、系统建设等方面的问题，并根据其原因提出相应的建议或解决方法，为数据质量提升做好准备。其次，组织应根据数据质量问题的描述以及数据价值链的分析，评估数据质量对于组织业务开展、应用系统运行等方面的影响，形成数据质量问题影响分析报告。在完成数据质量问题根本原因分析和影响分析后，组织应汇总、梳理、统计和分析数据质量检查和分析过程中产生问题、数据、分析出的根本原因和影响以及对于数据质量问题的解决方案。最后，组织应收集各类数据质量案例、经验和知识，形成组织的数据质量知识库。

7.3.3　过程目标

数据质量分析具体的过程目标如下：

a）建立数据质量问题评估分析方法；

b）定期分析组织数据质量情况；

c）建立持续更新的数据质量知识库。

【目标解读】

数据质量分析的核心目标是建立数据质量分析方法，明确数据质量分析要求，使用组织的数据质量问题评估分析方法定期分析组织在数据质量检查中发现的问题，分析其根本原因、给组织业务发展带来的影响以及组织数据质量整体情况。完成数据质量分析过程后，收集上述过程中产生的各种信息，建立持续更新的数据质量知识库。

7.3.4　能力等级标准解读

第 1 级：初始级
DQ-DQA-L1-1：基于出现的数据质量问题进行分析和评估。

【标准解读】

本条款要求组织被动地基于出现的数据质量问题开展分析和评估。

【实施案例介绍】

某企业在内部建设了多套信息系统，分别是公司的 OA 系统、财务系统、项目管理系统、人力资源管理系统等，人事部门反映员工手机号数据有近三分之一为空值，信息部门人员对该数据质量问题进行了分析，发现其根本原因为目前系统中对应信息项为非必须输入内容，其直接原因是在数据录入阶段未检核。

【典型的文件证据】

《某数据质量问题处理和分析记录》。

第 2 级：受管理级
DQ-DQA-L2-1：在某些业务部门建立数据质量问题评估分析方法，制定数据质量报告模板。

【标准解读】

本条款要求组织在至少一个业务部门建立了数据质量问题分析方法、明确分析要点，并制定数据质量报告模板，明确数据质量报告的组成内容。

【实施案例介绍】

某金融企业的某业务部门使用数据管控平台的数据质量问题分析模块进行问题分析并生成及导出数据质量问题。通过在平台选择开始日期和结束日期以及相关技术规则，生成该输入数据日期范围内的质量问题列表，可导出并下载 EXCEL 格式的数据质量列表。同时制定了数据质量报告模板，数据质量管理人员定期编制数据质量报告，对关键数据质量问题的根本原因、影响范围进行分析，及时发现潜在的数据质量风险，发送至利益相关者进行审阅，预防数据质量问题的发生。数据质量报告里面的内容包括数据质量检核结果、本期问题分析和整改建议等。

【典型的文件证据】

《某部门的数据质量问题评估分析方法》《某部门的数据质量报告模板》。

第 2 级：受管理级
DQ-DQA-L2-2：对数据质量问题进行分析，明确数据质量问题原因和影响。

【标准解读】

本条款要求组织的业务部门对数据质量问题的根本原因和影响进行分析，通常指核实问题源头是来自哪张表，并分析在数据流转过程中，还有哪些库表受到关联等。

【实施案例介绍】

某金融企业数据治理中心向各业务部门发送了《数据质量问题整改通知书》，整改通知书显示本月数据质量问题为：目前网贷、客户行业、个人职业、主持地址等数据类型尚存在确实或者不规范问题，根因分析及影响为：网贷是由于系统缺陷，目前已组织推动系统优化；客户行业、职业、控股类型均为系统间信息不一致导致，主要因为柜员、客户经理判断不一致，由客户经理统一再次确认客户信息，此类问题造成了网贷业务不能正常运转，个人信息无法正常显示等问题。

【典型的文件证据】

《某部门数据质量分析报告》。

第2级：受管理级
DQ-DQA-L2-3：在某些业务部门建立数据质量报告。

【标准解读】

本条款要求组织在某些业务部门汇总数据质量检查和分析过程中产生问题、数据、分析出的根本原因和影响以及对于数据质量问题的解决方案，建立数据质量报告。

【实施案例介绍】

某企业的某业务部门在部门内部发布了《数据质量分析报告》，报告首先总结数据质量的总体情况，包括各系统质量问题占总数据质量问题的比例、各系统发现问题的度量规则，以及各系统数据质量检核信息；其次对数据质量问题进行分析，分析数据质量的规范性、正确性、完整性、一致性等问题，最终明确数据质量问题原因和影响。

【典型的文件证据】

《某部门数据质量分析报告》。

第3级：稳健级
DQ-DQA-L3-1：制定组织层面的数据质量问题评估分析方法，制定统一的数据质量报告模板，明确了数据质量问题分析的要求。

【标准解读】

本条款要求组织在已建立的数据质量分析管理制度中明确数据质量问题分析管理流程、数据质量问题分析方法、明确分析要点和分析人员职责，数据质量问题分析方法一般覆盖业务和技术两个层面。同时，组织应在管理制度中统一数据质量报告的模板，明确数据质量报告的组成内容。

【实施案例介绍】

某金融企业明确了数据质量分析的工作流程，当信息科技部执行完数据质量检核程序，并将结果反馈到数据治理中心后，由数据治理中心组织相关部门开展根因分析和定位，信息科技部负责取数逻辑、传输、调度、加工、转换等技术层面的问题分析和定位，总行各部门负责口径、规则等业务层面的问题分析和定位。根据问题根因分析结果，数据治理中心制定相应的整改方案，并分发到相应部门和机构。数据治理中心根据现场检查的情况，发送检查事实单确认书及相应的数据质量分析报告，被检查单位对检查问题予以确认，在规定时间内完成整改，并及时将整改情况反馈检查机构予以确认。数据质量分析报告由数据质量问题描述、根因分析及数据质量问题建议、整改要求和整改问题明细等组成。

【典型的文件证据】

组织级的数据质量管理办法、数据质量报告模板。

第 3 级：稳健级
DQ-DQA-L3-2：制定数据质量问题分析计划，定期进行数据质量问题分析。

【标准解读】

本条款要求组织制定数据质量分析计划的要求和模板，明确数据质量计划的内容组成，由数据质量管理人员制定数据质量问题分析计划，由数据质量人员按照计划时间表定期进行数据质量分析。

【实施案例介绍】

某金融企业制定了数据质量问题分析计划，定期进行数据质量问题分析。组织编制了数据质量每月分析整改方案，方案明确了每月整改主题，以及与分析整改主题相应的字段、数据质量规则编号、数据质量业务检查规则描述和整改月份，数据质量管理人员按照方案要求执行数据质量问题分析工作。

【典型的文件证据】

组织级的数据质量管理办法、数据质量问题分析计划。

第 3 级：稳健级
DQ-DQA-L3-3：对关键数据质量问题的根本原因、影响范围进行分析。

【标准解读】

本条款要求组织应对数据质量问题的根本原因和影响进行分析，根本原因指导致该数据质量问题发生的根源所在，可能包括录入数据发生错漏、某类数据配置了错误的质量规则、录入数据后未执行数据质量检查工作等。影响范围分析包括业务层面和技术层面，业务层面的影响指该数据质量问题影响组织日常工作的开展、经济收入等；技术层面的影响通常指该数据质量问题在数据流转过程中关联到其他的库表，致使其他库表的数据出现质量问题等。

【实施案例介绍】

某金融企业的《重点数据质量问题分析与提升方案》对数据质量检查的结果进行了具体分析，方案描述了“数据质量分析”以及“数据质量问题根因分析和改进建议”两部分内容。“数据质量分析”部分以表格的形式对目前质量规则检查结果问题率＞0的信息项进行原因层次分类和分析，罗列的内容包括规则编号、衡量对象名称、衡量维度、业务规则描述、问题率、问题原因、技术层原因说明和业务层原因说明等。“数据质量问题根因分析和改进建议”则是列举了具体问题的描述、根因分析、改进建议、短期解决方案和长期解决方案。

【典型的文件证据】

数据质量问题分析报告、数据质量提升方案。

第 3 级：稳健级
DQ-DQA-L3-4：组织定期编制数据质量报告，并发送至利益相关者进行审阅。

【标准解读】

本条款要求组织的数据质量管理人员应汇总数据质量检查和分析过程中产生问题、数据、分析出的根本原因和影响以及对于数据质量问题的解决方案，建立组织统一的数据质量报告，并明确数据质量问题的利益相关者，由数据质量管理人员将数据质量报告统一发送至利益相关者进行审阅。

【实施案例介绍】

某金融企业的数据治理中心根据现场检查的情况，向各业务部门发送检查事实单确认书及相应的数据质量分析报告，报告汇总了本次现场检查发现的数据质量问题、根因分析以及相应的整改建议，被检查单位对检查问题予以确认，在规定时间内完成整改，并及时将整改情况反馈检查机构予以确认。

【典型的文件证据】

组织级数据质量报告、发送至利益相关者的记录。

第 3 级：稳健级
DQ-DQA-L3-5：建立数据质量分析案例库，提升组织人员对于数据质量的关注度。

【标准解读】

本条款要求组织应当收集数据质量问题的典型案例，案例应当包含数据质量问题描述、相应的根因分析和解决方案等内容，在工具平台上形成数据质量分析案例库方便组织人员查阅，提升组织人员对于数据质量的意识和关注度。

【实施案例介绍】

某电力企业互联网部定期收集数据质量问题及解决措施，汇总整理后形成数据质量分析案例库，提交到公司云文档中，并号召全员开展数据质量问题案例的学习。互联网部通过不定期开展数据质量问题沟通会，分享数据质量问题的解决经验，总结数据质量的相关知识。数据质量管理员将沉淀下来的知识提交到云文档平台，形成数据质量知识库，当数据质量知识库内容有更新时，数据质量管理员对更新内容进行评估，并提交审核，审核通过后，将更新的相关内容上传到云文档。各部门相关人员通过登录云文档平台，采用搜索功能查询历史数据质量问题，制定预防措施规避同类问题发生，进而加强了数据质量的风险预判，有利于各部门制定数据质量问题的预防措施。

【典型的文件证据】

承载数据质量分析案例库的平台工具截图。

第 3 级：稳健级
DQ-DQA-L3-6：对产生的信息进行知识总结，建立数据质量知识库。

【标准解读】

本条款要求组织应收集在数据质量需求、数据质量检查和数据质量分析阶段产生的各类数据质量经验和知识，包括数据质量各文档模板、数据质量常见需求、数据质量规则库、数据质量常见问题和相应的预防方案等，形成组织的数据质量知识库。

【实施案例介绍】

某金融企业对产生的信息进行知识总结，建立数据质量分析案例库，提升组织人员对于数据质量的关注度。组织建立了《质量检核知识问题库》，该问题库记录了每条数据质量业务检查规则对应的编号、检核对象名称、描述、检查范围、问题数据数、问题原因、原因描述、整改方案、整改方式、责任部门、整改方案执行效果、解决数量、整改方案执行情况、后续跟踪措施以及记录人员等内容。

【典型的文件证据】

数据质量知识库。

第 4 级：量化管理级
DQ-DQA-L4-1：建立数据质量问题的经济效益评估模型，分析数据质量问题的经济影响。

【标准解读】

本条款要求组织应当建立数据质量问题的经济效益评估模型，经济效益评估模型通常包含对数据质量问题解决前后的经济效益分析、数据质量问题解决措施的有效性分析、数据质量问题解决后对数据正确性、完整性的提升效果等，综合以上维度分析数据质量问题对经济造成的影响。

【实施案例介绍】

某电力企业建立了投入与收益性价比评估的经济效益评估模型，由数据质量管理员组织数据质量问题的经济效益评估。评估各类数据质量问题的经济影响，进而做出是否执行该问题解决措施的决策。例如对“业务系统前端界面字段信息维护缺少规范性校验”的数据质量问题，相关业务部门制定了“对业务系统前端维护界面功能进行优化完善”的解决措施，数据质量管理员经评估发现该问题会对数据分类统计产生较大影响，然后组织专家从解决措施的投入及风险评级、收益评定级别两个层面展开分析，当性价比高于 1 时，可以采纳该解决措施，从而确保数据质量问题解决的经济效益（见表 7-2）。

表 7-2 经济效益评估模型

序号	数据质量问题 / 原因	解决措施	问题影响分析	实施所需时间（人时）	投入和风险评定级别			收益评定级别			投入阈值	收益阈值	性价比阈值	
											3.5	1.5	1	
					资源（工作量 / 成本 / 团队 / 周期）	实施风险	影响程度	质量收益	成本收益	其他收益	投入总计	收益总计	性价比	执行解决方案
1	业务系统前端界面字段信息维护缺少规范性校验	对业务系统前端维护界面功能进行优化完善	对数据分类统计产生较大影响	56	3	3	3	5	4	0	3.00	3.60	1.20	Yes
2	设备台账维护人员录入不规范	由专业管理部门组织人员进行数据质量核实治理	对数据规范性产生较大影响	28	4	2	4	5	4	1	3.40	3.80	1.12	Yes
3	营销系统与PMS系统未实现信息贯通，两个系统分别维护数据，易导致录入不一致	确定PMS系统是公司资产的电网设备信息权威源头，营销系统对应设备的信息要修改为与PMS系统一致	对跨系统数据贯通产生较大影响	28	4	2	4	5	4	2	3.40	4.00	1.18	Yes

【典型的文件证据】

数据质量问题的经济效益评估模型、数据质量问题的经济影响分析报告。

第4级：量化管理级
DQ-DQA-L4-2：通过数据质量分析报告及时发现潜在的数据质量风险，预防数据质量问题的发生。

【标准解读】

本条款要求组织通过数据质量分析报告所作的数据质量问题趋势分析，及时发现潜在的数据质量风险，分析较为集中发生的数据质量问题和风险，建立相应的数据质量风险预防机制，预防数据质量问题的发生。

【实施案例介绍】

某企业数据质量工程师每月编写数据质量分析报告，报告中对数据质量问题进行分析并制定整改方案，为了避免类似问题再次出现，就数据质量分析报告中比较集中问题制定预防方案。例如为规避空值字段问题，在数据录入时，将字段设置为必填字段；或者在数据录入时提前检查数据的唯一性，可避免重复录入问题。通过定期更新数据质量分析报告，企业及时发现潜在的数据质量风险，预防数据质量问题的再次发生。

【典型的文件证据】

《数据质量分析报告》《潜在数据质量风险预防机制》。

第4级：量化管理级
DQ-DQA-L4-3：持续改善优化数据质量知识库。

【标准解读】

本条款要求组织在实施数据质量管理过程中，不断优化更新数据质量知识库。随着组织的数据治理水平的提升，组织的数据质量目标也不断提升，业务部门根据新的数据质量目标提出新的需求，数据质量管理人员亦不断更新数据质量规则，与此同时组织的数据质量知识库应不断吸收新的数据质量的经验知识才能帮助组织不断发展。

【实施案例介绍】

某企业数据质量归口管理部门定期收集数据质量问题及解决措施，汇总整理后形成数据质量分析案例库，提交到公司云文档中，并号召全员开展数据质量问题案例的学习。数据质量归口管理部门通过不定期开展数据质量问题沟通会，分享数据质量问题的解决经验，总结数据质量的相关知识。数据质量管理员将沉淀下来的知识提交到云文档平台，形成数据质量知识库，当数据质量知识库内容有更新时，数据质量管理员对更新内容进行评估，并提交审核，审核通过后，将更新的相关内容上传到云文档。各部门相关人员通过登录云文档平台，采用搜索功能查询历史数据质量问题，制定预防措施规避同类问题发生，进而加强了数据质量的风险预判，有利于各部门制定数据质量问题的预防措施。

【典型的文件证据】

承载数据质量知识库的平台工具截图、数据质量知识库更新的平台工具截图。

第 5 级：优化级
DQ-DQA-L5-1：通过数据质量分析提升员工数据质量的意识，建立良好的数据质量文化。

【标准解读】

本条款要求组织通过数据质量分析、制定数据质量分析报告、建立质量分析案例库、数据质量知识库等手段，提升员工数据质量的意识，开展数据质量考试，通过考试分数反映员工数据质量意识的提升程度，建立良好的数据质量文化。

【实施案例介绍】

某企业将 8 月份设立为“数据质量月”，今年 8 月企业开展全员数据质量分析专项活动，活动鼓励员工积极分享各类数据提升案例以及相应的量化提升效果，并在“数据质量月”结束后开展数据质量线上考试，将考试结果与上阶段员工的数据质量考试分数做对比，了解员工数据质量意识的提升情况，促使数据质量的重要性深入员工意识。

【典型的文件证据】

《数据质量培训通知》《数据质量考核结果》《数据质量分析提升案例》。

第 5 级：优化级
DQ-DQA-L5-2：在业界分享最佳实践，成为行业标杆。

【标准解读】

本条款要求，组织应参与近期数据质量分析领域的公开演讲，获得有分量的奖项等，发表或出版与数据质量分析相关的文章、著作等，该企业能够主导所处行业的数据质量标准编写工作，该企业的数据质量分析能力处于行业领先地位。

【实施案例介绍】

某企业被公认为所处行业的数据质量分析标杆企业，获得了国家级别的数据质量分析相关奖项，近期多次参与数据质量分析主题大会的演讲与经验分享。该企业还主导了所处行业的数据质量分析标准编写工作，研发了数据质量分析平台工具，在多家企业里得到实际应用，反映良好。

【典型的文件证据】

《某公司数据质量分析奖项》《某公司数据质量分析著作》《某行业数据质量分析规范》（行业或国际标准）《某公司数据质量分析平台工具》。

7.4 数据质量提升

7.4.1 概述

数据质量提升是指结合数据质量管理目标确立数据质量改进目标，针对数据质量分析的结果，制定、实施数据质量改进方案，包括错误数据更正、业务流程优化、应用系统问题修复等，并制定数据质量问题预防方案，确保数据质量改进的成果得到有效保持。

7.4.2 过程描述

数据质量提升具体的过程描述如下：

a）制定数据质量改进方案，根据数据质量分析的结果，制定数据质量提升方案；

b）数据质量校正，采用数据标准化、数据清洗、数据转换和数据整合等手段和技术，对不符合质量要求的数据进行处理，并纠正数据质量问题；

c）数据质量跟踪，记录数据质量事件的评估、初步诊断和后续行动等信息，验证数据质量提升的有效性；

d）数据质量提升，对业务流程进行优化，对系统问题进行修正，对制度和标准进行完善，防止将来同类问题的发生；

e）数据质量文化，通过数据质量相关培训、宣贯等活动，持续提升组织数据质量意识，建立良好的数据质量文化。

【过程解读】

数据质量提升要求组织首先应根据数据质量分析结果，提出相应的改进方法和建议，制定数据质量提升方案，并在方案中明确相关利益者的职责、数据质量提升计划、数据质量提升资源保障内容。其次，在制定数据质量提升方案后，开展数据质量问题矫正，采用数据标准化、数据清洗、数据转换和数据整合等手段和技术对不符合质量要求的数据进行处理，纠正数据质量问题。在数据质量提升活动中记录数据质量事件的评估、初步诊断和后续行动等信息，验证数据质量提升的有效性。通过数据质量问题分析、数据质量问题矫正，对业务流程进行优化，对系统问题进行修正，对制度和标准进行完善，防止将来同类问题的发生，实现数据质量提升。最后，通过开展数据质量相关培训、宣贯等活动，持续提升组织数据质量意识，建立良好的数据质量文化。

7.4.3　过程目标

数据质量分析具体的过程目标如下：

a）建立数据质量持续改进策略；

b）制定数据质量改进方案；

c）建立良好的数据质量文化。

【目标解读】

数据质量分析的核心目标是建立数据质量持续改进策略，应用数据质量改进策略指导数据质量改进方案，根据数据质量改进方案有计划地对数据质量问题进行更正和提升，并通过培训和宣贯建立良好的数据质量文化。

7.4.4　能力等级标准解读

第1级：初始级
DQ-DQM-L1-1：对业务部门或应用系统中出现的数据问题进行数据质量校正。

【标准解读】

本条款要求组织或组织的某个业务部门对应用系统中出现的数据质量问题开展分析和评估，并对出现的数据质量问题进行校正。

【实施案例介绍】

某企业在业务管理系统中发现"'客户类别'业务数据全部为空值"的问题，信息部门人员提出解决方案"在数据规则管理平台中纳入新的数据检核规则，在流程上保证数据录入的准确性"，将问题妥善解决。

【典型的文件证据】

项目数据质量检查发现的数据质量问题、数据质量问题的校正记录。

第2级：受管理级
DQ-DQM-L2-1：制定数据质量问题提升的管理制度，指导数据质量提升工作。

【标准解读】

本条款要求组织中至少某一部门能建立数据质量提升管理制度，规范数据质量问题提升的管理流程、相关人员职责等，指导数据质量提升工作。

【实施案例介绍】

某企业的某业务部门制定了《数据质量管理办法》，明确数据质量问题提升的管理制度，由部门内部数据质量管理人员实施数据质量提升工作，数据质量问题责任人根据数据质量提升工作实施结果完善数据质量业务规则和技术规则，部门内部数据质量工作小组对各类数据质量提升工作执行结果进行评估，编写数据质量提升工作总结报告，并报部门主管审阅。

【典型的文件证据】

《某部门数据质量提升管理制度》。

第2级：受管理级
DQ-DQM-L2-2：明确数据质量提升的利益相关者及其职责。

【标准解读】

本条款要求组织识别数据质量提升的利益相关者并明确其职责，职责一般包括制定和实施数据质量提升方案、确定数据质量提升的优先级、督促整改措施落地、执行整改措施、为数据质量整改提供业务和技术上的支持等。

【实施案例介绍】

某金融企业制定了《数据质量管理办法》，该办法规定数据治理中心负责数据质量日常非现场检查相关工作内容，包括组织检核、整理、问题分析、制定整改方案、分发、督促和复查等；负责数据质量现场检查，并根据检查情况提出相应的整改建议；负责制定和实施数据质量提升方案，根据方案组织启动数据质量相关的建设项目，并具体负责管理。信息科技部负责参与制定数据质量整改方案，根据方案执行整改措施；负责为全行数据质量提升提供相应的技术支持。

【典型的文件证据】

《数据质量管理办法》中的相关人员职责描述、数据质量提升利益相关者的岗位职责表等。

第2级：受管理级
DQ-DQM-L2-3：批量进行数据质量问题更正，建立数据质量跟踪记录。

【标准解读】

本条款要求组织汇总数据质量检查和分析过程中产生的问题，对数据质量问题进行批量更正，并在线上或线下建立数据质量问题整改的跟踪记录。线下跟踪方式一般表现为填写跟踪记录表格，线上则一般是通过数据质量问题流转日志的方式进行跟踪记录。该条款没有强制要求明确数据质量相关责任人和提出建议，仅要求更正问题并做好跟踪记录。

【实施案例介绍】

某金融企业建立《系统数据质量问题整改跟踪表》，跟踪表主要包括规则编号、规则描述、表中文名、问题分类、问题描述、数据来源、分则部门、科技部是否可以处理、处理状态和解决方案等内容。由数据质量管理人员统一实施数据质量问题更正，同时数据质量管理人员对数据质量问题整改进行跟踪。

【典型的文件证据】

批量进行数据质量问题更正的证据、数据质量跟踪记录。

第2级：受管理级
DQ-DQM-L2-4：根据数据质量问题的分析，制定并实施数据质量问题预防方案。

【标准解读】

本条款要求组织对数据质量问题的根本原因和影响进行分析，总结数据质量问题的整改措施、建议等，制定数据质量问题预防方案，由数据质量管理人员负责推动落地。数据质量问题预防方案通常由相关人员职责、数据质量典型问题、数据质量预防工作措施等内容组成。

【实施案例介绍】

某企业定期开展数据质量提升工作，对重点问题进行汇总分析，制定了《数据质量改进措施的实施记录》，从业务需求、技术、流程和人员职能等大方向进行改进。具体的改进措施为：完善数据需求，完善元数据内容，完善数据标准，完善应用逻辑；完善元数据管理系统，完善数据校验逻辑，完善数据整合应用，完善数据部署方案，数据质量跟踪，报告系统，数据分析，监控工具；数据需求管理，元数据管理，完善数据采集流程，数据标准管理，完善业务流程，建立数据质量报告流程；获得管理层对数据的认同、支持，确定数据责任人，建立数据质量管理组织，定义相应规章制度。

【典型的文件证据】

组织级的数据质量问题预防方案、数据质量问题预防方案的实施记录。

第3级：稳健级
DQ-DQM-L3-1：建立组织层面的数据质量提升管理制度，明确数据质量提升方案的构成。

【标准解读】

本条款要求组织建立组织层面的数据质量提升管理制度，明确数据质量提升的利益相关者及其职责，并明确数据质量提升方案的构成，数据质量提升方案一般由数据质量提升目标、数据质量提升相关人员职责、数据质量提升措施等内容构成。

【实施案例介绍】

某金融企业建立了组织层面的数据质量提升管理制度，在数据质量日常监控环节，当完成数据质量问题的根因分析后，由数据治理中心收集、分析数据质量问题产生原因和定位源头系统，组织信息科技部、各部门及分支机构制定数据质量整改方案。数据治理中心提出数据治理层面数据质量整改意见，信息科技部负责提出技术层面数据质量整改意见，各部门及分支机构提出业务层面数据质量整改意见。数据治理中心形成最终数据质量问题整改方案，并将整改方案分发相应部门及机构整改。数据治理中心、信息科技部和各部门及分支机构分别从数据治理层面、技术层面和业务层面落实数据质量问题整改。在完成整改后，由数据治理中心根据本次整改内容总结经验，组织制定和更新数据质量检核规则，并开展数据质量复查。在数据质量事后现场检查环节，数据治理中心根据现场检查的情况，发送检查事实单确认书及相应的整改通知书，被检查单位对检查问题予以确认，在规定时间内完成整改，并及时将整改情况反馈检查机构予以确认。

组织明确了数据质量提升方案的构成，定期开展数据质量提升工作，对重点问题进行汇总分析。企业的《重点数据质量问题分析与提升方案》由“引言”“重点数据质量检查方案设计”“重点数据质量检查范围”“重点数据质量根因分析与提升建议”和“附件”构成，其中“重点数据质量根因分析与提升建议”包含“总体质量检查分析”和“关键表详细适量检查和差异分析”。“关键表详细适量检查和差异分析”则包含了对各主题数据的“根因分析”“改进建议”“短期解决方案”和“长期解决方案”。

【典型的文件证据】

组织级的数据质量提升管理制度、数据质量提升方案。

第 3 级：稳健级
DQ-DQM-L3-2：结合利益相关者的诉求制定数据质量提升工作计划，并监督执行。

【标准解读】

本条款要求组织应识别数据质量提升的利益相关者，收集利益相关者的诉求，根据利益相关者诉求制定数据质量提升计划，并由数据质量管理相关人员监督执行。数据质量提升计划可以作为数据质量提升方案的一部分不单独发布，数据质量提升计划一般由数据质量提升相关人员团队、数据质量提升所需资源、数据质量时间表等内容构成。

【实施案例介绍】

某企业数据质量归口部门每年初收集数据质量利益相关者的提升需求，制定《数据质量提升方案》，明确当年数据质量提升目标，规划数据质量提升的数据范围和计划，确定实施工作重点，该方案的数据质量提升计划表明确数据质量提升实施总进度以及数据质量问题更正的时间节点。

【典型的文件证据】

《利益相关者的诉求清单》《数据质量提升工作计划》。

第3级：稳健级
DQ-DQM-L3-3：定期开展数据质量提升工作，对重点问题进行汇总分析，制定数据质量提升方案，从业务流程优化、系统改进、制度和标准完善等层面进行提升。

【标准解读】

本条款要求组织应制定数据质量提升计划，依据计划时间表定期开展数据质量提升工作。在实施数据质量提升工作时，由数据质量管理人员汇总重点数据质量问题，对问题进行分析，结合分析结果制定数据质量提升方案，数据质量提升方案的构成已在“DQ-DQM-L3-1”条款进行明确。数据质量提升方案制定后由数据质量管理人员组织各相关业务部门和技术部门从业务流程优化、系统改进、制度和标准完善等层面进行提升，从根源上提升数据质量。

【实施案例介绍】

某金融企业的数据治理中心制定了《重点数据质量问题分析与提升方案》，指导各相关部门对数据质量问题进行整改提升，如在业务流程优化方面，方案针对“‘客户类别’业务数据全部为空值”问题提出解决方案：在数据规则管理平台中纳入新的数据检核规则，在流程上保证数据录入的准确性；在标准完善层面，方案针对“‘企业规模’业务数据缺失”问题提出解决方案：可以按照工信部标准从资产总额、从业人数和营业收入等指标来划分对企业进行的规模大小分类结果；在系统改进层面，企业相关部门根据提升方案的建议，向信息科技部提出系统业务数据维护申请需求和系统提升、改进需求，如“在网贷系统增加监管报送必需字段”“调整国民经济行业、涉农贷款权限及规范”“调整国民经济行业权限及规范”等。

【典型的文件证据】

《数据质量提升方案》《业务流程优化审批记录》《系统改进方案》《制度和标准优化审批记录》。

第3级：稳健级
DQ-DQM-L3-4：明确数据质量问题责任人，及时处理出现的问题，并提出相关建议。

【标准解读】

本条款要求组织的数据质量管理人员应当在数据质量分析环节识别各数据质量问

题的责任人，明确责任人的职责，由数据质量管理人员协同、督促责任人及时处理出现的数据质量问题，并根据数据质量问题提出系统改进、业务流程优化等有针对性的相关建议。

【实施案例介绍】

某企业数据质量工程师将收集到的数据质量问题汇总到《数据质量问题跟踪表》中，该表记录问题描述、问题发现日期、问题类型、问题级别、问题产生原因、纠正措施、责任人、计划解决时间、实际解决时间、问题状态等信息。在实际工作中数据质量问题责任人组织各领域专家对问题进行分析，制定解决措施，数据质量工程师跟踪措施执行，并提出改善建议。同时，该企业每月组织专项数据质量分析活动，对当月严重的数据质量问题进行汇总分析，并提出改善建议。

【典型的文件证据】

数据质量问题跟踪记录表。

第 3 级：稳健级
DQ-DQM-L3-5：持续开展培训和宣贯，建立组织数据质量文化氛围。

【标准解读】

本条款要求组织应将数据质量的培训和宣贯要求纳入组织数据质量管理机制中，作为组织数据质量管理工作的一项重要内容，应是随组织的数据质量管理工作持续开展的。根据此要求，组织的数据质量管理人员应制定数据质量提升相关的培训和宣贯方案和计划，组织层面配合给予充足的人力、资金等支持，从而形成良好的数据质量文化氛围。

【实施案例介绍】

某金融企业制定了《数据质量管理办法》，在办法中要求数据质量管理团队应在每年 2 月制定本年度的数据质量培训和宣贯实施方案，提交数据管理委员会评审发布。同时，该企业将数据质量培训和宣贯后的考试成绩纳入员工个人考核指标，将数据质量培训和宣贯开展情况作为考核指标纳入数据质量管理团队的年度考核。

【典型的文件证据】

《数据质量管理办法》《年度数据质量培训和宣贯方案》《数据质量考核管理办法》《员工绩效考核指标》。

第 4 级：量化管理级
DQ-DQM-L4-1：组织中的管理人员、技术人员、业务人员能协同推动数据质量提升工作。

【标准解读】

本条款要求组织应当由管理人员、技术人员、业务人员能协同推动数据质量提升工作，管理人员负责监控数据质量提升工作的执行进度以及资源的协调，技术人员负责数据质量改进方案在系统上的实施，业务人员负责业务流程的改进。

【实施案例介绍】

数据质量提升方面，某企业制定了《数据质量管理办法（2020 年版）》以及《数据质量评估流程》《数据质量监控流程》《数据质量问题管理流程》等附件，管理办法规定数据治理办公室负责就发现的重大数据质量问题向数据治理领导小组汇报，并定期汇报问题的解决情况；推动跨部门数据质量问题的分析并制定解决方案；及时跟踪数据质量整改进度和状态，督促企业业务部室和全公司进行数据质量整改；组织全公司数据质量管理的培训工作等。企业各业务部门负责制定并推动涉及业务流程的数据质量改进方案。企业信息技术部、软件开发与测试部、运维管理部负责针对因技术原因导致的数据质量问题及时进行整改，并负责数据质量改进方案在系统上的实施。

【典型的文件证据】

《组织级数据质量问题专项会议纪要》《组织级数据质量问题专项会议纪要》《数据质量问题专项汇报材料》《业务流程改进方案》《系统平台改进实施方案》。

第 4 级：量化管理级
DQ-DQM-L4-2：能通过量化分析的方式对数据质量提升过程进行评估，并对管理过程和方法进行优化。

【标准解读】

本条款要求组织的数据质量管理人员应制定一系列量化分析指标，在技术人员的配合下将量化分析数据质量提升过程的指标嵌入数据质量管理工具，在实施数据质量提升活动后评估数据质量的提升情况。数据质量人员通过分析各量化指标对数据质量提升过程的评分可了解本次提升过程中的实施方法、措施带来的效果，并据此调整相应的措施进行优化。

【实施案例介绍】

某电力企业对数据质量提升过程采用量化评估。互联网部定义了数据质量提升的指标，分别是数据问题占比下降率及数据问题整治率，并在进行重大专项的数据质量提升工作时汇报这两项指标的达成情况。例如公司在 2020 年 5—12 月组织开展数据中台业务数据质量提升工作汇报中，互联网部分别汇报了数据中台数据质量提升的总体情况、增量数据管控情况、存量数据的整治情况及流程优化情况等。互联网部分别汇报了设备台账、客户档案、项目信息三大类数据、八项数据对象的质量核查情况，共发现问题 589 条。各单位与上期核查情况对比，总结出数据问题占比下降 1.57%。其中增量数据管控情况较好，在数据规模增幅（1.0144%）较大的情况下，数据问题占比仍有较大幅度降低，累计下降 1.5674%。而存量数据问题整治率为 4.55%。在问题的整治过程中，互联网部通过对问题进行根因分析，对系统中固化的工作流程进行优化，节省了成本，提高了工作效率。

【典型的文件证据】

分析评估数据质量提升的量化指标、数据质量提升过程的量化分析评估结果。

第 5 级：优化级
DQ-DQM-L5-1：开展数据质量提升工作，避免相关问题的发生，形成良性循环。

【标准解读】

本条款要求组织应持续开展数据质量提升工作，数据质量提升基础性工作包括建立数据质量提升制度，编写数据质量提升计划，制定数据质量提升方案，由管理人员、技术人员、业务人员协同推动数据质量提升工作等。在此基础上，为形成良性循环，组织还应做到主动规避问题风险的发生，数据质量管理人员应收集以往的数据质量提升案例，总结组织在业务流程、制度标准以及系统运行方面出现较为集中的问题，制定数据质量提升预防方案并实施。

【实施案例介绍】

某企业数据质量管理团队定期收集数据质量提升案例，更新《数据质量提升预防方案》，报告对典型数据质量提升案例进行分析，明确企业目前可能导致数据质量问题的隐患，并向各部门发布。同时，数据质量管理团队以该方案为依据，主动排查组织相关业务流程、系统、制度标准中的漏洞并优化，有效避免其可能导致的数据质量问题的发生。

【典型的文件证据】

《数据质量提升预防方案》《业务流程优化审批记录》《系统改进方案》《制度和标准优化审批记录》。

第 5 级：优化级
DQ-DQM-L5-2：业界分享最佳实践，成为行业标杆。

【标准解读】

本条款要求，组织应参与近期数据质量提升领域的公开演讲，获得有分量的奖项等，形成可复制、推广的数据质量提升方法，研发相应的工具，并在业界得到广泛应用，组织在数据质量提升领域已达到业界领先的水平。

【实施案例介绍】

某企业被公认为所处行业的数据质量提升标杆企业，获得了国家级别的数据质量提升相关奖项，近期多次参与数据质量提升主题大会的演讲与经验分享，总结自身的数据质量提升方法和机制并出版书籍，其工作机制在业界被广泛地传播和应用。该企业还研发了数据质量提升平台工具，可量化分析评价企业数据质量提升过程，在多家企业里得到实际应用，反映良好。

【典型的文件证据】

《某公司数据质量提升奖项》、《某行业数据质量提升方法论》书籍、《某公司数据质量提升平台工具》。

7.5　小结

数据质量域包含数据质量需求、数据质量检查、数据质量分析和数据质量提升四个能力项，从规划设计到具体实施，为行业企业数据在生命周期的各阶段可能引发的各类数据质量问题开展识别、度量、监控、预警等活动。通过实施数据质量管理职能，行业企业可为组织形成明确的数据质量管理目标，明确各类数据的质量管理需求，建立持续更新的数据质量规则库。结合数据质量目标、需求和规则库中的有关技术指标、业务指标和校验规则方法，组织可实现对数据质量的全面监控，建立数据质量问题管理机制。数据质量分析是建立数据质量问题分析方法，定期分析数据质量检查过程中形成的数据质量问题及各种信息。根据数据质量目标确定数据质量改进策略，制定数据质量改进方案，建立良好的数据质量文化，实现数据质量闭环管理，形成良性循环。

随着数据量的增长，数据将逐渐成为产生业务价值和实现业务目标的基石，数据质量变动愈加重要。一方面，数据的质量问题能从一定的角度反映出组织当中存在的一些问题，如问题可能源于业务流程、管理问题、制度问题或系统不完善问题等，数据质量问题的分析可以帮助企业发现阻碍自身发展的内在掣肘。另一方面，高质量的数据对管理决策、业务支撑都有极其重要的作用，如果数据质量出现问题，将会影响企业对于市场的判断，造成经济上的损失。数据质量是数据治理中一把重要的标尺，而数据治理又是当今企业组织的首要战略重点之一，只有持续的数据质量改进才能推动数据治理体系的完善，为企业数据战略提供坚实的保障。

数据标准

数据标准是组织数据中的基准数据，组织通过建立规范和制度，统一定义各类数据标准的名称、业务定义、业务规则、值域、数据类型、数据格式等。通过数据标准的定义，为各个信息系统中的数据提供规范化、标准化的依据，是组织数据集成、共享的基础，同时也是组织数据治理的基础，为数据质量定义检查规则提供标准依据，经过标准化的数据，才能为组织各类数据应用带来更大的价值。

数据标准包括业务术语、参考数据和主数据、数据元、指标数据四个能力项。业务术语统一组织各业务概念的定义，为其他三个能力项名称的定义提供参考标准；参考数据和主数据明确跨部门、跨业务领域的主数据和参考数据标准，其名称定义遵循业务术语标准，其属性、长度、阈值符合数据元标准，其考核指标应依据指标数据标准执行；数据元是最小的数据单位，元数据是描述数据的数据，数据元的长度、类型、值域是描述某个数据元的元数据，组织对数据元的标准进行定义，为参考数据和主数据、指标数据的定义提供参考标准；指标数据是依据组织内部经营分析的业务需求，制定的一系列业务指标，明确指标的名称、统计口径、计算公式、阈值等，指标数据名称定义参考业务术语标准，其他属性的定义参考数据元标准。

8.1 业务术语

8.1.1 概述

业务术语是组织中业务概念的描述，包括中文名称、英文名称、术语定义等内容。业务术语管理就是制定统一的管理制度和流程，并对业务术语的创建、维护和发布进行统一的管理，进而推动业务术语的共享和组织内部的应用。业务术语是组织内部理解数据、应用数据的基础。通过对业务术语的管理能保证组织内部对具体技术名词理解的一致性。

8.1.2 过程描述

业务术语具体的过程描述如下：

a）制定业务术语标准，同时制定业务术语管理制度，包含组织、人员职责、应用原则等；

b）业务术语字典，组织中已定义，并审批和发布的术语集合；

c）业务术语发布，业务术语变更后及时进行审批并通过邮件、网站、文件等形式进行发布；

d）业务术语应用，在数据模型建设、数据需求描述、数据标准定义等过程中引用业务术语；

e）业务术语宣贯，组织内部介绍、推广已定义的业务术语。

【过程解读】

组织应设置业务术语的管理部门及数据标准管理岗位，建立业务术语管理制度，在制度中明确业务术语的人员职责、应用原则等管理要求。首先，组织应规定数据标准管理岗收集各业务领域的业务术语，并组织业务术语审批及发布，当业务术语发生变更时应及时发布变更通知。其次，数据标准管理岗应根据组织要求，设置业务术语检查表，检查业务术语在各信息系统的应用情况，并编写业务术语应用检查报告。最后，组织应通过定期组织业务术语培训等方式，对已发布的业务术语进行宣贯推广。

8.1.3　过程目标

业务术语具体的过程目标如下：

a）业务术语可准确描述业务概念的含义；

b）组织建立了全面、已发布的业务术语字典；

c）业务术语的定义能遵循相关标准；

d）通过管理流程来统一管理业务术语的创建和变更；

e）通过数据治理来提升业务术语的管理和应用。

【目标解读】

业务术语建设的核心目标是参考行业内相关业务术语标准，建立符合组织级业务领域的业务术语集合，制定业务术语新增、发布、修订的管理过程，建立业务术语应用及检查的管理机制。

8.1.4　能力等级标准解读

第 1 级：初始级
DSA-BT-L1-1：项目级的业务术语已定义。

【标准解读】

本条款要求组织至少某一个具体的信息化或数字化项目开展过程中，统一定义项目所属业务领域的业务术语名称及含义，统一定义业务术语的标准。

【实施案例介绍】

某公司进行大数据决策分析项目需求调研时，发现ERP、金蝶等应用系统对财务领域的业务术语定义不统一，导致财务驾驶舱中要展示的财务指标描述无法达成一致，因此在项目需求分析说明文档中制定财务、经营管理等业务领域的业务术语标准。

【典型的文件证据】

信息化或数字化项目的需求说明书、系统概要设计、详细设计文档中定义统一的业务术语。

第1级：初始级
DSA-BT-L1-2：在项目级数据模型、数据需求的创建过程采用已定义的业务术语。

【标准解读】

本条款要求组织至少能够在某一个具体的信息化或数字化项目数据模型设计文档，数据需求清单中统一使用已定义的业务术语。

【实施案例介绍】

某公司大数据决策分析项目依据需求进行概念模型、逻辑模型、物理模型设计时，引用需求说明书中已定义的业务术语，例如在财务域的物理数据模型表中使用已定义的营业收入、利润总额、主业利润、资产负债率、净资产收益率、销售（营业）收入增长率的业务术语。

【典型的文件证据】

某组织信息化或数字化项目数据模型设计文档中体现已定义的业务术语名称。

第2级：受管理级
DSA-BT-L2-1：建立了部分业务术语管理流程，并在业务术语定义、管理、使用和维护的过程中得到应用。

【标准解读】

完整的业务术语管理流程包括业务术语的需求收集、业务术语的定义、业务术语的审批与发布、业务术语的应用、业务术语的变更与维护等。本条款则要求组织至少要建立以上业务术语管理的必要的部分流程，并在实际业务术语管理工作中执行该部分流程。

【实施案例介绍】

某公司在组织层面建立了业务术语的审批与发布流程，该流程规定由公司的综合管理部收集和整理公司所适用的业务术语，提交至公司的数据管理委员会评审，评审通过后申请公司盖章并在公司 OA 上发文公示。该公司已经按照以上流程发布了 500 多个业务术语。但该公司尚未明确业务术语的日常使用要求，也未建立业务术语的变更与维护流程，导致业务术语未能在公司内部全面推广使用。

【典型的文件证据】

业务术语发布流程、业务术语审批流程、业务术语管理过程材料与流程规定保持一致。

第 2 级：受管理级
DSA-BT-L2-2：建立了业务术语标准，保证了业务术语定义的一致性。

【标准解读】

本条款要求组织至少能够在某个部门内统一业务术语，制定并发布业务术语标准，确保本部门业务术语的一致性。

【实施案例介绍】

某公司财务部门统一收集财务领域的业务术语，在财务管理制度中对财务业务术语的中文名称、英文名称、术语解释进行说明，并在金蝶财务管理系统等新建项目中使用制度已定义的财务术语，财务部指派专人检查业务术语的使用情况，在检查过程中发现业务术语不一致的问题，例如金蝶财务报表“主营业务利润”未与财务制度中定义的“主业利润”业务术语命名一致，此问题报开发人员修改报表中的业务术语名称后解决。

【典型的文件证据】

某组织已发布的管理制度中定义了业务术语标准、问题跟踪表中记录业务术语应用中发现的问题。

第 2 级：受管理级
DSA-BT-L2-3：定期对业务术语标准进行复审和修订。

【标准解读】

本条款要求某组织在某一部门内发布业务术语标准后，当外部环境和内部环境发生变化时，例如国家标准、法律法规、业务战略的变化，该部门组织相关业务领域专家对业务术语进行复核，并完成复审后业务术语标准的修订。

【实施案例介绍】

某公司财务管理部定义“营业利润率”指标的业务术语，由于公司组织架构调整，不由市场部管理营业部门，由销售部直接管理所有营业部门，需要将“营业利润率”修改为“销售利润率”，财务部门识别到业务术语发生变化，向财务主管领导提出业务术语变更申请，经主管领导审批通过后，财务部相关人员修改财务管理制度，并修订后重新发布。

【典型的文件证据】

某一部门或某业务领域内业务术语更新记录。

第 2 级：受管理级
DSA-BT-L2-4：建立了项目建设过程中业务术语应用的检查机制。

【标准解读】

本条款要求组织至少能够在某一部门或业务领域内，建立并制定业务术语的应用检查机制，检查本部门信息化或数字化项目业务术语的应用情况。

【实施案例介绍】

某公司在财务管理部门委派专人维护财务业务术语标准，并根据业务术语标准开展应用检查工作。在实际工作中，公司规定财务部指派专人检查新建信息化或数字化项目的业务术语的使用情况，并定期记录检查中发现的问题，例如建设人力资源管理系统时，财务人员参加项目设计评审，发现设计文档中某些业务术语定义不符合业务术语标准，设计人员修改设计文档的业务术语后解决问题。

【典型的文件证据】

组织内某信息化或数字化项目的业务术语问题跟踪表。

第 3 级：稳健级
DSA-BT-L3-1：创建和应用组织级的业务术语标准。

【标准解读】

本条款要求，在组织层面创建统一的业务术语标准，促进各业务领域对所属业务技术名词的理解达成一致。业务术语标准应覆盖组织业务发展和经营管理的主要业务范围，并且能够指导各业务领域对业务术语的推广应用。

【实施案例介绍】

某公司成立数据标准工作组，负责业务术语标准的统一管理。数据标准工作组明确公司经营管理的主要数据范围，然后收集不同业务领域的业务术语，在公司层面，统一定义各个业务领域的业务术语标准，并组织各业务领域专家评审，评审通过后，在公司内发布业务术语标准。业务术语标准发布后，公司各新建项目在建设过程中依据标准统一业务术语的应用，数据标准工作组委派专门的数据标准工程师检查业务术语的应用情况。

【典型的文件证据】

正式公开或者发布的、各部门都能遵循的业务术语标准。

第 3 级：稳健级
DSA-BT-L3-2：建立组织级的业务术语索引。

【标准解读】

本条款要求，组织应在建立业务术语标准的同时，建立业务术语索引目录，索引方式可采用线下工作表格、线上网页搜索等形式，业务术语索引的建立为组织各业务部门数据管理人员、数据标准管理人员查询业务术语提供方便。

【实施案例介绍】

某公司制定业务术语管理制度《××× 业务术语实施指南》，数据标准管理部门根据指南收集业务术语，统一定义业务术语的中文名称、英文名称、简写、术语解释等内容，累计收集 116 类共计 876 个业务术语，汇编成《××× 业务术语目录》，并在目录中通过字母建立索引方式，形成组织级的业务术语索引目录。在业务术语实际使用过程中，各业务部门首先查询《××× 业务术语目录》，如在目录中可查询到本业务所需的业务术语，则在数据项目新建过程中使用该业务术语，否则向数据标准管理部提出新增业务术语的申请。

【典型的文件证据】

组织建立的统一的业务术语索引平台或索引目录。

第 3 级：稳健级
DSA-BT-L3-3：在组织内明确了业务术语发布的渠道，并提供了浏览、查询功能。

【标准解读】

本条款要求，组织应在内部明确业务术语发布的渠道，例如通过数据标准管理平台或通过规范性文件等方式进行发布，从而使得相关人员能够浏览、查询组织内的业务术语标准。

【实施案例介绍】

某公司规定由数据标准工作组统一管理业务术语，数据标准工作组完成业务术语收集后，组织专家评审业务术语，通过评审后的业务术语以发文的方式在公司发布。业务术语发布之后，数据标准工作组在数据管控平台提交业务术语导入申请，由平台运维人员完成数据管控平台业务术语的导入，借助该模块的浏览、查询功能，方便各业务人员浏览、查询业务术语标准。

【典型的文件证据】

业务术语发布通知、业务术语查询平台。

第 3 级：稳健级
DSA-BT-L3-4：组织的业务术语在相关项目建设的过程中得到普遍应用。

【标准解读】

本条款要求，组织在制定业务术语标准后，应能够指导数据相关项目建设，在数据相关项目建设的设计开发文档中，应采用现有的组织级业务术语标准。

【实施案例介绍】

某通信集团公司统一发布组织级的业务术语标准，在大数据项目建设过程中，项目进行需求和设计时引用业务术语标准，当需求和设计文档完成编写后，数据标准工程师参加项目需求和设计评审，对业务术语在新建项目的引用情况提出评审意见，项目组依据评审意见完善数据需求和设计开发文档中业务术语内容，从而确保建成后数据项目的业务术语与组织级业务术语标准的一致。

【典型的文件证据】

新建项目需求和设计开发文档。

第 3 级：稳健级
DSA-BT-L3-5：通过数据治理建立了业务术语应用、变更的检查机制。

【标准解读】

本条款要求，组织应通过管理制度规范业务术语应用、变更的职责、流程等内容，并在实际工作中建立业务术语应用、变更的检查机制，检查各个项目或系统中业务术语的应用情况，对于错误的业务术语能够及时进行变更。

【实施案例介绍】

某通信集团公司数据治理委员会统筹开展数据治理，确定数据标准管理的工具及平台，成立数据标准工作组负责业务术语的管理。数据标准工作组建立业务术语管理制度，在制度中明确业务术语新增、修订、应用的管理流程。数据标准工程师制定业务术语检查表、问题跟踪记录、业务术语管理工作报告等文档记录，并指导公司各业务部门开展业务术语应用。在实际工作中，各业务部门按照标准使用业务术语，数据标准工程师对业务术语的应用开展检查，并形成工作报告。

【典型的文件证据】

数据标准工作报告（其中包含业务术语内容）。

第 3 级：稳健级
DSA-BT-L3-6：定期进行业务术语的宣贯和推广。

【标准解读】

本条款要求，组织为推广业务术语的使用，统一业务术语的理解，在组织层面定期进行业务术语的宣贯和推广，可以以线下或线上的方式开展，对相关人员进行业务术语标准的培训，并形成培训课件、签到等培训记录。

【实施案例介绍】

某通信集团公司规定由数据标准工作组组织业务术语的培训及宣贯。数据标准工作组收集各业务部门培训需求，制定业务术语培训计划，经数据治理委员会审批通过后，报公司人力资源部整理成年度培训计划，由人力资源部统一组织培训工作的开展。在具体的培训过程中，数据标准工作组制定培训计划，培养业务术语培训讲师，并按照培训计划开展业务术语培训。在业务术语宣贯方面，数据标准工作组定期组织数据标准工作沟通会，指导各业务部门业务术语的推广应用。

【典型的文件证据】

业务术语培训通知、培训平台的培训记录等。

第 4 级：量化管理级
DSA-BT-L4-1：建立 KPI 分析指标监控业务术语管理过程的效率，并定期对于管理流程进行优化。

【标准解读】

本条款要求，组织应明确业务术语的管理岗位，并通过制度规范业务术语的管理过程，制定 KPI 指标，例如业务术语使用率、业务术语变更率等。组织依据指标对业务术语管理应用进行考核，优化业务术语的管理流程。

【实施案例介绍】

某通信集团公司数据治理委员会建立数据治理 KPI 考核机制，规定由数据标准工作组制定数据标准的考核指标。数据标准工作组与各业务部门开展研讨，确定业务术语管理的工作重点，制定业务术语考核指标，重点考核各业务部门业务术语的使用率、变更率等指标。数据标准工作组将考核指标下发到各业务部门，并在年底时收集指标实际达成情况，统计考核结果，制定并下发《业务术语考核报告》至集团各业务部门、各分公司、子公司。在考核过程中，数据标准工作组对发现的问题进行分析，制定业务术语管理的优化措施，修订业务术语管理制度。

【典型的文件证据】

数据标准考核报告（包含业务术语考核内容）。

第 4 级：量化管理级
DSA-BT-L4-2：业务术语的定义引用了国家标准、行业标准。

【标准解读】

本条款要求，组织在创建业务术语标准时，应参考和引用本行业业务术语相关的国家标准、行业标准，并在组织级的业务术语标准中，能够注明哪些业务术语引用了某些国家标准、行业标准，引用的内容准确规范。

【实施案例介绍】

某通信集团公司数据治理委员会统筹组织公司数据管理制度的建设，规定数据标准工作组收集与公司业务相关的国家标准、行业标准，形成标准清单。数据标准工程师维护和管理标准清单，并组织开展业务术语国家标准的培训和宣贯工作，在实际工作中，指导各业务部门理解业务术语定义，统一使用业务术语。各业务部门在编写管理制度时，参考相关的国家标准、行业标准，并在制度中统一引用标准的业务术语，并列出引用的国家标准、行业标准的名称。

【典型的文件证据】

业务术语列表中罗列业务术语出处（包含相关国家标准、行业标准等）。

第 5 级：优化级
DSA-BT-L5-1：参加行业、国家业务术语标准的制定。

【标准解读】

本条款要求，某组织作为标准的起草单位，参与行业、国家业务术语标准工作，承担了本行业或本领域术语标准相关内容的编制。

【实施案例介绍】

某通信集团公司作为行业的领军单位，肩负行业标准制定的重任，为统一行业标准，引领行业发展，组织行业内有关单位开展标准的制定。公司新业务领域推广过程中，发现行业内对新业务领域的业务术语无法达成一致，为推动新业务的发展，统一行业规范，指导公司各应用系统采用业务术语，公司作为牵头单位，组织行业有关单位制定新业务的业务术语标准。

【典型的文件证据】

本单位参与编写的国家标准、行业标准文件，并注明公司作为起草单位参与标准的制定。

第 5 级：优化级
DSA-BT-L5-2：业界分享最佳实践，成为行业标杆。

【标准解读】

本条款要求组织在业务术语管理上已经取得重要成功，成为行业内数据管理的标杆，并能够积极在业界分享实践成功经验，为行业最佳实践做贡献。

【实施案例介绍】

某通信集团公司作为业务术语应用的标杆企业，将业务术语标准制定、推广应用总结成经典案例，将案例发表在行业宣传期刊、行业公众号、网站等，供行业内有关单位或个人进行学习。同时公司积极参与数据治理峰会、研讨会、交流会等，在会上分享业务术语标准建设情况、业务术语应用推广情况，积极开展经验推广，在行业内形成良好的经验交流氛围，有效推动行业业务术语的统一应用。

【典型的文件证据】

某公司罗列行业术语库、提供给外部组织本公司的业务术语列表、公司大量引用业务术语的制度或文件。

8.2　参考数据和主数据

8.2.1　概述

参考数据是用于将其他数据进行分类的数据。参考数据管理是对定义的数据值域进行管理，包括标准化术语、代码值和其他唯一标识符，每个取值的业务定义，数据值域列表内部和跨不同列表之间的业务关系的控制，并对相关参考数据的一致、共享使用。主数据是组织中需要跨系统、跨部门共享的核心业务实体数据。主数据管理是对主数据标准和内容进行管理，实现主数据跨系统的一致、共享使用。

8.2.2　过程描述

参考数据和主数据具体的过程描述如下：

a）定义编码规则，定义参考数据和主数据唯一标识的生成规则；

b）定义数据模型，定义参考数据和主数据的组成部分及其含义；

c）识别数据值域，识别参考数据和主数据取值范围；

d）管理流程，创建参考数据和主数据管理相关流程；

e）建立质量规则，检查参考数据和主数据相关的业务规则和管理要求，建立参考数据和主数据相关的质量规则；

f）集成共享，参考数据、主数据和应用系统的集成。

【过程解读】

组织应规定数据标准的管理部门，制定参考数据和主数据的管理流程，规范参考数据和主数据的过程管理，明确各角色的管理职责。数据标准管理部门应制定参考数据和主数据标准，梳理组织重点管理的主数据，明确主数据权威数据来源，搭建主数据系统框架，明确主数据和其他应用系统的集成关系。

8.2.3 过程目标

参考数据和主数据具体的过程目标如下：

a）识别参考数据和主数据的组织主数据实体的系统记录（SOR，system of record）；

b）建立参考数据和主数据的准确记录；

c）建立参考数据和主数据的管理规范。

【目标解读】

组织应明确各业务领域主数据类别和主数据范围，建立参考数据和主数据的记录系统，制定参考数据和主数据的标准，建立参考数据和主数据的管理制度，规范参考数据和主数据的管理过程。

8.2.4 能力等级标准解读

第1级：初始级
DSA-RMD-L1-1：在项目级已确认参考数据和主数据的范围。

【标准解读】

本条款要求组织在信息化或数字化项目建设中明确参考数据和主数据的范围，在项目级设计方案中制定参考数据和主数据范围。

【实施案例介绍】

某公司在主数据管理系统项目建设过程中，开展数据现状调研，组织各职能部门开展主数据现状研讨，明确公司内部参考数据和主数据的范围，定义主数据的属性，确定主数据的类别及参考数据格式。

【典型的文件证据】

某项目的参考数据和主数据的设计方案。

第1级：初始级
DSA-RMD-L1-2：参考数据和主数据与部分应用系统进行集成。

【标准解读】

本条款要求组织梳理各应用系统之间的逻辑关系，明确参考数据和主数据之间的数据流向，制定各应用系统的接口规范，在信息化项目建设中按照数据流程和规范完成参考数据和主数据的集成。

【实施案例介绍】

某制造公司主数据系统建设过程中，梳理了各类主数据与部分应用系统的集成关系，明确了其中的接口关系，制定主数据实现方案，并实现参考数据和主数据与部分应用系统的集成。例如对于人力资源主数据，明确人力资源的权威数据来自 HR 系统，主数据管理系统中从 HR 系统采集人力资源系统中员工编号、姓名、年龄等基本信息，同步到其他应用系统中。

【典型的文件证据】

某项目参考数据和主数据系统集成设计方案。

第 2 级：受管理级
DSA-RMD-L2-1：识别参考数据和主数据的 SOR。

【标准解读】

本条款要求组织整合、存储、维护组织各业务的主数据及参考数据，例如对产品数据和客户数据做标准化处理，确定参考数据和主数据的记录方式，例如主数据和参考数据标准维护清单、主数据和参考数据管理系统，这些记录方式就成为组织主数据和参考数据实体的 SOR（记录系统）。

【实施案例介绍】

某制造公司对参考数据和主数据记录系统的建设进行调研，调研小组制定主数据管理表格，收集财务管理、人力资源、生产管理的主数据，然后分别对各个职能域主数据进行调研分析，进而明确各业务部门主数据范围，主数据管理表格就是主数据的记录系统。

【典型的文件证据】

某业务部门主数据和参考数据列表、主数据及参考数据的 SOR。

第 2 级：受管理级
DSA-RMD-L2-2：建立参考数据和主数据的数据标准，整合并描述部分参考数据和主数据的属性。

【标准解读】

本条款要求组织参考国家或行业标准，结合组织业务领域要求，明确各业务部门主数据范围，确定参考数据和主数据的分类，制定主数据的业务模型、规则和定义，统一参考数据的分类原则及表现形式。对于存在业务关联性的参考数据和主数据进行整合管理，并统一制定这部分参考数据和主数据的属性。

【实施案例介绍】

某电力公司参考电力行业主数据管理系统技术规范等标准，梳理公司各业务部门业务实体实例，明确各业务实体的主数据规则及定义，例如销售主要的业务是产生订单，订单数据就是销售部的主数据。公司经过业务梳理，明确各业务部门的主数据类型，组织各业务部门专家定义主数据的名称、属性、值域等，同时制定各类参考数据的编码规则，进而在部门内部建立参考数据和主数据标准。

【典型的文件证据】

某部门主数据和参考数据标准。

第 2 级：受管理级
DSA-RMD-L2-3：建立参考数据和主数据的管理规范。

【标准解读】

本条款要求组织至少在某业务部门内，明确参考数据和主数据标准的制定过程，制定参考数据和主数据的管理活动及工作模板，建立部门参考数据和主数据的管理规则，并在部门内部推广应用。

【实施案例介绍】

某制造公司物料部门为统一本部门物料主数据的管理，编制物料主数据管理规范，制定物料主数据新增、修订、发布的管理机制，建立物料主数据清单一览表，明确物料管理员完成物料主数据维护的操作流程，定期开展物料主数据管理应用的培训。

【典型的文件证据】

某部门主数据和参考数据管理规范。

第 3 级：稳健级
DSA-RMD-L3-1：实现组织级的参考数据和主数据的统一管理。

【标准解读】

本条款要求，组织应既对参考数据进行了有效管理，又对主数据进行了有效管理，包括建立相关的制度规范、定义统一的标准、实现统一的应用等。组织应梳理可以进行统一管理的主数据和参考数据范围，并制定对应的管理制度，明确职责要求、管理流程、活动描述等内容。

【实施案例介绍】

某制造公司梳理各应用系统现状，针对各应用系统数据不一致的主要问题，由公司数据治理组牵头，梳理各应用系统主数据的流向，明确各类主数据的权威数据源，确定各类主数据业务实体承载的数据内容，以及参考数据的范围。通过建立主数据及参考数据的统一的管理平台，组织明确该系统与各应用系统之间的集成关系，实现主数据和参考数据的统一管理。

【典型的文件证据】

某公司主数据及参考数据管理系统。

第 3 级：稳健级
DSA-RMD-L3-2：定义组织内部各参考数据和主数据的数据标准，并在组织内部发布。

【标准解读】

本条款要求，组织应在公司层面制定统一的参考数据和主数据的数据标准，对各类参考数据和主数据的业务定义、业务规则、值域、数据类型、数据格式等进行统一定义并发布。

【实施案例介绍】

某制造公司规定数据标准组统一管理参考数据和主数据标准，数据标准组梳理公司各业务实体，制定主数据和参考数据收集清单，定期组织各业务部门上报主数据清单。根据上报内容，数据标准组依据国家相关标准，制定公司各业务主数据和参考数据标准，并组织专家评审该标准。经过评审后，数据标准组在公司内部 OA 发布。当业务规则有变更时，数据标准组完成标准更新维护并同步在 OA 更新发布。

【典型的文件证据】

某公司正式发布的主数据和参考数据标准。

第 3 级：稳健级
DSA-RMD-L3-3：各应用系统中的参考数据和主数据与组织级的参考数据和主数据保持一致。

【标准解读】

本条款要求，组织在定义完成组织级的参考数据和主数据标准后，应能够指导各应用系统的建设，保证各应用系统中参考数据和主数据能够符合制定的数据标准，只有数据标准保持一致，才能更方便地实现数据的跨系统共享使用。

【实施案例介绍】

某电力公司建立主数据管理系统接口规范，梳理主数据管理系统与ERP系统、财务管控系统、商旅应用系统、人资系统、交易系统等系统的集成关系，明确主数据管理系统的框架图，建立主数据和参考数据的业务处理逻辑。明确由各业务系统向主数据和参考数据管理系统发起数据申请，在系统中完成主数据和参考数据的注册、整理、集成处理后，再将主数据分发到各个业务系统，从而确保各应用系统中的参考数据和主数据与组织级的相一致。

【典型的文件证据】

主数据和参考数据集成规范、主数据和参考数据系统框架图、主数据和参考数据应用系统。

第3级：稳健级
DSA-RMD-L3-4：明确各类参考数据和主数据的管理部门，并制定各类数据的管理规则。

【标准解读】

本条款要求组织应开展数据现状分析，明确各业务部门所管理的主数据和参考数据，通过建立各类主数据和参考数据的新增、修订、发布的管理规则，制定组织级的参考数据和主数据的管理制度，指导各业务部门管理主数据和参考数据。

【实施案例介绍】

某通信集团公司成立数据管理部负责参考数据和主数据的管理。数据管理部组织各业务部门厘清各类业务的职能主体，按业务职能将公司数据类型划分为订单域、管理域、研发域、制造域等，并针对不同域的数据建立相应的管理规则。例如订单域数据由营销中心产生，营销中心负责建立订单数据的管理规则，明确订单主数据在各个应用系统、组织之间的流转方式，制定订单主数据的创建、变更、发布机制。数据管理部统筹协调各类主数据及参考数据的管理机制，统一制定并发布组织级的管理制度，在制度中明确了各类参考数据和主数据（主要考虑主数据）的管理部门、职责、编码规则等内容，为各部门管理主数据和参考数据提供依据。

【典型的文件证据】

某公司参考数据及主数据管理制度。

第3级：稳健级
DSA-RMD-L3-5：规范参考数据和主数据的管理流程，保证参考数据和主数据在各方面的应用。

【标准解读】

本条款要求，组织应通过制定相关的管理制度，规范参考数据和主数据的管理流程，包括主数据和参考数据标准的制定、审核、发布、应用等内容，通过制度的建设和落地实施，实现各类参考数据和主数据的统一管理。

【实施案例介绍】

某通信集团公司规定由数据管理部负责参考数据和主数据的管理，在实际工作中，数据管理部组织各职能域讨论并制定主数据的管理流程，明确不同职能域主数据的新增、审核、发布、变更活动的执行部门以及相关的活动要求，经过汇编整理后形成组织级的参考数据和主数据管理制度。制度发布后，各业务部门定期对管理制度进行培训，在部门内部培养数据标准管理员，负责编写本业务领域主数据管理系统操作手册，通过手册或面授等方式，指导各业务部门开展参考数据和主数据的实际应用。

【典型的文件证据】

某公司参考数据和主数据的管理制度、某公司某主数据管理系统操作手册。

第3级：稳健级
DSA-RMD-L3-6：新建项目的过程中，统一分析项目与组织内部已有的参考数据和主数据的数据集成问题。

【标准解读】

本条款要求，组织在新建信息化项目时，需要分析项目中使用的参考数据和主数据是否在组织内部已经定义了数据标准，如果在组织内部没有定义，则需要根据项目的建设情况，将项目中新生成的参考数据和主数据集成到组织级的参考数据和主数据标准中。

【实施案例介绍】

某公司在2019年建设完成主数据管理系统，定义组织级的参考数据和主数据标准，制定主数据系统的接口规范，明确主数据系统与各应用系统的集成关系。在2020年时，随着公司业务的发展，又新建了MES生产制造执行系统，在MES系统建设过程中，生成了大量新的参考数据和主数据，该公司重新对新增的参考数据和主数据制定标准，然后在主数据管理系统中依据集成规范和标准集成新生成的参考数据和主数据。

【典型的文件证据】

新建项目试运行报告、验收报告、问题记录表等。

第3级：稳健级
DSA-RMD-L3-7：分析、跟踪各应用系统中参考数据和主数据的数据质量问题，推动数据质量问题的解决。

【标准解读】

本条款要求，组织应对各应用系统中参考数据和主数据的数据质量问题进行管理，具体管理方式可参照数据质量能力域。

【实施案例介绍】

某制造公司规定数据标准工程师跟踪处理各应用系统中的主数据质量问题。数据标准工程师组织各有关专家分析主数据问题产生原因，并制定解决措施，指派具体人员解决问题。例如主数据管理系统中发现某客户同一订单的订单编号不一致的问题，数据标准工程师组织各领域专家分析该问题，经过分析后明确该问题是由于未明确订单编号权威数据源导致，通过确定订单编号来源于 CRM 后，该问题得到解决。

【典型的文件证据】

主数据及参考数据问题记录表。

第 4 级：量化管理级
DSA-RMD-L4-1：制定各部门的参考数据和主数据管理的考核体系。

【标准解读】

本条款要求，组织应建立参考数据和主数据的考核制度，考核制度制定了考核指标，重点考核参考数据和主数据的规范性、完整性、一致性、准确性，并对各应用系统与主数据系统集成的完整度进行考核。考核制度明确考核部门和考核对象，建立考核指标体系，制定考核表等模板，指导各业务部门开展参考数据和主数据的考核工作。

【实施案例介绍】

某电力公司为提高参考数据和主数据的数据质量，加强参考数据和主数据的规范管理，制定公司参考数据和主数据管理的考核制度和考核模板。考核制度明确考核部门及被考核部门的职责，建立主数据和参考数据的考核流程，对数据的规范性、完整性、准确性、一致性制定具体的考核指标，明确考核指标的定义、采集渠道、统计公式。

【典型的文件证据】

某公司参考数据和主数据管理考核制度及考核表。

第 4 级：量化管理级
DSA-RMD-L4-2：定期生成、发布参考数据和主数据管理的考核报告。

【标准解读】

本条款要求，组织应定期对各部门的参考数据和主数据管理情况进行考核，并根据考核结果制定发布考核报告。

【实施案例介绍】

某电力公司建立参考数据和主数据管理的考核制度，制度规定数据管理部每季度统计各业务部门、子公司、分公司的考核数据，从主数据管理系统采集各部门考核数据，并将数据统计到考核报告中。在实际工作中，数据管理部按照已定义的考核指标，收集并统计考核数据，在报告中通报各业务部门、子公司、分公司指标达成情况，对于未达到考核指标的单位，数据管理部组织分析未达成原因，明确优化措施。

【典型的文件证据】

某公司参考数据和主数据的考核报告。

第 4 级：量化管理级
DSA-RMD-L4-3：优化参考数据和主数据的管理规范和管理流程。

【标准解读】

本条款要求，组织应定期对参考数据和主数据的管理过程进行考核和总结，并根据考核和总结中发现的问题去修订优化主数据和参考数据的管理规范和管理流程，以适应公司业务的发展。

【实施案例介绍】

某电力公司规定数据管理部负责优化主数据和参考数据的管理流程，数据管理部根据每季度主数据和参考数据的考核结果，对比分析各业务部门的考核情况，统一分析考核发现的问题，并提出改善建议。对于需要优化管理流程的，数据管理部组织各业务部门讨论后更新发布。例如在某次季度考核时，发现某业务部门主数据和参考数据问题较多，经过原因分析，主要是由于各业务部门缺少主数据和参考数据的检查导致。针对此问题，公司修改了《主数据和参考数据管理规范》，在规范中增加了各业务部门对主数据进行日常维护的规定，确保主数据质量符合标准的要求。

【典型的文件证据】

《主数据和参考数据管理规范》等管理制度的优化记录。

第 5 级：优化级
DSA-RMD-L5-1：建立参考数据和主数据管理的最佳实践资源库。

【标准解读】

本条款要求组织将主数据治理过程中的调研资料、主数据设计方案、主数据和参考数据标准、行业标杆实践、国家或行业标准等最佳实践整理存放到可共享的资源库中，分享参考数据和主数据管理的最佳实践。

【实施案例介绍】

某通信集团公司经过多年数据梳理，逐步厘清公司主数据的管理机制，明确各主数据在公司各业务部门、各应用系统的流转方向，过程中形成了大量的知识财富，包括各种调研报告、主数据整理清单、主数据设计方案、主数据操作手册等，同时在主数据建设过程中也参考了大量国内外先进企业的标杆做法，借鉴不少国家和行业标准，为了沉淀这些宝贵的知识经验，公司搭建知识库，统一存放这些宝贵财富，为公司后续主数据和参考数据的学习提供最佳实践资源。

【典型的文件证据】

某公司参考数据和主数据知识库。

第 5 级：优化级
DSA-RMD-L5-2：在业界分享最佳实践，成为行业标杆。

【标准解读】

本条款要求组织在参考数据和主数据管理上已经取得重要成功，成为行业内数据管理的标杆，并能够积极在业界分享实践成功经验，在行业标准制定者或评估机构的组织下，为行业内主数据和参考数据的应用提供最佳经验分享。

【实施案例介绍】

某通信产业公司积极参与行业数据治理年度峰会，并按照大会要求申报数据治理专项材料，公司总结多年主数据和参考数据的管理经验，列举多个经典案例，通过案例介绍说明管理成效，经过行业专家评估，认为公司的参考数据和主数据管理在行业内具备领先水平，并颁发数据治理优秀奖项。同时公司将经典案例编著成书籍，在行业内广泛发行，成为行业各企业学习的楷模。

【典型的文件证据】

公司出版发行的理论著作、书籍等，行业内企业对书籍和著作的交流学习等。

8.3 数据元

8.3.1 概述

通过对组织中核心数据元标准的定义，使数据的拥有者和使用者对数据有一致的理解。数据元也称为数据元素，是用一组属性描述其定义、标识、表示和允许值的数据单元，在一定语境下，通常用于构建一个语义正确、独立且无歧义的特定概念语义的信息单元。数据元可以理解为数据的基本单元，数据元是用来装载数据的一个数据单元（字段）。

8.3.2　过程描述

数据元具体的过程描述如下：

a）建立数据元的分类和命名规则，根据组织的业务特征建立数据元的分类规则，制定数据元的命名、描述与表示规范；

b）建立数据元的管理规范，建立数据元管理的流程和岗位，明确管理岗位职责；

c）数据元的创建，建立数据元创建方法，进行数据元的识别和创建；

d）建立数据元的统一目录，根据数据元的分类及业务管理需求，建立数据元管理的目录，对组织内部的数据元分类存储；

e）数据元的查找和引用，提供数据元查找和引用的在线工具；

f）数据元的管理，提供对数据元以及数据元目录的日常管理；

g）数据元管理报告，根据数据元标准定期进行引用情况分析，了解各应用系统中对数据元的引用情况，促进数据元的应用。

【过程解读】

组织应制定数据元标准，制定数据元管理制度，规范数据元管理过程，明确数据元管理职责，制定统一的数据元目录，提供数据元查找和引用的工具，定期检查数据元应用情况，进行数据元偏差分析，组织相关培训活动，推广数据元应用。

8.3.3　过程目标

数据元具体的过程目标如下：

a）建立统一的数据元管理规范；

b）建立统一的数据元目录。

【目标解读】

组织应建立数据元管理规范和制度，制定组织统一的数据元目录。

8.3.4　能力等级标准解读

第 1 级：初始级
DSA-DE-L1-1：在项目文档中记录数据元的描述信息。

【标准解读】

本条款要求，组织在某个信息化或数字化项目建设过程中，在项目数据字典等数据设计文档中定义数据元的名称、属性、值域、说明等信息。

【实施案例介绍】

某制造公司在主数据系统建设过程中，采用数据字典记录各个主数据数据元的描述信息，定义数据的数据项、数据结构、数据流、数据存储、处理逻辑、外部实体等，通过数据字典定义主数据流程图中各个元素的说明。

【典型的文件证据】

某项目数据字典。

第 1 级：初始级
DSA-DE-L1-2：数据元在项目数据模型建模的过程中得到应用。

【标准解读】

本条款要求，组织在制定项目主题模型、概念模型、逻辑模型、物理模型时应用已定义的数据元格式。

【实施案例介绍】

某制造公司在建立主数据管理系统时，采用 E-R 图进行概念模型设计，在 E-R 图统一实体的命名规则，对数据实体属性名称与数据字典的数据元名称一致，从而确保数据元在概念模型设计中的应用。

【典型的文件证据】

某项目 E-R 设计图、数据字典。

第 2 级：受管理级
DSA-DE-L2-1：在业务部门内统一记录公共数据元信息。

【标准解读】

本条款要求，组织至少对一个业务部门梳理公共数据元，公共数据元是各行各业都要用的，非特定专业、特定业务的数据元标准。通过公共数据元定义，减少各业务部门数据元标准数量，提高业务部门数据元标准定义效率。

【实施案例介绍】

某制造公司规定数据管理小组梳理公共数据元信息，梳理跨部门、跨业务领域都要使用的公共数据元信息，例如姓名、性别、年龄等，并统一制定公共数据元的标准，建立公共数据元目录，记录数据元名称、定义、数据类型、表示格式等信息。

【典型的文件证据】

某公司某部门公共数据元目录。

第 2 级：受管理级
DSA-DE-L2-2：在业务部门内建立数据元识别方法，进行数据元的识别、创建。

【标准解读】

本条款要求，为了统一组织中数据元的标准定义，减少数据元的重复定义，组织应通过调研各业务部门或应用系统数据元的列表，明确应统一使用的数据元标准。组织至少在某一业务部门内部建立数据元管理机制，规范数据元识别、创建、维护的管理流程。

【实施案例介绍】

某制造公司财务部门在金蝶系统、ERP 系统财务管理模块上线后，在实际业务过程中，由于业务变化或部门调整，需要对数据元进行修订或新增，数据管理室在财务公共数据元管理规范中明确财务数据元识别、创建、更新的过程。

【典型的文件证据】

某公司某业务部门数据元管理规范。

第 2 级：受管理级
DSA-DE-L2-3：在业务部门内建立数据元管理和应用的流程。

【标准解读】

本条款要求，组织至少在某一业务部门明确数据元新增、变更、发布的管理流程，并推动本部门数据元的管理应用。

【实施案例介绍】

某制造公司数据管理室建立财务公共数据元目录，并制定财务数据元管理规范，明确财务部负责财务数据元的新增、变更、发布管理，财务部组织财务人员学习数据元管理规范，并指派内部财务人员检查财务数据元的应用情况。

【典型的文件证据】

组织某业务部门数据元管理规范。

第 2 级：受管理级
DSA-DE-L2-4：在新项目建设过程中，建立数据元应用情况的检查机制。

【标准解读】

本条款要求，组织发布数据元规范后，在新项目建设过程中，建立数据元应用检查机制，可以通过人工检查或工具自动检查的方式进行，对于发现的问题，确定有关责任方职责，规定问题解决措施及解决时间，推广数据元在新建项目的应用。

【实施案例介绍】

某制造公司 2019 年建设金蝶财务管理系统后，制定并发布财务数据元目录，2020 年公司实施 ERP 系统，在 ERP 系统建设过程中，财务域数据元命名规则依据已发布的财务数据元目录，数据管理室负责检查数据元在 ERP 系统的应用。

【典型的文件证据】

数据元检查流程、质量检查工具（包含数据元检查规则）、数据元检查问题记录。

第 3 级：稳健级
DSA-DE-L3-1：建立组织内部数据元管理规范，规范数据元的管理流程。

【标准解读】

本条款要求，组织应在公司层面建立统一的数据元管理规范，以规范数据元的管理流程，包括数据元的识别、设计、变更、废止等流程。

【实施案例介绍】

某电力公司建立组织级的数据元管理规范，规范确定各部门数据元管理的职责，明确数据元从产生到应用的全生命周期的管理要求，制定了数据元添加、删除、更新、发布的管理流程。数据标准部作为数据元管理的归口部门，统一收集各业务部门数据元的维护申请，申请通过之后，数据标准工程师完成数据元在应用系统的维护工作，并更新数据元目录，然后数据标准工程师采用 OA 方式在公司内部发布更新后的数据元目录。

【典型的文件证据】

某公司组织级数据元管理规范。

第 3 级：稳健级
DSA-DE-L3-2：依据国家标准、行业标准对组织内部的数据元标准进行优化。

【标准解读】

本条款要求，组织应在建立数据元标准时，可以参考数据元相关的国家标准和行业标准，当有最新的国家标准和行业标准发布后，能够及时对组织的数据元标准进行优化。

【实施案例介绍】

某电力公司成立数据标准组统筹数据元管理。数据标准组参考国家标准、行业标准，制定公司数据元标准。在实际工作中，数据标准组建立与国家标准、行业标准的映射关系，及时跟进国家及行业数据元标准的更新，结合公司业务战略变化，识别公司数据元标准的调整需求，及时完成公司数据元规范、数据元目录的更新。

【典型的文件证据】

某公司数据元目录或数据元规范更新记录。

第 3 级：稳健级
DSA-DE-L3-3：建立组织级的数据元目录，提供统一的查询方法。

【标准解读】

本条款要求，组织应将数据元标准进行统一汇总整理，并通过数据标准管理平台或文档建立数据元目录，以方便数据元标准的查询。

【实施案例介绍】

某电力公司收集各业务系统的数据元，并对数据元进行标准化，制定了安全域、财务域、电网域、客户域、人资域、市场域、物资域、项目域、资产域九大业务领域的数据元模型，统一定义各业务领域的数据元名称、类型、注释、来源系统、数据元归集表名称等信息，进而建立了组织级的数据元目录。数据标准工程师通过邮件及 OA 发布数据元目录，从而为组织内相关人员提供数据元查询和使用的工具。

【典型的文件证据】

× × 公司数据元目录。

第 3 级：稳健级
DSA-DE-L3-4：保证数据元标准与相关业务术语、参考数据等标准保持一致。

【标准解读】

本条款要求，组织在制定数据元标准时，应参照相关业务术语、参考数据的标准，以保证不同标准之间的一致性，例如数据元定义能够与业务术语保持一致，数据元的值域能够与参考数据标准保持一致。

【实施案例介绍】

某电力公司为确保数据元标准与业务术语、参考数据标准的一致性，在数据元目录中对每个数据元备注其业务术语、参考数据的标准。数据标准工程师依据数据元目录，检查各个应用系统数据元名称与公司数据元目录的一致性，同时检查数据元值域、类别与参考数据标准的一致性。

【典型的文件证据】

某公司某数据项目数据字典对数据元名称定义符合业务术语标准、某公司某数据项目数据字典对数据元值域定义符合参考数据标准。

第 3 级：稳健级
DSA-DE-L3-5：定期组织和开展数据元应用的相关培训。

【标准解读】

本条款要求，为统一数据元的理解，推动数据元的广泛应用，组织应定期通过不同方式对数据元标准和应用进行培训，制定相关培训课件和培训计划，通过线下或线上的方式开展培训，以指导相关人员能够规范地进行数据元标准的制定和应用。

【实施案例介绍】

某通信集团公司规定数据标准工程师定期收集数据元培训需求，制定数据元培训计划。公司注重培养数据元讲师，开展数据元应用的培训，培训过程中通过培训通知、培训课件、签到表等培训过程记录开展培训相关活动。

【典型的文件证据】

某公司数据元培训计划、培训通知、培训课件、培训签到表。

第 3 级：稳健级
DSA-DE-L3-6：建立数据元的应用机制，进行应用偏差分析。

【标准解读】

本条款要求，组织应定期检查数据元的应用情况，对各业务部门开展数据元在各个应用系统数据元应用的检查，包括检查应用系统数据元名称、数据元格式、数据元类别等内容的正确性，可根据数据元列表通过人工检查各应用系统的使用情况，也可通过借助数据资产等管理平台，检查应用系统数据元与标准的映射情况，并进行偏差分析，制定措施减少应用系统数据元与标准的偏差。

【实施案例介绍】

某通信集团公司规定数据标准工程师定期开展数据元应用检查。数据标准工程师借助数据资源管理平台，检查各个应用系统引用数据元的情况，通过平台的数据元管理模块查阅已发布的数据元数量、各应用系统引用数据元标准的数量，以及未按标准引用数据元的系统数量，数据标准工程师收集上述数据，分析数据元引用的偏差情况，提出优化建议，制定并发布《数据元偏差分析报告》。

【典型的文件证据】

某公司数据资源管理平台、数据元偏差分析报告。

第 3 级：稳健级
DSA-DE-L3-7：对于数据元的问题进行处理和跟踪。

【标准解读】

本条款要求，组织在制定数据元标准后，应对数据元的应用情况进行跟踪，如果发现数据元存在相关问题，例如数据元名称引用不正确、数据元格式不符合标准要求、数据元属性与标准不一致等问题。组织应及时对数据元问题进行处理，例如修改应用系统数据元相关内容，使其与标准一致；或变更或废止相关数据元标准，使其满足应用系统数据元的应用需求。

【实施案例介绍】

某通信集团公司制定数据元管理规范，规范规定由数据标准工程师跟踪数据元问题的解决，同时建立数据元问题的处理流程。在实际工作中，数据标准工程师依据数据元标准，在数据资源管理平台检查数据元应用情况，数据资源管理平台提供各应用系统数据元应用偏差的统计结果，数据标准工程师对未符合数据元标准的应用，记录在数据元问题跟踪表中，数据标准工程师组织专家分析偏差原因，并提供处理措施。

【典型的文件证据】

数据元问题跟踪表。

第 4 级：量化管理级
DSA-DE-L4-1：发布数据元管理报告，汇总数据元管理工作的进展。

【标准解读】

本条款要求，组织应定期对数据元的管理工作进行总结，定期制定数据元管理报告，让相关者了解数据元管理工作的情况。

【实施案例介绍】

某电力公司制定数据元管理规范，规范规定由数据标准工程师负责制定数据元管理报告，建立数据元管理工作的管理流程，并制定数据元管理工作报告。数据标准工程师对每季度数据元管理工作进行全面总结，分析存在的问题，制定改进措施等，并通过邮件在公司内部中发布。

【典型的文件证据】

数据元管理工作报告。

第 4 级：量化管理级
DSA-DE-L4-2：制定各部门数据元的考核体系，生成数据元管理考核报告。

【标准解读】

本条款要求，组织在明确了各类数据元标准的管理部门或岗位之后，应该制定各管理部门和岗位的考核体系，对各部门的数据元标准管理情况进行考核，并根据考核结果，制定数据元管理考核报告。

【实施案例介绍】

某电力公司建立公司统一的数据元考核体系，制定并发布数据元管理考核制度。

考核制度明确各部门数据元考核的工作职责，制定数据元考核流程，建立数据元变更率、引用率的考核指标，明确考核指标的统计公式、统计口径、统计频次。数据标准工程师按照制度对各应用部门数据元应用进行考核，每月初收集各业务部门数据元考核数据，按照指标公式统计考核结果，记录在数据元管理考核报告中，由数据标准工程师通过 OA 发布数据元管理考核报告，向公司有关部门及领导汇报各业务部门数据元管理工作情况。

【典型的文件证据】

数据标准考核报告（包含数据元考核内容）。

第 4 级：量化管理级
DSA-DE-L4-3：根据数据元管理过程的监控和分析，优化数据元的管理规则、管理流程，定期更新数据元信息。

【标准解读】

本条款要求，组织应对数据元的制定、审批、发布、应用等过程进行跟踪监控，从而对数据元的管理流程进行优化，能够对数据元的信息进行定期更新 。

【实施案例介绍】

某通信公司在数据元管理过程中发现部分数据元未经审批后进行了应用，原因是项目建设时间紧张，而公司审批发布流程过长，因此该公司对数据元的审批发布流程进行了简化，并修订了数据元的管理制度，同时能够定期更新数据元目录中的数据元信息。

【典型的文件证据】

数据元管理规范更新记录以及数据元的更新记录。

第 5 级：优化级
DSA-DE-L5-1：参与国家标准或行业标准的制定。

【标准解读】

本条款要求，某组织作为标准的起草单位，参与行业、国家数据元标准的制定，并且在标准起草单位中看到组织名称。

【实施案例介绍】

某通信集团公司作为通信行业的领军单位，肩负行业标准制定的重任，为统一行业标准，引领行业发展，组织行业内有关单位开展公用数据元标准的制定。由于公司战略调整，公司对各应用系统进行调整，同时也引入新建的数字化项目，为配合这些变化，数据元标准也会随之调整。为主动引领行业发展，适应内外部环境变化，公司积极参与数据元国家标准或行业标准的制定，进而确保行业内数据元标准的主导地位。

【典型的文件证据】

某公司参与编写并发布的某类公共数据元国家或行业标准，标准中能看到起草单位的名称。

第 5 级：优化级
DSA-DE-L5-2：在业界分享最佳实践，成为行业标杆。

【标准解读】

本条款要求组织在数据元管理上已经取得重要成功，成为行业内数据管理的标杆，并能够积极在业界分享实践成功经验，为行业最佳实践做贡献。

【实施案例介绍】

某电力公司作为电力行业标准建设的标杆企业，积极参加国家和行业多个数据元的标准建设，为推动数据元标准的应用，多次参与行业峰会或标准宣贯会，介绍数据元管理经验，分享数据元标准内容。

【典型的文件证据】

公司参与制定并发布的数据元国家标准、行业标准等。

8.4　指标数据

8.4.1　概述

指标数据是组织在经营分析过程中衡量某一个目标或事物的数据，一般由指标名称、时间和数值等组成。指标数据管理指组织对内部经营分析所需要的指标数据进行统一规范化定义、采集和应用，用于提升统计分析的数据质量。组织基于业务经营分析需要，针对各项业务开展制定质量、业务、管理方面的考核指标，例如财务领域的经营分析指标、研发领域的项目缺陷关闭率、项目管理领域的项目计划偏差率等。

8.4.2　过程描述

指标数据具体的过程描述如下：

a）根据组织业务管理需求，制定组织内指标数据分类管理框架，保证指标分类框架的全面性和各分类之间的独立性；

b）定义指标数据标准化的格式，梳理组织内部的指标数据，形成统一的指标字典；

c）根据指标数据的定义，由相关部门或应用系统定期进行数据的采集、生成；

d）对指标数据进行访问授权，并根据用户需求进行数据展现；

e）对指标数据采集、应用过程中的数据进行监控，保证指标数据的准确性、及时性；

f）划分指标数据的归口管理部门、管理职责和管理流程，并按照管理规定对指标标准进行维护和管理。

【过程解读】

组织根据战略规划和业务需要，制定各业务领域的指标数据，搭建指标数据框架，统一定义指标数据标准，制定指标库 。组织通过制定指标数据管理制度，明确指标数据的归口管理部门，规范指标数据的管理过程。通过确定指标数据的访问权限，搭建指标数据管理平台，建立指标数据跟踪管理机制，监控指标数据采集过程，确保指标数据采集的及时性及正确性。

8.4.3 过程目标

指标数据具体的过程目标如下：

a）建立指标数据分类规范、格式规范；

b）建立组织内部统一的指标数据字典；

c）指标数据定义，清晰地描述指标含义等；

d）建立了统一的指标数据管理流程。

【目标解读】

组织制定指标数据管理制度，规范指标数据新增、修订、变更的管理过程，通过统一定义指标数据分类规范、格式规范，制定指标数据标准，进而在组织内建立并发布指标数据字典。

8.4.4 能力等级标准解读

第 1 级：初始级
DSA-ID-L1-1：在项目中定义了指标分析数据，并在文档中进行了描述。

【标准解读】

本条款要求，组织至少在一个或多个项目建设过程中，制定相关业务的指标数据，并在项目数据设计方案中描述指标数据计算公式、统计口径、统计方式等。

【实施案例介绍】

某制造公司在建设研发管理平台时，基于研发业务需要，编制数据设计方案，在方案中建立研发业务的考核指标，明确指标的管理要求，具体的指标例如研发项目进度偏差率、项目成本达成率、缺陷关闭率等。

【典型的文件证据】

某组织的数字化项目中的指标设计方案。

第 1 级：初始级
DSA-ID-L1-2：项目组人员直接管理指标数据的增减、变更等需求，维护文档变更。

【标准解读】

本条款要求，组织至少在一个或多个项目中，由项目组人员直接维护指标数据的增减、变更管理，没有统一的流程和规范的操作。

【实施案例介绍】

某制造公司在建设研发管理平台过程中，在数据设计方案中制定研发指标数据的管理方案，平台运行后，根据业务调整，需要新增研发考核指标，例如新增研发项目满意度、项目按时完成达成率等，项目设计人员修改设计方案，通过评审后重新依据方案完成指标数据的开发。

【典型的文件证据】

某公司数字化项目指标数据管理人员岗位职责和操作流程。

第 2 级：受管理级
DSA-ID-L2-1：在业务部门内部初步汇总了当前的指标数据，形成了指标数据手册。

【标准解读】

本条款要求，组织至少在某一业务部门内制定业务的考核指标，并汇总成部门指标数据考核手册，指派专人定期进行更新及维护。

【实施案例介绍】

某制造公司对营销部门制定销售考核指标，根据经营分析需要，制定考核指标手册，分别按区域、产品、客户类型设计销售考核指标，并在客户关系管理系统中采集考核数据，自动统计各业务部门的考核数据，主要的考核指标包括营业收入、已发货订单、回款额等。

【典型的文件证据】

某公司某部门指标考核手册、某公司某业务部门指标统计模板。

第 2 级：受管理级
DSA-ID-L2-2：在业务部门内部统一了指标数据标准和管理规则。

【标准解读】

本条款要求，在业务部门统一设计并发布指标数据标准，并建立相应的管理规则，规范了指标数据的阈值及相关考核流程。

【实施案例介绍】

某制造公司规定市场部负责制定和维护销售指标数据。市场部按照公司战略要求，统一制定并发布销售指标手册，同时市场部指派专人将指标录入到客户关系管理平台，各营销部门在平台中填报销售指标数据的达成情况，每年末市场部对销售指标数据进行统计，对各销售部门业绩进行考核。

【典型的文件证据】

某组织的指标数据管理手册、组织某业务部门指标统计模板。

第 2 级：受管理级
DSA-ID-L2-3：在业务部门内部指定了指标数据管理人员，实现了指标的统一管理。

【标准解读】

本条款要求，组织至少在某一业务部门内部制定指标数据的专门管理人员，并规定具体人员实现指标数据的统一管理。

【实施案例介绍】

某制造公司市场部指派市场专员负责销售指标数据的统一管理，市场专员收集各销售部门的指标考核手册，统一在客户关系管理平台中录入各销售部门的考核指标，并完成各销售部门指标数据的统计发布，依据业务调整及时更新平台中的考核指标。

【典型的文件证据】

某公司某一业务部门考核指标管理手册的职责说明。

第 2 级：受管理级
DSA-ID-L2-4：建立指标数据管理流程，管理指标数据的增减、变更等。

【标准解读】

本条款要求，组织至少在某一业务部门内部明确各部门指标数据管理职责，并制定指标数据管理流程，并指派专人负责指标数据的增减、变更等活动。

【实施案例介绍】

某制造公司明确市场部负责销售指标数据的管理，市场部制定指标数据的管理流程。每年初基于上一年销售业绩达成情况，与销售部门沟通制定本年度销售指标，汇总成考核手册下发至各销售部门，市场部指派市场专员在客户关系管理平台发布指标数据，当业务有变化时，市场专员在系统中完成指标数据的增减、变更，最后通过 CRM 系统导出各销售部门销售业绩，形成公司年度销售指标业绩报告。

【典型的文件证据】

某公司某业务的指标管理流程（通常在管理制度中明确）。

第 3 级：稳健级
DSA-ID-L3-1：根据组织的业务战略、外部监管需求建立统一的指标框架。

【标准解读】

本条款要求，组织应根据业务管理需求或外部监管需求，制定组织内指标数据框架，通常框架按照业务职责将指标框架划分为研发、财务、人力、运营、营销等，组织应确保指标框架覆盖所有业务领域，并且相互之间不存在重复，确保指标框架的全面性和各分类的独立性。

【实施案例介绍】

某通信集团公司根据外部监管部门的要求，结合公司数据管理业务发展规划，按照公司现有数据分类建立指标体系，搭建公司统一的指标数据框架。指标框架分为一级、二级、三级，一级指标按照营销类、运营类、行政管理类、研发类、人力资源类分类；二级指标分别针对一级指标再制定具体的指标，例如营销类二级指标包括利润率、回款率、市场占有率等；三级指标针对二级指标制定具体指标数据标准。

【典型的文件证据】

某组织的指标框架。

第 3 级：稳健级
DSA-ID-L3-2：在组织层面建立指标数据标准，包括指标维度、公式、口径、描述等。

【标准解读】

本条款要求，组织根据指标数据分类管理框架，在组织层面建立指标数据标准，包括指标数据的维度、计算公式、统计口径、描述等内容。

【实施案例介绍】

某公司根据指标框架的内容，制定指标数据统计标准，进一步细化并建立各项指标数据标准，包括指标数据的维度、计算公式、统计口径、描述等内容。例如对财务类数据、公司制定销售利润率的指标，并设置其计算公式为（营业收入 - 营业成本营业税金及附加）/ 营业收入，统计口径定为每半年统计一次，统计范围涉及公司各分公司、子公司、集团销售部门。

【典型的文件证据】

某公司发布的指标数据标准列表，包括指标数据框架及各指标的维度、统计公式、统计口径、指标描述等内容。

第 3 级：稳健级
DSA-ID-L3-3：对于各部门的指标进行统一汇总，形成组织层面的指标数据字典并发布。

【标准解读】

本条款要求，组织应对各部门的指标数据进行统一汇总，并设计指标数据的数据结构、类型、存储、处理逻辑等内容，形成并发布组织层面的指标数据字典。

【实施案例介绍】

某电力公司数据管理部在建立大数据决策分析平台时，根据各部门的数据分析需求，统一汇总各部门的指标数据，并设计了组织层面的指标数据字典。数据管理部组织各业务领域专家评审指标数据字典，对指标数据的结构、类型、处理逻辑、存储方式进行评审，通过评审后，数据管理部将指标数据字典部署到大数据决策分析平台上，完成指标数据字典的发布。

【典型的文件证据】

某公司数据平台指标数据字典。

第 3 级：稳健级
DSA-ID-L3-4：明确各类指标数据的归口管理部门，进行本部门指标数据的管理。

【标准解读】

本条款要求，组织应通过管理制度或标准规范明确不同类型指标数据的归口管理部门。各业务部门制定的指标数据要符合组织制定的指标框架，并且要在组织范围内发布本部门指标数据，指标数据的应用不局限于本部门范围内。

【实施案例介绍】

某电力公司规定由数据管理部统一制定指标数据标准，数据管理部收集各业务部门指标需求，按照业务职能将指标数据划分为不同类别，对不同类别的指标数据明确其归口管理部门，例如规定财务指标由财务部门负责管理，工程项目指标由项目部负责管理。各指标数据归口管理部门依据公司指标数据标准，制定本部门指标数据管理制度。

【典型的文件证据】

某公司指标数据标准、各职能部门指标数据管理制度。

第3级：稳健级
DSA-ID-L3-5：规范了组织层面的指标数据管理流程，明确了指标数据的管理需求，包括质量、安全等需求。

【标准解读】

本条款要求，组织应制定指标数据的管理制度，以规范指标数据的管理流程，包括指标的提出、审核、发布等流程，同时在管理制度中明确了指标数据管理的质量、安全等方面的要求。

【实施案例介绍】

某通信集团公司制定指标数据管理办法，规范指标数据管理的职责和管理流程。指标数据管理流程包括新增、审核、发布等，其中审核环节包括指标数据质量及安全的审核，审核人员根据公司数据质量规则和数据安全分类分级要求，重点审核指标数据的客观性原则（数据质量需求）、合规性原则（数据安全需求）的符合度。

【典型的文件证据】

某公司指标数据管理办法（办法中应明确数据质量及数据安全需求）。

第3级：稳健级
DSA-ID-L3-6：对于指标数据相关的问题进行处理和跟踪。

【标准解读】

本条款要求，组织应指派专人建立问题跟踪表等方式，记录指标数据使用过程中出现的问题，例如指标数据未按统计口径收集、指标数据统计不正确、指标数据采集部门不正确等。组织应将问题分配给具体人员解决，并跟踪问题直至关闭。

【实施案例介绍】

某通信集团公司规定数据标准工程师统一收集指标数据应用过程中出现的问题，将问题统一收集到指标问题跟踪表，组织各领域专家分析问题产生原因，制定解决办法，将问题分配给具体负责人，跟踪问题直至关闭。在问题跟踪过程中，数据标准工程师及时维护指标问题跟踪表中问题描述、解决措施、问题处理人、问题状态等信息，并将指标问题跟踪表提交到公司知识库中共享。

【典型的文件证据】

某组织的指标数据问题跟踪表。

第4级：量化管理级
DSA-ID-L4-1：定期发布指标数据管理报告，阶段汇总指标数据管理工作的进展。

【标准解读】

本条款要求，组织应对指标数据的管理情况进行总结，汇总指标数据的定义、应用、更新进展情况。组织应按照季度或者月度在整个组织范围内定期发布指标数据管理报告，促进管理层及各业务部门了解指标数据的建设情况。

【实施案例介绍】

某电力公司数据管理部每季度编制指标数据管理报告，在报告中汇报本季度指标数据管理情况，介绍各部门指标数据管理工作开展情况，对本季度新增、修改、删除的指标数据进行说明。同时报告描述指标数据管理工作遇到的问题，并提出问题解决办法及所需的资源需求。

【典型的文件证据】

某公司指标数据管理报告。

第 4 级：量化管理级
DSA-ID-L4-2：制定各部门指标数据的考核体系，定期生成指标数据管理考核报告。

【标准解读】

本条款要求，组织应明确不同类型指标数据的管理部门，并制定了各部门对于指标数据管理的考核体系，考核体系应对各业务部门指标数据的达成情况进行考核，考核指标通常为各业务部门具体业务达成指标，例如销售部门的销售总额，研发部门的项目及时完成率等，组织应定期对上述指标进行考核，并生成考核报告，考核结果一般向公司管理层、各业务部门管理层汇报。为减少管理工作量，指标数据管理考核报告可与指标数据管理工作报告合并后定期发布。

【实施案例介绍】

某电力公司规定数据管理部负责指标数据管理。数据管理部制定并发布公司指标数据标准，围绕指标数据框架制定各业务部门的考核指标，从而建立公司统一的指标数据的考核体系。数据管理部组织各业务部门制定各指标数据的目标值，并通过指标数据管理平台下发。各业务部门在平台中上报指标达成情况，数据管理部每季度收集指标实际值，并编制各业务部门的指标数据考核报告，通过报告反馈各部门业务执行情况，从而帮助各业务部门识别差距，调整业务战略，提升各业务部门的考核指标。

【典型的文件证据】

某公司指标数据考核报告（或包含考核结果的指标数据管理工作报告）。

第 4 级：量化管理级
DSA-ID-L4-3：应用量化分析的方式对指标数据的管理过程进行考核。

【标准解读】

本条款要求，组织在对指标数据的管理过程进行考核时，应尽量采用量化分析的方式，定义量化考核指标，例如考核各业务部门指标数据接入及时率、完整率、正确率、变更率等，组织应对各业务部门指标数据的管理进行量化考核。

【实施案例介绍】

某公司规定数据治理委员会负责指标数据管理的考核，公司在指标数据管理办法中制定指标数据考核指标，分别对各部门和相关人员建立指标数据管理的量化考核指标。对指标数据管理部门和人员制定指标数据正确率、指标数据发布及时率的考核指标；对各分公司、子公司制定指标数据接入率、指标数据接入及时率、指标数据接入完整率、指标数据接入准确率的考核指标。数据治理委员会指派专人每季度编写指标数据考核报告，通报指标数据的达成情况，采用趋势图、偏差分析等方式分析指标数据达成情况。

【典型的文件证据】

某公司指标数据管理考核报告。

第 5 级：优化级
DSA-ID-L5-1：通过指标数据的定义促进数据应用的数据价值的体现。

【标准解读】

本条款要求组织制定各个业务领域的指标数据标准时，应明确指标数据对数据应用体现的价值，组织应依据各项业务战略，制定本业务价值的提升，例如为提高研发效率，组织制定研发项目及时完成率指标；为提升营销业绩，组织制定营销收入提升率等。

【实施案例介绍】

某公司围绕数据应用价值识别各应用领域应定义的指标数据，明确正面指标和负面指标。例如在财务域，为挖掘数据辅助领导决策分析的数据应用需求，公司分别针对偿债能力、赢利能力制定指标数据，包括资产负债率、净资产收益率等。在营销域，为分析每月、每日销售指标的达成情况，制定月度销售指标促进度、当日销售指标与剩余日均销售占比等指标。在研发域，为分析研发项目市场占有情况，制定研发项目市场占有率指标。在制造域，为实时分析库存情况，制定库存周转率等指标。公司充分考虑指标数据的数据应用价值，结合各业务情况，与各部门商讨制定每个指标数据的目标值，经过各业务部门评审后，在 OA 发布指标数据标准，并部署到大数据决策分析平台的指标数据管理模块中。大数据决策分析平台统一采集各应用领域的指标数据，采用平台功能实时统计指标数据值，对即将超出阈值的负面指标发出预警通报。

【典型的文件证据】

某公司指标数据标准（标准中说明指标数据的数据应用价值）。

第 5 级：优化级
DSA-ID-L5-2：业界分享最佳实践，成为行业标杆。

【标准解读】

本条款要求，组织在指标数据管理上已经取得重要成功，成为行业内指标数据管理的标杆，并能够积极在业界分享实践成功经验，为行业最佳实践做贡献。

【实施案例介绍】

某公司建设组织级的指标库，自主研发指标数据管理平台，在指标数据管理方面取得一定的成绩。公司积极参与业界组织的数据治理峰会等，分享组织级指标库以及指标数据管理平台的建设经验，得到行业内企业的认可，并推动行业内指标数据管理的工作进展。

【典型的文件证据】

某公司指标数据管理案例书籍、同行对公司指标数据应用经验的学习及技术交流证据、公司自主研发的指标数据管理平台。

8.5 小结

数据标准是组织数字化建设的根基，建立统一的数据标准，有助于数据进行统一规范的管理，消除各部门间的数据壁垒，方便数据的共享。在数据质量方面，组织依据数据标准完善数据质量规则库，将数据标准植入数据质量规则，可通过质量检查手段识别不符合标准的数据，有助于组织统一解决数据质量问题，提高数据质量。经过标准化和高质量处理的数据方可作为资产统一管理，为数据分析和数据挖掘打好基础。为了推进数据标准的顺利实施，企业可以从以下几方面进行数据标准建设：

• 业务术语：制定组织级业务术语目录，规范业务术语新增、修订、发布流程，推广业务术语应用，开展业务术语培训及宣贯。

• 参考数据和主数据：制定参考数据和主数据标准，明确主数据范围及权威数据源，规范参考数据和主数据新增、修订、发布流程，制定参考数据和主数据质量管理规则，识别主数据与其他系统集成关系，建设主数据管理系统。

• 数据元：制定数据元标准，规范数据元管理过程，制定并发布组织数据元目录，提供数据元查找和引用途径，开展数据元偏差应用分析。

• 指标数据：制定不同业务领域的指标数据标准，搭建指标数据框架，建立组织级指标数据字典，规范指标数据管理流程，跟踪并解决指标应用的问题。

数据标准为数据全生命周期质量控制提供管理机制与制度保障，贯穿数据从采集到存储、治理和分析应用的全过程。做好数据标准管理可支撑企业高效快速进行数字化转型，有助于组织数据集成，支撑更高层面的数据应用。数据标准是数据质量规则建立的主要参考依据。通过对数据标准的统一定义，明确数据的归口部门和责任主体，为企业的数据质量和数据安全提供了一个基础的保障。通过将数据质量规则与数据标准关联，一方面可实现字段级的数据质量校验，另一方面也可以直接构建简单的较为通用的数据质量规则，确保规则的全面性和可用性，提升数据质量。数据标准可协助主数据统一标准化的建立，统一分类标准，支撑主数据的分发和共享。对于一个拥有大量数据资产的企业，构建数据标准是一件必须要做的事情，数据标准的建设可以帮助企业消除数据的不一致性，实现企业数据资产有效共享。

第9章 数据生存周期

数据生存周期是指数据从设计、开发、创建、迁移、应用、存档、回收的周期，对数据进行贯穿其整个生命周期的管理需要相应的策略和技术实现手段。理清数据的质量、安全和存储等各方面的需求，强调相关需求在设计、开发、运维、归档等阶段的落实，确保从源头开始就杜绝相关的问题，建立全生命周期的管理机制。数据生命周期管理的目的在于帮助组织在数据生命周期的各个阶段以最低的成本获得最大的价值。

本能力域分为数据需求、数据设计与开发、数据运维、数据退役四个能力项，数据需求强调识别所需的数据，确定数据需求优先级并以文档的方式对数据需求进行记录和管理；数据设计和开发强调设计、实施数据解决方案，提供数据应用，持续满足组织的数据需求；数据运维强调数据解决方案实施完成后对数据采集、数据处理、数据存储等过程的日常运行及其维护；数据退役强调对历史数据的管理，确保满足外部监管和用户需求。本能力域划分了四个能力项，目的是针对处于不同生命周期阶段的数据，对数据管理方从制度、人员、内容、流程等能力维度上提出详细要求。

9.1 数据需求

9.1.1 概述

数据需求是指组织对业务运营、经营分析和战略决策过程中产生和使用数据的分类、含义、分布和流转的描述。数据需求管理过程识别所需的数据，确定数据需求优先级并以文档的方式对数据需求进行记录和管理。建立分阶段的数据需求管理过程，将来自不同业务、不同用户的数据需求进行汇总、分析，作为组织数据管理工作、数据平台建设的输入，保证数据平台建设满足数据应用需求，保证数据应用需求得到数据管理保障。同时，数据需求管理应对数据管理标准规范进行更新。

9.1.2 过程描述

数据需求具体的过程描述如下：

a）建立数据需求管理制度，明确组织数据需求的管理组织、制度和流程；

b）收集数据需求，需求人员通过各种方式分析数据应用场景，并识别数据应用场景中的数据分类、数据名称、数据含义、数据创建、数据使用、数据展示、数据质量、数据安全、数据保留等需求，编写数据需求文档；

c）评审数据需求，组织人员对数据需求文档进行评审，评审关注各项数据需求是否与业务目标、业务需求保持一致，数据需求是否使用已定义的业务术语、数据项、参考数据等数据标准，相关方对数据需求是否达成共识；

d）更新数据管理标准，对于已有数据管理标准中尚未覆盖的数据需求以及经评审后达成一致需要变更数据标准的，由数据管理人员根据相关流程更新数据标准，保证数据标准与实际数据需求的一致性；

e）集中管理数据需求，各方数据用户的数据需求应集中由数据管理人员进行收集和管理，确保需求的汇总分析和历史回顾。

【过程解读】

数据需求的过程描述在制度、人员、内容、流程四个能力维度上提出了相对详细的要求：在制度方面强调建立数据需求管理制度；在人员方面强调构建数据需求管理组织，明确数据需求管理参与角色（包括需求提出方、需求执行方、需求评审方等）；在内容方面强调数据需求文档关键内容（以数据应用场景为导向，至少明确这一数据应用场景中的数据分类、数据名称、数据含义、数据创建、数据使用、数据展示、数据质量、数据安全、数据保留等需求）；在流程方面强调需明确数据需求流程（以制度形式存在，集中管理数据需求）、涉及环节（包括收集、评审、执行、复盘）以及各环节要点。

9.1.3　过程目标

数据需求具体的过程目标如下：

a）建立数据需求管理制度，统一管理各类数据需求；

b）数据相关方对数据需求有一致的理解，能满足业务的需求；

c）各类数据需求得到梳理和定义；

d）数据的命名、定义和表示遵循组织发布的相关标准。

【目标解读】

进行数据需求管理，所要达成的目标包括：建立完整的数据需求管理制度，包括组织、制度、流程等；数据需求不但要满足业务需求，也要在各数据相关方中达成共识，并满足各数据相关方的需求；组织范围所有的数据需求必须都得到统一的梳理和定义；数据需求中数据的命名、定义、描述说明、格式表示等必须遵循已经发布生效的国家标准、行业标准、企业标准等。

9.1.4 能力等级标准解读

第 1 级：初始级
DLC-DR-L1-1：在项目层面，相关方评审和审批数据需求。

【标准解读】

本条款要求组织至少能够在某一个具体的信息化或数字化项目中，数据需求提出的相关方对数据需求与业务目标、应用需求的匹配度等情况进行了评审和审批。

【实施案例介绍】

某组织为建设企业资源管理系统（ERP 系统）成立了项目组，项目需求分析人员收集了用户对系统应提供的数据统计分析方面的需求，项目经理安排数据需求提出方、数据需求分析人员进行了联合评审，确定需求与业务目标匹配。

【典型的文件证据】

某信息化项目或数据开发项目的数据需求评审会议纪要。

第 1 级：初始级
DLC-DR-L1-2：在项目层面，建立了收集、记录、评估、验证数据需求并确定优先级的方法，将数据需求与业务目标、应用需求匹配一致。

【标准解读】

本条款要求组织至少能够在某一个具体的信息化或数字化项目中，对数据需求的收集、验证和汇总，建立了管理流程，明确了数据需求收集、记录、评估和验证的相关人员岗位、工作任务和产出物，基于数据需求与业务目标、应用需求的匹配度分配了优先级。

【实施案例介绍】

某组织为建设 ERP 系统成立了项目组，项目经理制定了数据需求管理制度，规定在项目组内需设立专门的人员岗位负责收集、记录、评估、验证数据需求，并明确了基于数据需求与业务目标、应用需求的匹配度来确定需求优先级的方法。

【典型的文件证据】

某信息化项目或数据开发项目内部制定的数据需求管理办法。

第 2 级：受管理级
DLC-DR-L2-1：业务部门建立了数据需求管理制度，对数据需求进行了管理。

【标准解读】

本条款要求组织至少能够在某个业务部门内，对数据需求的收集、验证和汇总，建立了管理流程，明确了数据需求收集、记录、评估和验证的相关人员岗位、工作任务和产出物。

【实施案例介绍】

某组织的销售部制定了部门级的《数据需求管理办法》，明确了部门内数据需求的管理流程：

a）销售部的各科室负责根据自身经营管理、市场竞争以及风险防范等需要，提出数据需求申请，对数据应用场景、业务流程、业务规则等内容做出详细描述；

b）销售部的数据科负责统一受理数据需求，进行可行性和必要性分析，编制和完善需求说明书，组织需求分析、评审。

【典型的文件证据】

某组织的业务部门内部制定的数据需求管理办法。

第2级：受管理级
DLC-DR-L2-2：数据需求管理依托信息化项目管理流程进行。

【标准解读】

本条款要求组织至少能够在某个业务部门使用信息化项目管理流程来执行对部门内数据需求的管理。

【实施案例介绍】

某组织的销售部制定了部门级的《信息化项目管理办法》，定义了信息化项目管理流程，并据此来对数据需求进行管理（见表9-1）。

表9-1　信息化项目管理流程

项目阶段	工作任务	
项目前期	需求对接评审	收集各专业数据应用建设需求，需求要明确必要性、建设内容、数据架构、用户范围、预期目标等
		详细说明数据应用建设意义、数据源、数据交互方式、预期成效
		归并共性需求，对于已实现的相同或相似功能，进行功能复用，降低数据应用建设成本
	需求分析	开展需求库管理，需求提出部门出具明确具体数据交互方式、计算逻辑和数据安全架构
		完成系统架构确认，除对现有系统的改造外，一律要求使用微应用架构；自建系统升级建议也按微应用架构进行改造。配合业务部门完成微应用分解
		明确数据需求，包括：明确所需外部数据、内部产生数据情况、数据集成关系，提供系统外部来源明细数据、数据内部流转逻辑与数据接口情况、数据模型匹配情况，预估系统数据规模和未来几年的增长情况

表 9-1（续）

项目阶段	工作任务	
项目前期	数据架构审查	开展数据架构遵从度核查，重点在数据标准、数据接入、数据安全、应用架构等方面开展审查
		数据接口审查，数据应用遵循统一的数据接口标准，统一数据传输格式，保障数据接入中台
		数据存储审查，按照数据类型、业务类型，制定不同的数据存储策略
招标采购	招标采购	采购内容应与项目前期保持一致，如果不符合前期审查要求的禁止采购
项目启动	人员入场管理	开展厂商注册，厂商如实提供包括联系人、历史合作情况等注册信息
	开展承建厂商培训及考核	定期开展数据标准、数据质量、数据资产管理等相关培训及考核，提升数据应用标准化建设水平
项目执行	项目进度管控	按月组织业务部门、数据应用承建厂商开展数据应用建设推进会，掌握应用建设进度，进行问题跟踪验证
	数据模型审查	开展数据模型遵从度核查，开展命名规范、标注清晰、设计合理性审查
		针对跨专业共性数据，跨专业主数据审查
		数据字典设计、变更均需提报互联网部审核备案
	应用技术架构审查	数据应用建设遵循公司“四台两微”技术路线
		事务处理类数据应用上线前将数据接入数据中台
	数据安全审查	数据应采用传输加密、数据脱敏等手段保障数据安全
		重要业务数据采用数据访问代理、数据终端防泄露、数据透明加密等手段防止数据泄露
	数据基础资料审查	数据应用上线前，开放系统元数据采集权限、数据资源及数据字典查询权限，并接入数据管理工具
		提交系统数据字典、功能模块设计、业务流程说明、库表目录
	建转运管理	新建数据应用数据应全量接入数据中台，保障数据接入质量及稳定性
		完成技术审查，包括端口、客户服务、安全等相关检查
	系统部署	软硬件资源申请、检修计划申请（如需要）、功能部署和测试验证工作
		数据工作完成情况核查，完成数据字典与数据库设计说明书、系统页面对照检查，配置系统数据流转监控
	数据应用监测	动态监测数据资源变化
		配置系统数据流转监控，实时监控数据流转

表 9-1（续）

项目阶段	工作任务	
项目验收	项目验收审查	数据应用是否基于公司数据中台构建；是否按照微服务、微应用的架构开展功能和应用设计；是否进行统一注册和发布
		评审数据资源是否统一纳入公司数据中台管理；是否按照数据模型开展数据设计；数据是否全量接入数据中台；是否具备完整的数据字典
		数据权限配置是否与已审批的权限一致；应用的账号是否为实名制，管理员、运维人员、用户等权限级别配置是否规范；数据存储、备份
		评审数据应用功能是否满足业务需求；统一开展数据应用评分，将用户数量、使用频率、数据规模、涉及业务系统数量、数据准确性等维度纳入最终验收评分

【典型的文件证据】

部门级的信息化项目管理办法包含数据需求相关内容、在部门级的制度文件里说明使用信息化项目管理流程对数据需求进行管理。

第 2 级：受管理级
DLC-DR-L2-3：数据需求与业务流程、数据模型之间的匹配关系得到管理和维护。

【标准解读】

本条款要求组织至少能够在某个业务部门内管理和维护数据需求与业务流程的对应关系，以及与部门级数据模型之间的匹配关系。

【实施案例介绍】

某组织销售部的相关负责人组织部门内的相关人员，一同开会对销售管理展示大屏的开发需求进行评审，会上对支撑大屏展示的数据宽表结构进行了评审，并对应更新了部门级数据模型，同时对数据宽表所含数据列进行了数据溯源，并明确了产生数据的业务流程。

【典型的文件证据】

部门内部的数据需求评审会议纪要。

第 2 级：受管理级
DLC-DR-L2-4：各业务部门自行开展数据溯源的工作。

【标准解读】

数据溯源指针对数据需求管理过程识别出所需的数据，确定其权威数据源，在后续的数据设计与开发阶段、数据运维阶段能保证数据解决方案从权威数据源取数，以满足数据质量、数据安全、数据标准各方面的要求。

本条款要求组织至少能够在某个业务部门内部进行需求评审，针对本部门内收集的数据需求，进行数据寻源。

【实施案例介绍】

某组织销售部需要开发一个按月度、按业务划分的销售数据报表，报表里涉及的原始数据包括合同数据、销售人员信息、业务类型信息，销售部对以上的数据来源进行了探讨和确认，识别了各数据的权威来源，如合同数据来自于综合管理部，销售人员信息来自于人力资源管理部等。

【典型的文件证据】

部门内部的数据需求评审会议纪要、部门内发布的需求规格说明书。

第 3 级：稳健级
DLC-DR-L3-1：建立了组织级的数据需求收集、验证和汇总的标准流程，并遵循和执行。

【标准解读】

本条款要求组织对数据需求的收集、验证和汇总，建立标准的管理流程，明确数据需求收集、记录、评估和验证的相关人员岗位、工作任务和产出物。本条款要求组织遵循和执行该管理流程。

【实施案例介绍】

某组织通过制定《数据需求管理办法》，明确了数据需求的管理流程：

a）各业务部门负责根据自身经营管理、市场竞争以及风险防范等需要，提出数据需求申请，对数据应用场景、业务流程、业务规则等内容做出详细描述，按数据需求管理的模板填写需求说明书；数据需求提出流程为：需求提出科室提交需求说明书—科室经理审批通过—业务部门负责人审批通过—信息技术部；

b）信息技术部负责统一受理数据需求，进行可行性和必要性分析，编制和完善需求说明书，组织需求分析、评审。

【典型的文件证据】

组织层面发布的数据需求管理办法和执行记录。

第 3 级：稳健级
DLC-DR-L3-2：数据需求管理流程与信息化项目管理流程协调一致。

【标准解读】

本条款要求数据需求管理流程与信息化项目管理流程的各阶段能够建立对应关系。通常情况下，数据需求管理流程和传统信息化项目管理流程保持一致。

【实施案例介绍】

某组织制定了《数据需求管理办法》，管理办法规定了数据需求的管理流程，并在总则中规定：本办法协同公司信息化项目管理规范共同实施，所有涉及数据类的项目均需要符合本办法的要求。

【典型的文件证据】

组织层面发布的数据需求管理办法、信息科技项目管理办法。

第 3 级：稳健级
DLC-DR-L3-3：根据业务、管理等方面的要求制定了数据需求的优先级。

【标准解读】

本条款要求组织应从数据需求与业务目标、业务需求的匹配程度、投资回报比、实现的难易程度等多维度综合对比分析，制定数据需求的优先级。

【实施案例介绍】

某组织数据管理部在汇总输出数据需求清单时，从战略吻合度、经济价值、投资回报比、难易程度等多维度来对各条数据需求进行综合评分，制定了各条数据需求的优先级。

【典型的文件证据】

组织层面发布的数据需求清单中定义了优先级。

第 3 级：稳健级
DLC-DR-L3-4：明确了数据需求管理的模板和数据需求描述的内容。

【标准解读】

本条款要求组织制定数据需求申请的具体格式，明确需求申请描述的内容，包括数据内容、数据用途、数据使用期限等。

【实施案例介绍】

某组织制定了《数据项目全生命周期管理细则》，并在其中的“数据需求管理”章节提供了数据需求申请单模板，明确了数据需求申请的具体格式，包括数据内容、数据用途、数据使用期限。

【典型的文件证据】

组织层面发布的数据需求申请单。

第 3 级：稳健级
DLC-DR-L3-5：评审了数据需求、数据标准、数据架构之间的一致性，并对数据标准和数据架构等内容进行了完善。

【标准解读】

本条款要求组织应评审数据需求与组织现有数据标准是否一致，例如数据需求里描述的指标数据定义是否与组织现有指标数据标准一致，是否需要更新组织现有指标数据标准。本条款要求组织应评审现有数据架构能否满足数据需求，例如当数据需求需结合组织外数据进行分析时，需要更新组织级数据模型以存储组织外数据。

【实施案例介绍】

某金融企业在评审数据采集优化需求时，信息技术部的相关负责人组织运营管理部、软件开发与测试部的相关人员，一同开会对需求进行评审，会上对“原始期限”这一数据需求进行了业务需求一致性评审和数据标准一致性评审，发现“原始期限”的定义与组织级数据标准不一致，经讨论后决定修改组织级数据标准。

【典型的文件证据】

组织层面发布的数据需求评审会议纪要。

第 3 级：稳健级
DLC-DR-L3-6：记录了产生数据的业务流程，并管理和维护业务流程与数据需求的匹配关系。

【标准解读】

本条款要求组织应记录与数据需求有关的业务流程，以便需求评审人员了解数据需求的业务含义和业务背景、以及进行数据溯源。

【实施案例介绍】

某组织记录了产生数据的业务流程，管理和维护业务流程与数据需求的匹配关系，如表 9-2 所示。

表 9-2　管理和维护业务流程与数据需求的匹配关系

数据需求	源表中文名称	源表英文名称	字段中文名	字段英文名	源头系统	系统所属部门	数据产生方式
资源 ID	柱上变压器 _PSR	T_PSR_DS_P_TRANSFORMER	资源 ID	PSR_ID	PMS2.5	设备部	创建
设备名称	柱上变压器 _PSR	T_PSR_DS_P_TRANSFORMER	设备名称	NAME	PMS2.5	设备部	创建

表 9-2（续）

数据需求	源表中文名称	源表英文名称	字段中文名	字段英文名	源头系统	系统所属部门	数据产生方式
运行编号	柱上变压器_PSR	T_PSR_DS_P_TRANSFORMER	运行编号	RUN_DEV_NAME	PMS2.5	设备部	创建
所属地市	柱上变压器_PSR	T_PSR_DS_P_TRANSFORMER	所属地市	CITY	PMS2.5	设备部	创建
运维单位	柱上变压器_PSR	T_PSR_DS_P_TRANSFORMER	运维单位	MAINT_ORG	PMS2.5	设备部	创建

【典型的文件证据】

组织层面发布的数据需求评审会议纪要、需求规格说明书。

第 3 级：稳健级
DLC-DR-L3-7：集中处理各部门的数据需求，统一开展数据寻源工作。

【标准解读】

本条款要求组织应设置专门的数据需求管理机构，统一处理各业务部门上报过来的数据需求，并进行数据寻源。

【实施案例介绍】

某组织在需求评审过程中，需求评审人员从需求管理工具中整理出需求清单，召开评审会，集中处理各部门的数据需求，对需求进行数据寻源，定位到源系统数据表。

【典型的文件证据】

组织层面发布的数据需求评审会议纪要、需求规格说明书。

第 4 级：量化管理级
DLC-DR-L4-1：定义并应用量化指标，衡量数据需求类型、需求数量以及需求管理流程的有效性。

【标准解读】

本条款要求组织对数据需求的类型、数量进行统计分析，对需求管理流程的有效性进行定量分析，例如，可以统计处于申请状态、分析阶段、开发阶段的需求数量，从而判断需求管理的效率。

【实施案例介绍】

某组织每季度会输出工作季报，对数据需求的类型、数量进行跟踪分析，2021 年一季度出的工作季报认为，数据抽取需求的数量逐季下降，体现出应用平台较好地满足了客户需求；同时，要求把业务系统接入数据平台的需求数量占比最近一年从2%上升到6%，体现了数据平台对业务部门的支撑作用正在提升；当前共有3251条需求处于申请状态，有1176条需求处于分析阶段，有1866条处于开发阶段，显示数据应用开发团队承受着较大的数据需求压力，目前团队正在对需求申请和需求分析的流程进行优化，尽可能提高这两个阶段的处理效率。

【典型的文件证据】

数据需求管理部门的工作总结报告里应用量化指标对需求管理流程的有效性进行了总结和评价。

第4级：量化管理级
DLC-DR-L4-2：组织对数据需求管理流程开展了持续改善措施。

【标准解读】

本条款要求组织对数据需求管理流程规定评估周期，基于数据需求管理流程的量化指标，定期对管理流程的有效性进行评估，为提升有效性而对数据需求管理流程制定改善方案，并在方案实施后对其效果进行验证。

【实施案例介绍】

某组织针对数据需求管理流程规定了评估周期，定期对管理流程的有效性进行评估，基于评估结果和预定目标制定改善方案，并在方案实施后对其效果进行验证。例如，该组织在2020年基于管理流程的改善方案修改了《数据项目全生命周期管理细则》，对数据需求管理流程进行了修订，增加了数据需求变更管理的有关内容，如表9-3所示。

表9-3 数据需求管理流程修订记录

版次号	生效日期	修改原因	所属章节
V1.0	2020.09.25	—	—
V2.0	2020.10.16	增加数据需求变更管理	数据需求
		完善日常检修管理	数据运维
		增加应用技术架构审查	数据设计与开发
V3.0	2020.10.30	增加《××公司业务系统下线审批单》	数据退役
V4.0	2020.12.25	完善数据共享发布流程	数据设计与开发

【典型的文件证据】

数据需求管理办法的修订记录中针对数据需求管理流程改进的部分。

第 4 级：量化管理级
DLC-DR-L4-3：覆盖外部商业机构对本组织的数据需求，促进基于数据的商业模式创新。

【标准解读】

本条款要求组织的数据需求管理机构应建立面向外部商业机构的数据需求收集渠道，通过对外服务实现商业模式创新。例如，金融企业收集到外部商业机构希望能获取交易数据从而用于风险控制等此类的数据需求。

【实施案例介绍】

某金融企业的业务部门在对外交往中，了解到外部风控机构具备借助个人金融交易数据分析个人风险等级的能力，识别出外部风控机构对金融企业的数据需求，并及时反馈给金融企业的数据需求管理部门，双方沟通后合作开发了“薪易贷”产品，金融企业通过数据服务平台向外部风控机构提供贷款申请人群的个人金融交易数据，外部风控机构向金融企业反馈数据分析结果，辅助金融企业识别出合格的工薪阶层人士以发放贷款，帮助金融企业提高了资金使用效率，降低了坏账率。

【典型的文件证据】

组织层面发布的数据需求申请单中的外部数据需求、数据需求管理部门的工作总结报告中对外部数据需求的描述。

第 5 级：优化级
DLC-DR-L5-1：在业界分享最佳实践，成为行业标杆。

【标准解读】

本条款要求组织在数据需求管理上已经建立了组织级的数据需求收集、验证和汇总的标准流程，定义并应用了量化指标来衡量数据需求类型、需求数量以及需求管理流程的有效性，对数据需求管理流程开展了持续改善措施，建立了外部商业机构对本组织的数据需求的收集渠道，实现了基于数据的商业模式创新，成为行业内数据需求管理的标杆，得到行业内的认可，形成了完整的理论方法和工具，并能够积极在业界分享实践成功经验，是公认的行业最佳实践。

【实施案例介绍】

某组织在公开发表的书籍中，介绍了数据需求管理上的成功经验，其中包括说明组织如何建立数据需求收集、验证和汇总的标准流程，如何定义并应用了量化指标来衡量需求管理流程的有效性，如何实现基于数据的商业模式创新，书籍得到了业内的广泛认可。

【典型的文件证据】

在有影响力的公共媒体上发布的介绍组织在数据需求管理实践方面的相关报道、获奖等，组织公开发表的数据需求管理方面的著作、理论文章。

9.2 数据设计与开发

9.2.1 概述

数据设计和开发是指设计、实施数据解决方案，提供数据应用，持续满足组织的数据需求的过程。数据开发是系统开发生命周期中项目活动的子集，专注于数据解决方案组件的设计和实施。数据解决方案包括数据库结构、数据采集、数据整合、数据交换、数据访问及数据产品等。数据解决方案的表现方式多样，例如，既可以是数据分析报表以满足组织的业务需求，也可以是数据管理工具以满足组织的数据管理需求等。

9.2.2 过程描述

过程描述如下：

a）设计数据解决方案，设计数据解决方案包括概要设计和详细设计，其设计内容主要是面向具体的应用系统设计逻辑数据模型、物理数据模型、物理数据库、数据产品、数据访问服务、数据整合服务等，从而形成满足数据需求的解决方案；

b）数据准备，梳理组织的各类数据，明确数据提供方，制定数据提供方案；

c）数据解决方案的质量管理，数据解决方案设计应满足数据用户的业务需求，同时也应满足数据的可用性、安全性、准确性、及时性等数据管理需求，因此需要进行数据模型和设计的质量管理，主要内容包括开发数据模型和设计标准，评审概念模型、逻辑模型和物理模型的设计，以及管理和整合数据模型版本变更；

d）实施数据解决方案，通过质量评审的数据解决方案进入实施阶段，主要内容包括开发和测试数据库、建立和维护测试数据、数据迁移和转换、开发和测试数据产品、数据访问服务、数据整合服务、验证数据需求等。

【过程解读】

数据设计和开发将数据需求转化为信息系统实现的数据应用，或者以数据管理工具的方式帮助组织形成数据管理的能力。本能力项包括数据解决方案设计、数据解决方案的设计质量管理，以及数据解决方案的实施。

9.2.3 过程目标

过程目标如下：

a）设计满足数据需求的数据结构和解决方案；

b）实施并维护满足数据需求的解决方案；

c）确保解决方案与数据架构和数据标准的一致性；

d）确保数据的完整性、安全性、可用性和可维护性。

【目标解读】

数据设计和开发的核心目标是能够设计、实施和维护数据解决方案，从而满足数据需求。数据解决方案应与组织的数据架构和数据标准同步更新从而维持一致，并通过达成组织的数据质量目标，进而实现组织的业务目标和数据管理能力目标。

9.2.4　能力等级标准解读

第 1 级：初始级
DLC-DDD-L1-1：在项目层面设计、实施数据解决方案，并根据项目要求进行了管理。

【标准解读】

本条款要求组织至少能够在某一个具体的信息化或数字化项目中，对所设计的数据解决方案应达到的质量标准、安全标准提出了要求，并据此完成了设计与实施工作。

【实施案例介绍】

某项目组内部制定了数据解决方案设计、开发规范，并据此完成了数据解决方案的设计、实施，获得了验收报告。

【典型的文件证据】

某项目组输出的数据解决方案、某项目的验收报告、某项目组内部制定的数据解决方案设计、开发规范。

第 2 级：受管理级
DLC-DDD-L2-1：单个业务部门建立了数据设计和开发的流程并遵从。

【标准解读】

本条款要求组织至少能够在某一个业务部门中，以部门制度文件的形式明确了数据设计和开发的流程，所有部门成员开展数据设计和开发工作时都需遵从此制度文件规定的流程逐步开展工作。

【实施案例介绍】

某企业销售部数据管理处制定的《销售部数据设计开发管理办法》规定了销售部内部的数据设计和开发标准流程：项目团队在确定数据需求后，数据架构人员根据已确定数据需求以及组织的数据模型、数据标准等要求进行应用级数据解决方案的设计，设计的数据解决方案包括概要设计和详细设计。概要设计主要针对概念模型、逻辑数据模型、物理数据模型、物理数据库等整个架构层面的设计，设计时应保证与组织发布的数据模型与数据标准保持一致；详细设计主要涉及数据需求的采集方式、权威数据源定义、数据产品、数据访问服务、数据整合服务、数据标准等方面，并对这些数据需求的实现进行详细的解决方案定义。在制定数据解决方案时明确了数据供需双方职责，统一开展数据准备工作。数据架构人员将详细设计分析的结果最终整理形成《数据库设计说明书》作为数据设计的解决方案。《数据库设计说明书》的设计应满足数据用户的业务需求，同时也应满足数据的可用性、安全性、准确性、及时性等数据管理需求；数据开发人员根据《数据库设计说明书》进行数据平台的开发，主要内容包括开发和测试数据库、建立和维护测试数据、数据迁移和转换、开发和测试数据产品、数据访问服务、数据整合服务、验证数据需求等；数据测试人员结合测试数据对数据平台执行平台测试，平台的测试流程遵循公司《软件项目测试流程》。项目团队负责人组织相关人员进行平台试运行，试运行周期与数据需求中的需求保持一致；试运行通过后，数据分析人员根据前期确认的需求进行数据的迁移和转换；最后数据分析人员向用户提供数据访问服务、数据整合服务等内容方案，并与用户确认提供的数据平台及服务。

【典型的文件证据】

以部门制度文件的形式发布的如下文件：数据生存周期管理办法、数据设计开发管理办法。

第2级：受管理级
DLC-DDD-L2-2：单个业务部门建立了数据解决方案设计和开发规范，指导约束数据设计和开发。

【标准解读】

本条款要求组织至少能够在某一个业务部门中，以部门制度文件的形式明确了数据设计和开发的规范，部门成员开展数据设计和开发工作时都需遵从此制度文件，确保工作输出的规范化。

【实施案例介绍】

某企业销售部数据管理处制定了销售部内的数据解决方案的系列开发规范，指导约束各类数据设计和开发，例如《JAVA 编码要求》《安全编码要求》《数据库开发要求》《统一异常编码要求》等。这些开发规范通过定义命名规范、编码规范、代码格式规范和注释规范，加强了应用软件开发的标准化管理，方便开发人员快速实施，增强了架构和程序的可读性，有利于防范应用软件漏洞，也降低了实施中程序的运行出错率。

【典型的文件证据】

以部门制度文件的形式发布的如下文件：数据库的设计规范、数据模型的设计规范、针对某编程语言的编程规范。

第2级：受管理级
DLC-DDD-L2-3：建立了数据解决方案设计的质量标准并遵从。

【标准解读】

本条款要求组织至少能够在某一个业务部门中，以部门制度文件的形式明确了数据解决方案设计的质量标准，确保部门成员输出的数据解决方案能够满足数据用户的业务需求，同时也能够满足数据的可用性、安全性、准确性、及时性等数据管理需求。

【实施案例介绍】

某企业销售部数据管理处制定了销售部的数据应用开发管理办法，规定数据解决方案包括数据模型设计（含视图）、脚本处理规则设计、功能设计（如多维分析设计）、展现设计等环节，并定义了上述各环节的具体规范和要求。

【典型的文件证据】

以部门制度文件的形式发布的如下文件：数据生存周期管理办法、数据设计开发管理办法、数据应用开发管理办法。

第2级：受管理级
DLC-DDD-L2-4：数据解决方案设计和开发过程中加强了数据架构和标准方面的应用。

【标准解读】

本条款要求组织至少能够在某一个业务部门中，明确体现出部门成员在设计和开发数据解决方案时，遵循和应用了部门的数据架构和数据标准。

【实施案例介绍】

某企业销售部数据管理处制定了销售部的《数据模型管理规范》，规定数据开发设计人员在设计应用级数据模型时，应尽可能遵循部门基线版本模型来满足数据需求，当需要对基线版本模型进行变动设计时，需把变动设计需求上报数据管理处，数据管理处审批通过后，数据模型团队负责完成应用级数据模型的设计，并同步更新部门的基线版本模型。

【典型的文件证据】

以部门制度文件的形式发布的如下文件：数据模型管理规范、数据设计开发管理办法。

第 2 级：受管理级
DLC-DDD-L2-5：各业务部门根据需要开展数据准备工作。

【标准解读】

本条款要求组织至少能够在某一个业务部门中，明确体现出部门成员在设计和开发数据解决方案时，说明了本部门如何为数据的采集、整合、交换、访问做好准备。

【实施案例介绍】

某工业企业的销售部为收集产业链有关信息，建立了数据仓库，并规定部门内的信息处负责与产业链上下游企业联系，从而获取各个业务系统所需要的数据，例如产量、库存、价格、流向、行业赢利数据、国内贸易数据、对外经济贸易、物价指数数据等，信息员按照部门规定准备数据文件和数据表，通过数据集成系统加载进数据仓库，并经过 ETL 处理后提供给下游的数据分析系统使用。

【典型的文件证据】

以部门文件的形式发布的如下文件：数据设计开发管理办法、数据解决方案。

第 3 级：稳健级
DLC-DDD-L3-1：建立了组织级数据设计和开发标准流程并执行。

【标准解读】

本条款要求组织建立、执行统一的数据设计和开发标准流程，所有组织成员开展数据设计和开发工作时都需遵从此流程逐步开展工作。

【实施案例介绍】

某电力企业定义了数据解决方案的开发流程，整个步骤分为需求分析、环境准备、数据溯源、数据开发、应用构建。

a）需求分析阶段的具体工作是：业务部门对业务场景建设开展需求分析，梳理业务场景应用所依赖的数据源表信息，整合数据需求表清单，明确表的所属源库、表名、字段名等信息，根据实际需求情况填写《数据需求申请表》。

b）环境准备阶段的具体工作是：业务部门根据公司系统账号申请流程，填写相关材料，由信通公司创建数据中台账号及相关权限分配，同时业务部门需向信通公司申请访问数据中台的防火墙，以保障网络连接畅通。

c）数据溯源阶段的具体工作是：业务部门运用数据中台数据地图功能，通过关键字智能检索和匹配相关数据资源，查看表字段和部分数据预览，明确数据是否已接入，如果已接入，通过血缘分析找到共享层模型表或标准表，并申请共享层表的使用权限，由数据中台管理员进行权限审批。针对数据未接入的，需协助数据中台开展数据接入工作，完成数据对接和共享层模型表或标准表的数据加工，使数据中台的贴源层和共享层的数据实现可用、可读、准确。

d）数据开发的具体工作是：业务部门根据场景建设需求，借助于 MaxCompute 在 ADS 开发环境开展海量数据的处理、统计分析和分析挖掘。在分析层构建主题模型要做到管理模块清晰，管理目录清晰，代码结构清晰，注释说明清晰，实现可读性强，交付审查易，发布时间快。业务部门在开发环境进行逻辑的验证，保障逻辑准确，满足业务实际需求，并根据信通公司要求，完成生产环境上线的相关材料编写工作，并按照数据中台生产环境要求完成逻辑调整，并提交调度任务。由数据中台管理员审核并发布到 ADS 生产环境，保障数据开发程序按照调度频率运行。最后将数据同步到 RDS 数据库。

e）应用构建阶段的具体工作是：根据业务部门提交相关的 API 服务配置，数据中台管理员统一注册、创建相关的 API，并发布 API 给业务部门调度使用。通过数据服务的统一化管理，实现对数据输出的可控性和安全性以及共享性，达到少开发多利用，其他用户可以通过申请 API 的使用权限，得到管理员授权后同样可以获取相应 API 的使用。

【典型的文件证据】

以企业制度文件的形式发布的数据应用开发规范，以及建立了对应的数据应用开发流程。

第 3 级：稳健级
DLC-DDD-L3-2：建立了组织级数据解决方案设计、开发规范，指导约束各类数据设计和开发。

【标准解读】

本条款要求组织针对数据解决方案建立统一的设计、开发规范，例如数据仓库建模规范、数据开发编程规范等，以此指导数据库结构设计、数据模型设计、数据产品开发等数据解决方案组件的设计与实施。

【实施案例介绍】

某金融企业制定了组织级数据解决方案的系列开发规范，指导约束各类数据设计和开发，例如《Java 安全编程规范》《Python 安全编程规范》《存储过程安全编程规范》等。这些开发规范通过定义命名规范、编码规范、代码格式规范和注释规范，加强了应用软件开发的标准化管理，方便开发人员快速实施，增强了架构和程序的可读性，有利于防范应用软件漏洞，也降低了实施中程序的运行出错率。

【典型的文件证据】

以企业制度文件的形式发布的如下文件：数据库的设计规范、数据模型的设计规范、针对某编程语言的编程规范。

第 3 级：稳健级
DLC-DDD-L3-3：建立了组织级数据解决方案的质量标准、安全标准并执行。

【标准解读】

本条款要求组织针对数据解决方案建立统一的质量标准、安全标准，确保数据解决方案设计能够满足数据用户的业务需求，同时也能够满足数据的可用性、安全性、准确性、及时性等数据管理需求。

【实施案例介绍】

某金融企业针对数据架构升级改造项目，明确了数据架构应满足松耦合、主数据、高效性、完整性、安全性、一致性和准确性七大原则。其中，松耦合原则强调操作型数据与分析型数据处理分离；主数据原则强调主数据集中管理，低冗余，高共享；高效性原则强调明细数据少搬迁，使用、传输满足时点要求等。

【典型的文件证据】

组织发布的数据解决方案评审检查单。

第 3 级：稳健级
DLC-DDD-L3-4：应用级数据解决方案与组织级数据架构、数据标准、数据质量等协调一致。

【标准解读】

本条款要求组织在为某数据应用设计数据解决方案时，应与组织的数据架构和数据标准维持一致，并遵守组织现有的数据质量规则，从而实现组织的数据质量目标。

【实施案例介绍】

某金融企业在完成制定某数据应用的设计方案后，信息技术部的相关负责人组织运营管理部、软件开发与测试部的相关人员，一同开会对方案进行评审，会上对设计方案中“原始期限”的计算公式和组织级数据标准进行了一致性评审，发现两者之间存在偏差，经讨论后决定修改组织级数据标准。

【典型的文件证据】

组织数据归口管理部门针对某应用级数据解决方案的评审会议纪要。

第 3 级：稳健级
DLC-DDD-L3-5：数据解决方案设计和开发过程中参考了权威数据源的设计，优化了数据集成关系并进行了评审。

【标准解读】

本条款要求组织在需求分析阶段统一开展数据寻源的工作，在设计数据解决方案的数据采集功能时，明确定义权威数据源作为数据采集的目标节点，并在数据解决方案的评审会议上对数据传输路径进行了检查和优化，改善数据集成关系。

【实施案例介绍】

某省电力企业的数据中台与集团总部的数据中台之间两级贯通传输路径原本为：省侧贴源层—省侧共享层—省侧交换区—UEP—总部交换区—总部共享层，存在“节点多、耗时长、质量低”的问题，现利用数据中台数据集成功能和交互账号权限管控实现两级中台共享层直接对接，即省侧共享层—总部共享层，实现了两级中台数据高效交互，提升了数据交换能力。在效果验证实验中，对数据量上亿的、容量 11.07G 的表进行抽数，两级中台共享层直接对接前经常传输超时，对接后则可做到 10min 内完成。

【典型的文件证据】

某企业数据归口管理部门制定的如下文件：数据解决方案的评审会议纪要、数据接入整合技术方案。

第 3 级：稳健级
DLC-DDD-L3-6：明确数据供需双方职责，统一开展数据准备工作。

【标准解读】

本条款要求组织在制定数据解决方案时，应说明数据提供方和数据需求方各自的职责，共同为数据的采集、整合、交换、访问做好准备。

【实施案例介绍】

某电力企业明确了数据供需双方职责：数据提供方需按既定的采集接口规范准备数据文件和数据表，数据中台的维护部门作为数据需求方，其职责是监控数据采集作业的完成情况，为数据提供方将数据进行持久化存储，为后续应用构建、大数据分析、数据互联互通提供数据保障服务。

【典型的文件证据】

某组织数据归口管理部门制定的数据解决方案针对数据提供方和数据需求方定义了各自的职责。

第 4 级：量化管理级
DLC-DDD-L4-1：参考、评估并采用数据设计与开发的行业最佳实践。

【标准解读】

本条款要求组织能够在建立组织级数据设计和开发标准流程、制定组织级数据解决方案设计和开发规范、建立组织级数据解决方案的质量标准和安全标准、明确数据供需双方职责等方面工作中，参考、评估并采用行业标杆的有益经验和实际做法。

【实施案例介绍】

某电力企业的数据模型团队在制定组织级数据模型的过程中分析了 IEC、SAP、阿里、中国电信业界已有的数据模型参考架构，学习了相关方法和经验。例如，企业通过对标 SAP，补充调整了数据模型二级主题域，优化了实体级实体间关系，对属性进行了唯一性管理等。

【典型的文件证据】

某企业数据归口管理部门的工作总结、某企业数据归口管理部门制定的数据解决方案的参考附录部分。

第 4 级：量化管理级
DLC-DDD-L4-2：定义并应用量化指标，衡量数据设计与开发流程的有效性。

【标准解读】

本条款要求组织能够针对数据设计与开发流程的运行情况进行量化分析，以指标的方式体现流程对实际工作的管理效果。量化指标通常包括实体设计开发规范性、物理模型完备性、开发处理时长超期原因分布等。

【实施案例介绍】

某电力企业的数据管理部门在数据开发工作季报中使用实体设计开发规范性、物理模型完备性、物理模型一致性等量化指标来衡量开发环节的工作效率。

【典型的文件证据】

某企业数据归口管理部门的工作总结。

第 4 级：量化管理级
DLC-DDD-L4-3：组织对数据设计与开发流程开展了持续改善措施。

【标准解读】

本条款要求组织对数据设计与开发流程规定评估周期，基于量化指标，定期对数据设计与开发流程的运行情况进行分析，为提升有效性而对流程制定改善方案，并在方案实施后对其效果进行验证。

【实施案例介绍】

某组织针对数据设计与开发流程规定了评估周期，定期对管理流程的有效性进行评估，基于评估结果和预定目标制定改善方案，并在方案实施后对其效果进行验证。例如，该组织在 2020 年基于管理流程的改善方案对流程共进行过两次修订：一是增加应用技术架构审查，按照数据中台技术路线，要求数据应用采用微服务微应用架构，事务处理类数据应用可部署独立的数据库，上线前将数据接入数据中台，数据分析类数据应用须基于数据中台开展应用建设；二是完善数据共享发布流程，提出对内共享最大化、对外共享最小化原则，制定对外数据信息共享的授权、对象限制及审批流程。

【典型的文件证据】

某企业数据归口管理部门制定的如下文件：数据应用开发规范的修订记录、数据全生命周期管理细则的修订记录。

第 5 级：优化级
DLC-DDD-L5-1：数据设计与开发能支撑数据战略的落地，有效促进数据的应用。

【标准解读】

本条款要求组织的数据归口管理部门定期基于数据战略规划对数据设计与开发工作的产出进行评估，判断其是否能够满足数据用户的业务需求，是否能支撑数据战略的落地，是否帮助达成了组织的业务战略。

【实施案例介绍】

某金融企业在 2018 年制定了《2018—2020 年数据战略规划》，明确了未来 3 年的数据战略规划：

a）完善数据治理组织架构，培养数据治理人才，建立对应的绩效考核体系。

b）提高公司的数据管理水平，完善数据安全、数据标准、元数据各自管理工具的功能。

c）提升公司的数据应用能力，加强数据分析团队建设，快速支撑各部门的数据分析需求。

d）建设历史数据平台、全业务数据资源中心和互联互通平台，推动数据运营与共享。

该金融企业在 2020 年底对数据设计与开发工作对数据战略的支撑作用进行分析总结：开发的历史数据平台获得中国人民银行颁发的银行科技发展奖三等奖；建立与省市财政局、市住房维修基金、市县审批局数据平台的对接，实现了数据互联互通；建设了数据库脱敏系统，提升了数据安全管理能力；建设了数据库运维平台，提升了数据运维能力；组织了同城灾备切换演练，验证了灾备体系有效性。

【典型的文件证据】

某企业数据归口管理部门制定的如下文件：数据战略规划、数据战略规划实施效果评价。

第 5 级：优化级
DLC-DDD-L5-2：在业界分享最佳实践，成为行业标杆。

【标准解读】

本条款要求组织在数据设计与开发方面，定义组织级数据设计和开发标准流程，并基于对数据设计与开发流程的有效性的定量评估，对数据设计与开发流程开展持续改善措施，明确组织级数据解决方案设计、开发规范，建立组织级数据解决方案的质量标准、安全标准，成为行业内数据设计与开发的标杆，得到行业内的认可，形成了完整的理论方法和工具，并能够积极在业界分享实践成功经验，是公认的行业最佳实践。

【实施案例介绍】

某互联网企业定期举办开发者大会，在 2021 年的大会上，该企业研发人员发表了“智能开发与高效运维”“大数据与 AI 一体化开发平台”等主题演讲，介绍了组织在数据设计和开发方面的成功经验。

【典型的文件证据】

在有影响力的公共媒体上发布的介绍组织在数据设计和开发方面的相关报道、获奖等。组织公开发表的数据设计和开发方面的著作、理论文章。

9.3 数据运维

9.3.1 概述

数据运维是指数据解决方案实施完成后，对数据采集、数据处理、数据存储等过程的日常运行及其维护过程，保证数据平台及数据服务的正常运行，为数据应用提供持续可用的数据内容。

数据运维包括数据采集的运维、数据处理的运维和数据存储的运维，目的是为已经建设完成的信息化系统、数据平台及数据应用服务等相关系统进行数据相关的管理运维活动，保证其数据的持续可用。

9.3.2 过程描述

过程描述如下：

a）制定数据运维方案，根据组织数据管理的需要，明确数据运维的组织，制定统一的数据运维方案；

b）数据提供方管理，建立数据提供的监控规则、监控机制和数据合格标准等服务水平协议和检查手段，持续监控数据提供方的服务水平，确保数据平台和数据服务有持续可用、高质量、安全可靠的数据，数据提供方管理包括对组织的内部和外部数据提供方；

c）数据平台的运维，根据数据运维团队对数据库、数据平台、数据建模工具、数据分析工具、ETL工具、数据质量工具、元数据工具、主数据管理工具的选型、部署、运行等进行管理，确保各技术工具的选择符合数据架构整体规划，各项运行指标满足数据需求；

d）数据需求的变更管理，数据需求实现之后，需要及时跟踪数据应用的运行情况，监控数据应用和数据需求的一致性，同时对用户提出的需求变更进行管理，确保设计和实施的一致性。

【过程解读】

数据运维的过程描述在制度、人员、内容、流程四个能力维度上提出了相对详细的要求：在制度方面强调建立数据提供方的管理制度；在人员方面强调构建数据运维团队，负责数据平台和数据管理工具的选型、部署、运行；在流程方面强调建立数据需求的变更管理流程；在内容方面强调制定统一的数据运维方案，明确对数据平台和数据管理工具的管理活动，确保数据平台的各项运行指标满足数据需求。

9.3.3　过程目标

过程目标如下：

a）组织的内外部数据提供方可按照约定的服务水平提供满足业务需求的数据；

b）保证数据相关平台和组件的稳定运行。

【目标解读】

数据运维的核心目标是保证数据相关平台稳定运行，各项运行指标能够满足数据需求，同时通过对组织的内外部数据提供方的管理，保证数据平台能获取到所有达到组织质量目标的为满足业务需求所需要的数据。

9.3.4　能力等级标准解读

第1级：初始级
DLC-DOM-L1-1：各项目分别开展数据运维工作，跟踪数据的运行状态，处理日常的问题。

【标准解读】

本条款要求组织至少能够在某一个具体的信息化或数字化项目中，对数据提供方的服务水平进行了监控，确保数据服务有持续可用、高质量、安全可靠的数据；对数据库和各种数据管理工具的选型、部署、运行等进行了管理，确保各项运行指标能够满足数据需求。

【实施案例介绍】

某企业针对某信息化项目制定了《信息化项目运维方案》，列出了该项目相关的服务器清单、数据库清单、软件清单、日志存放目录与备份文件存放目录等资源与工具，说明对服务器操作系统、数据库运维、备份系统运维需要执行的操作，定义了运维服务流程、服务管理规范与应急服务响应措施；同时规定了数据提供方的管理流程：运维管理员持续监控数据平台的数据采集情况；当发现平台采集不到数据或者双方建立不起连接时，运维管理员将通知项目经理，请项目经理通过正式渠道联系数据提供方，了解问题出现的原因。

【典型的文件证据】

信息化项目运维方案、信息化项目运维管理制度。

第 2 级：受管理级
DLC-DOM-L2-1：对某类或某些数据确定了多个备选提供方，建立了选择数据提供方的依据和标准。

【标准解读】

本条款要求组织至少能够在某一个业务领域为某些关键数据确定了多个数据提供方，以各自的服务水平确定了优先顺序，据此确定为组织在该业务领域提供某些关键数据的主提供方和备选提供方，为满足数据的可用性、及时性等需求提供有效保障。本条款对于外部数据要求确定多个外部数据提供方，例如通过外部数据管理平台监控不同数据服务商的服务水平。本条款对于内部数据要求确定多个内部数据提供方，例如使用数据运维平台监控与多个源数据库的连接状态。

【实施案例介绍】

某企业针对某商品的市场行情数据的收集，确定了多个数据提供方，并分别测算了双方建立连接的成功率，以此作为数据提供方的选择优先顺序，即以连接成功率最高的数据提供方作为数据主提供方，数据运维过程中持续监控其服务水平，当出现连接中断等异常情况时，按照既定优先顺序及时切换到备选提供方接收数据。

【典型的文件证据】

××× 业务的数据提供方管理办法。

第 2 级：受管理级
DLC-DOM-L2-2：在某个业务领域建立了数据提供方管理流程，包括数据溯源、职责分工与协同工作机制等并得到遵循。

【标准解读】

本条款要求组织至少能够在某一个业务领域确定了数据提供方管理流程，包括数据溯源和数据采集时的协同工作步骤，并与数据提供方协商约定了数据溯源的方法、双方在数据采集方面的职责分工，以及在数据采集时的协同工作管理机制。对于组织外的数据提供方，需要两个组织签订合作协议，针对上述内容约定权责，商业模式可能是双方合作开发数据产品，也可能是纯粹的数据采购；对于组织内的数据提供方，需要部门间商定合作事项。

【实施案例介绍】

某企业销售部针对某商品的市场行情数据的收集，确定了数据提供方管理流程：销售部数据分析人员访问数据提供方数据中台的数据地图功能，通过关键字智能检索和匹配相关数据资源，查看表字段和部分数据预览，并通过血缘分析找到共享层模型表，向数据提供方提出访问权限申请；数据提供方针对该企业销售部数据分析人员申请访问的数据表建立数据接口；该企业销售部数据分析人员调用数据接口完成数据开发工作；数据提供方通过数据服务平台持续监控数据接口的访问情况。

【典型的文件证据】

××× 业务的数据提供方管理办法。

第 2 级：受管理级
DLC-DOM-L2-3：在某个业务领域建立了数据运维管理规范，并指导相关工作的开展。

【标准解读】

本条款要求组织至少能够在某一个业务领域确定了数据运维团队的职责分工，以及对数据平台和数据管理工具的管理流程和管理活动，包括数据采集的策略及方式、数据处理的流程、数据存储的方式、正常运维的指标等。

【实施案例介绍】

某企业销售部制定了《销售部数据平台运维方案》，规定了现场日常维护服务内容，主要包括定期巡检、系统监控、数据分析、数据备份、投诉处理、文档管理和安全保密措施等。定期巡检是定期对系统的软硬件和接口进行检测，及时发现故障，排除隐患，提出改进意见；系统监控则通过终端、短信、电子邮件等各种手段实时监控系统运行情况，及时发现系统运行过程中存在的隐患，并将其解决；数据分析是对系统运行过程中产生的各项数据高度敏感，及时分析并形成报告；数据备份定期对系统以及重要数据进行备份，并定期验证备份数据的正确性，以确保备份数据恢复可实施；投诉处理负责对客户的投诉建议进行分析，按时回复处理结果；文档管理是将维护过程中的相关维护经验形成文档，定期补充；安全保密是遵循客户的各项安全保密原则，不外泄客户资料信息。

【典型的文件证据】

××× 部门数据运维方案。

第 2 级：受管理级
DLC-DOM-L2-4：在某个业务领域对数据需求变更进行了管理。

【标准解读】

本条款要求组织至少能够在某一个业务领域确定了数据需求变更管理流程，明确数据需求变更的归口管理人员及职责，并提供变更管理模板。

【实施案例介绍】

某企业销售部制定了《销售部数据需求管理办法》，规定本部门的数据处是数据需求管理的责任部门，负责数据需求管理工作，其中包括数据需求的变更管理；管理办法提供了数据需求变更管理的模板。管理办法规定数据需求的变更管理为：需求变更提出人填写申请—科长审批—数据处审批—数据需求分析设计。

【典型的文件证据】

数据需求管理办法。

第 3 级：稳健级
DLC-DOM-L3-1：建立了组织级数据提供方管理流程和标准并执行。

【标准解读】

本条款要求组织以公开发布文件的形式，定义了组织级数据提供方的管理流程和职责分工，以及数据提供方应提供的服务水平。

【实施案例介绍】

某金融企业建立了组织外数据提供方的管理流程：双方对接成功后，运维管理部使用外联平台持续监控外部数据访问质量；当发现影响业务等严重情况时，如：外联平台收不到组织外数据提供方发过来的数据或与组织外数据提供方建立连接的成功率偏低等，运维管理部将通知负责与组织外数据提供方联系的业务部门，请业务部门通过正式渠道联系外部机构，了解问题出现的原因。

该金融企业同时也建立了组织内数据提供方的管理流程：业务系统接入基础数据平台后，运维管理部使用智能运维平台持续监控基础数据平台导入业务系统数据的过程；当发现导入数据任务失败等严重情况时，智能运维平台将弹出告警，并发短信给运维人员，运维人员将检查出错原因，并负责与组织内数据提供方联系，请对方检查源系统数据。

【典型的文件证据】

组织公开发布的数据提供方管理办法。

第 3 级：稳健级
DLC-DOM-L3-2：建立了组织级的数据运维方案和流程并执行。

【标准解读】

本条款要求组织以公开发布文件的形式，定义了统一的数据运维方案，明确数据运维团队对数据平台和数据管理工具的管理活动、管理流程和职责分工。

【实施案例介绍】

某企业制定了《数据平台运维方案》，方案定义了数据运维的范围、目标、团队架构、服务响应制度，并围绕运维管理平台的建立、完善和改进，制定日常维护流程，强化基于客户感知的运维和数据质量管控。

【典型的文件证据】

组织公开发布的数据平台运维方案。

第 3 级：稳健级
DLC-DOM-L3-3：数据运维解决方案能与组织级数据架构、数据标准、数据质量等工作协调一致。

【标准解读】

本条款要求组织以公开发布文件的形式，定义了统一的数据运维方案，明确数据运维团队对数据平台和数据管理工具的管理活动，确保数据平台和数据管理工具的选择符合组织定义的数据架构，数据平台的各项运行指标满足数据需求。

【实施案例介绍】

某电力企业制定了《数据运维方案》，规定源系统负责人根据前期收集的数据字典，在数据中台的数据接入组件里完成数据质量核查规则配置，保证数据质量监测与接入状态监测同步开展。数据中台的运维负责人每日分析数据接入时产生日志告警，及时协调源系统负责人共同处理数据接入问题。

【典型的文件证据】

组织公开发布的数据平台运维方案包含了数据架构管理、数据标准管理、数据质量管理等有关工作内容。

第 3 级：稳健级
DLC-DOM-L3-4：建立了数据需求变更管理流程，并以此对组织中的需求变更进行管理。

【标准解读】

本条款要求组织以公开发布文件的形式，定义统一的数据需求变更管理流程，明确数据需求变更的归口管理部门及职责，提供变更管理模板，同时应提供实际执行的过程材料。

【实施案例介绍】

某金融企业制定了《数据需求管理办法》，规定本企业的数据治理综合管理办公室是数据需求管理的责任部门，负责数据需求管理工作，其中包括数据需求的变更管理；管理办法提供了数据需求变更管理的模板。管理办法规定数据需求的变更管理为：需求变更提出部门填写申请—部门内部审批—数据治理综合管理办公室审批—数据需求分析设计。

该金融企业提供了实际执行的过程材料，包括填写了审批意见的数据需求变更管理文档以及评审会议纪要。

【典型的文件证据】

组织公开发布的数据需求管理办法、数据需求变更管理文档、数据需求变更评审会议纪要。

第 3 级：稳健级
DLC-DOM-L3-5：定期制定数据运维管理工作报告，并在组织内进行发布。

【标准解读】

本条款要求组织的数据运维的归口管理部门定期总结工作，输出工作报告，并公开发布。工作报告应对数据平台的硬件及组件健康状况、资源情况进行分析和总结，并注明故障处理和变更记录。工作报告应以邮件方式发送给上级管理部门和数据运维的归口管理部门的负责人，同时放在 OA 上以供查询。

【实施案例介绍】

某企业的数据运维团队每月需对当月运维工作进行总结，并输出数据平台运维月报，在某月的运维月报中，数据运维团队对数据平台的运行情况和访问情况进行了分析和总结，并说明本月平台运行稳定，未出现异常停机情况，未发生安全告警和漏洞攻击。

【典型的文件证据】

某企业发布的数据平台运维月报、季报、半年报、年报。

第 4 级：量化管理级
DLC-DOM-L4-1：参考、评估并采用数据运维的行业最佳实践。

【标准解读】

本条款要求组织的数据运维的归口管理部门能够学习行业标杆在数据运维方面的成功经验，建立组织级的数据需求变更管理流程、数据提供方管理流程、数据运维方案和流程，数据运维解决方案能与组织级数据架构、数据标准、数据质量等工作协调一致，定义并应用量化指标，衡量数据提供方绩效和数据运维方案运行有效性，对数据运维流程开展持续改善措施，定期制定、发布数据运维管理工作报告。

【实施案例介绍】

某组织的数据运维的归口管理部门与本行业的优秀企业建立定期交流的制度，学习优秀企业在数据运维方面的成功经验，定义并应用量化指标，衡量数据提供方绩效和数据运维方案运行有效性，推动本组织在数据运维管理方面能力的提高。

【典型的文件证据】

某组织对其他组织的数据平台运维工作的学习文档、某组织的数据运维解决方案的参考附录部分。

第 4 级：量化管理级
DLC-DOM-L4-2：定义并应用量化指标，衡量数据提供方绩效、衡量数据运维方案运行有效性。

【标准解读】

本条款要求组织的数据运维的归口管理部门能够对数据提供方绩效和数据运维方案的运行效果进行量化分析，以数据指标的方式体现数据运维管理工作的成效。例如，使用连接建立成功率、数据上报及时率来分析数据提供方绩效，使用告警处置及时率、平台稳定运行天数等指标来衡量数据运维方案运行有效性。

【实施案例介绍】

某电力企业定义了量化指标：

数据中台运行平稳率 = 数据中台该期平稳运行天数 / 数据中台该期总运行天数 ×100%

并在数据运营管理工作月报使用该指标作为数据运维方案的运行效果的体现。

【典型的文件证据】

某企业发布的数据平台运维月报、季报、半年报、年报使用量化指标对数据运维方案运行有效性进行了评估。

第 4 级：量化管理级
DLC-DOM-L4-3：组织对数据运维流程开展了持续改善措施。

【标准解读】

本条款要求组织的数据运维的归口管理部门能够针对数据运维流程的运行情况规定评估周期，基于量化指标，定期对流程的运行情况进行分析，对流程制定改善方案，并在方案实施后对改善效果进行验证。

【实施案例介绍】

某组织针对数据运维流程规定了评估周期，定期对流程的有效性进行评估，基于评估结果和预定目标制定改善方案，并在方案实施后对其效果进行验证。例如，某电力企业在 2020 年基于流程的改善方案对数据运维流程进行了更新，完善了日常检修管理部分的内容，提出建立完善有效的检修管理机制，即通过有效完成数据中台的升级版本、处置缺陷、优化组件性能等操作，消除数据中台在运行过程中可能存在的隐患，确保数据中台运行质量和健康水平，提升数据中台安全稳定运行和服务能力。

【典型的文件证据】

企业数据运维归口管理部门制定的如下文件：数据运维管理规范的修订记录、数据全生命周期管理细则的修订记录。

第 5 级：优化级
DLC-DOM-L5-1：参与制定国际、国家、行业数据运维相关标准。

【标准解读】

本条款要求组织能够与国际、国家、行业的有关标准组织合作，参与制定针对数据平台和数据管理工具的选型、部署、运行等进行管理的有关标准。

【实施案例介绍】

某电力企业参与了 GB/T 38853—2020《用于数据采集和分析的监测和测量系统的性能要求》的制定，该标准规定了工业、商业的配电系统中用于数据采集和分析的监测和测量系统的性能要求。

【典型的文件证据】

国际、国家、行业的有关标准文件的参与起草单位介绍章节。

第 5 级：优化级
DLC-DOM-L5-2：在业界分享最佳实践，成为行业标杆。

【标准解读】

本条款要求组织在数据运维方面，参考、评估并采用数据运维的行业最佳实践，建立组织级的数据需求变更管理流程、数据提供方管理流程、数据运维方案和流程，数据运维解决方案能与组织级数据架构、数据标准、数据质量等工作协调一致，定义并应用量化指标，衡量数据提供方绩效和数据运维方案运行有效性，对数据运维流程开展持续改善措施。定期制定、发布数据运维管理工作报告，成为行业内数据运维的标杆，得到行业内的认可，形成了完整的理论方法和工具，并能够积极在业界分享实践成功经验，是公认的行业最佳实践。

【实施案例介绍】

某电力企业在 2020 中国电力安全与应急管理论坛中，发表了“面向电力数据与服务的运维管理体系”的主题演讲，介绍了企业在数据运维过程中的典型经验，即通过信息通信运维分层分级管理，完善数据运维和业务运维，不断提升电力系统和数据的安全运行水平。

【典型的文件证据】

在有影响力的公共媒体上发布的介绍组织在数据运维方面的相关报道、获奖等，组织公开发表的数据运维管理方面的著作、理论文章。

9.4 数据退役

9.4.1 概述

数据退役是对历史数据的管理，根据法律法规、业务、技术等方面需求对历史数据的保留和销毁，执行历史数据的归档、迁移和销毁工作，确保组织对历史数据的管理符合外部监管机构和内部业务用户的需求，而非仅满足信息技术需求。

数据退役是数据生存周期的最后一个阶段，对象是历史数据，采取的具体活动包括数据的归档、迁移和销毁，目的是确保历史数据满足外部监管和用户需求。

9.4.2 过程描述

过程描述如下：

a）数据退役需求分析，向公司管理层、各领域业务用户调研内部和外部对数据退役的需求，明确外部监管要求的数据保留和清除要求，明确内部数据应用的数据保留和清除要求，同时兼顾信息技术对存储容量、访问速度、存储成本等需求；

b）数据退役设计，综合考虑合规、业务和信息技术需求，设计数据退役标准和执行流程，明确不同类型数据的保留策略，包括保留期限、保留方式等，建立数据归档、迁移、获取和清除的工作流程和操作规程，确保数据退役符合标准和流程规范；

c）数据退役执行，根据数据退役设计方案执行数据退役操作，完成数据的归档、迁移和清除等工作，满足法规、业务和技术需要，同时根据需要更新数据退役设计；

d）数据恢复检查，数据退役之后需要制定数据恢复检查机制，定期检查退役数据状态，确保数据在需要时可恢复；

e）归档数据查询，根据业务管理或者监管需要，对归档数据的查询请求进行管理，并恢复相关数据以供应用。

【过程解读】

数据退役的过程描述在退役数据的全面管理上提出了相对详细的要求：首先，分析数据退役相关需求，主要包括公司内部的需求、外部监管的需求以及信息技术需求。其次，设计数据退役的流程，包括保留期限、保留方式等，建立数据归档、迁移、获取和清除的工作流程和操作规程。再次，执行数据退役，主要是指根据数据退役流程，完成数据的归档、迁移和清除等工作。从次，数据恢复检查，定期检查退役数据状态。最后，管理数据查询，根据业务管理或者监管需要，对归档数据的查询请求进行管理，并恢复相关数据以供应用。

9.4.3 过程目标

过程目标如下：

a）对历史数据的使用、保留和清除方案符合组织的内外部业务需求和监管需求；

b）建立流程和标准，规范开展数据退役需求收集、方案设计和执行。

【目标解读】

数据退役的核心目标是保证对历史数据的使用、保留和清除方案能满足合规、业务和信息技术等多方面需求；建立数据退役的标准，以及退役执行、定期检查和恢复应用等管理流程。

9.4.4 能力等级标准解读

第 1 级：初始级
DLC-DD-L1-1：在项目层面开展数据退役管理，包括收集数据保留和销毁的内外部需求，设计并执行方案。

【标准解读】

本条款要求组织至少能够在某一个具体的信息化或数字化项目中，向项目管理层、业务用户调研内部和外部对数据退役的需求，明确不同数据的保留和清除策略，设计并执行了数据退役方案。

【实施案例介绍】

某企业在某信息化项目过程中，项目组通过项目例会全面收集项目成员和客户根据实际需要提出的数据备份需求，按照成本风险平衡原则，对数据备份的范围、频率、备份时间及保留时限做出规划，最终建立了符合需求的备份策略，据此设计并执行了数据退役方案。

【典型的文件证据】

×××项目数据退役管理制度。

第 2 级：受管理级
DLC-DD-L2-1：建立了数据退役标准并执行。

【标准解读】

本条款要求组织至少能够在某一个业务领域通过收集数据保留和销毁的内外部需求，确定了满足组织利益相关者需求的数据退役标准，并据此执行。

【实施案例介绍】

某企业销售部规定了数据备份的指导原则：A 级及 B 级信息系统数据库应每周至少做一次全量备份，其余时间做增量备份，数据备份在存储介质上至少保留一年，并上传至磁带库永久保存；C 级及 D 级信息系统数据库应每月至少做一次全量备份，其余时间做增量备份，数据备份应至少保留一个月。

【典型的文件证据】

×××企业×××部数据退役管理制度。

第 2 级：受管理级
DLC-DD-L2-2：对组织内部的数据进行统一归档和备份。

【标准解读】

本条款要求组织至少能够在某一个业务领域确定了满足组织利益相关者需求的数据退役标准，对组织内部的数据建立了符合需求的数据保留和销毁策略并执行。

【实施案例介绍】

某企业销售部对不同数据建立了符合需求的数据保留和销毁策略。如表 9-4 所示，销售部对不同数据定义了数据保留周期、备份设备、作业类型和备份的执行时间计划。

表 9-4　数据保留和销毁策略

NAS 备份	备份策略名称	数据保留周期	备份设备	作业类型	时间计划
back_cos	back_cos- 完全备份	保留 2 个月　附加 2 个星期	磁带库	完全	每月 1 日 13：00 执行
	back_cos- 增量备份	保留 2 个月　附加 2 个星期	磁带库	增量	每天 12：00 执行
back_pes	back_pes- 完全备份	保留 2 个月　附加 2 个星期	磁带库	完全	每月 1 日 16：00 执行
	back_pes- 增量备份	保留 2 个月　附加 2 个星期	磁带库	增量	每天 15：00 执行
batch	batch- 完全备份	保留 2 个月　附加 2 个星期	磁带库	完全	每月 1 日 4：00 执行
	batch- 增量备份	保留 2 个月　附加 2 个星期	磁带库	增量	每天 3：00 执行
ccs	ccs- 完全备份	保留 2 个月　附加 2 个星期	磁带库	完全	每月 1 日 7：00 执行
	ccs- 增量备份	保留 2 个月　附加 2 个星期	磁带库	增量	每天 6：00 执行
fps	fps- 完全备份	保留 2 个月　附加 2 个星期	磁带库	完全	每月 1 日 10：00 执行
	fps- 增量备份	保留 2 个月　附加 2 个星期	磁带库	增量	每天 9：00 执行
tran	tran- 完全备份	保留 2 个月　附加 2 个星期	磁带库	完全	每月 1 日 1：00 执行
	tran- 增量备份	保留 2 个月　附加 2 个星期	磁带库	增量	每天 0：00 执行

【典型的文件证据】

组织 ××× 部数据备份方案。

第 2 级：受管理级
DLC-DD-L2-3：在需要归档数据查询时进行数据的恢复。

【标准解读】

本条款要求组织至少能够在某一个业务领域对组织内部的数据建立了符合需求的数据保留和销毁策略并执行，当业务部门需要查询已退役数据时，组织可执行数据恢复操作。

【实施案例介绍】

某企业销售部制定了《销售部退役数据管理制度》，据此规定了退役数据恢复应用的管理机制：本部门人员需查询已退役的生产数据时，须填写《退役数据恢复申请表》并提交科室负责人审批，再由本部门运维组备份管理员按照标准操作流程完成备份数据的恢复，并将恢复过程及结果记录至《退役数据恢复记录表》。

【典型的文件证据】

××× 部门退役数据管理制度、××× 部门退役数据恢复记录表。

第 2 级：受管理级
DLC-DD-L2-4：对数据退役、清除请求进行了审批。

【标准解读】

本条款要求组织至少能够在某一个业务领域对组织内部的数据建立了符合需求的数据保留和销毁策略并建立了对应管理制度，对数据退役、清除请求建立了审批程序。

【实施案例介绍】

某企业销售部制定了《销售部退役数据管理制度》，据此规定了本部门数据退役的管理机制：本部门有关科室需退役生产数据时，须填写《退役数据申请表》并提交科室负责人审批，再由本部门运维组备份管理员按照标准操作流程完成数据的归档，并将归档过程记录至《退役数据记录表》。

【典型的文件证据】

××× 部门退役数据管理制度、××× 部门退役数据记录表。

第 3 级：稳健级
DLC-DD-L3-1：全面收集了组织内部业务部门和外部监管部门数据退役需求。

【标准解读】

本条款要求组织的数据退役归口管理部门向公司管理层、各领域业务用户调研内部和外部对数据退役的需求，明确外部监管要求的数据保留和清除要求，明确内部数据应用的数据保留和清除要求，同时兼顾信息技术对存储容量、访问速度、存储成本等需求。

【实施案例介绍】

某金融企业的运维管理部通过需求管理平台全面收集软件开发与测试部、信息技术部根据各个业务系统实际需要提出的备份需求申请，以及中国人民银行发布的 JR/T 0223—2021《金融数据安全　数据生命周期安全规范》的监管要求，结合灾难恢复目标，按照成本风险平衡原则，对数据备份的范围、频率、备份时间及保留时限做出规划，最终建立符合需求的备份策略。

【典型的文件证据】

国际、国家、行业相关标准，组织各部门的数据退役需求申请。

第 3 级：稳健级
DLC-DD-L3-2：结合组织利益相关者的需求，建立了组织层面统一的数据退役标准。

【标准解读】

本条款要求组织的数据退役归口管理部门在全面收集组织内部业务部门和外部监管部门数据退役需求后，综合考虑合规、业务和信息技术等各方因素，定义统一的数据退役标准，并以公开发布文件或OA邮件的形式通知组织内部业务部门和数据退役归口管理部门负责人。

【实施案例介绍】

某电力企业在全面收集组织内部业务部门和外部监管部门数据退役需求后，建立了组织层面统一的数据退役标准：

a）业务部门主动下线的本部门业务系统的有关数据；

b）对于半年无用户访问、超2年无工单数据、3个月无数据增长的业务系统的有关数据；

c）接入数据中台超过3年的数据。

【典型的文件证据】

数据全生命周期管理细则。

第3级：稳健级
DLC-DD-L3-3：对不同数据建立了符合需求的数据保留和销毁策略并执行。

【标准解读】

本条款要求组织的数据退役归口管理部门在定义统一的数据退役标准后，基于标准对不同数据建立了符合组织利益相关者需求的数据保留和销毁策略，包括数据备份的范围、频率、备份时间及保留时限等。本条款要求组织提供数据保留和销毁策略的执行记录。

【实施案例介绍】

某电力企业建立了组织层面统一的数据退役标准，对不同数据建立了符合需求的数据保留和销毁策略：

a）业务部门因本部门业务系统下线需要进行数据停用时，应填写《业务系统下线审批单》并提交数据退役归口管理部门，数据退役归口管理部门审批通过后，业务部门负责通知所有该数据使用部门停用该数据，在通知发出1年后，数据退役归口管理部门协助业务部门把下线业务系统有关数据进行数据归档，转移至外部存储介质；业务部门的归档数据如果2年内都未被使用，则业务部门向数据退役归口管理部门提交数据销毁申请，审批通过后执行销毁操作；

b）数据退役归口管理部门定期开展“僵尸”系统清理工作，对于半年无用户访问、超2年无工单数据、3个月无数据增长的业务系统，数据退役归口管理部门与业务部门确认后，履行系统下线手续，对下线业务系统有关数据先归档后销毁，工作程序同 a）；

c）接入数据中台的数据超过 3 年即被视为历史数据，数据中台运维人员将在数据中台专门划定的数据归档区对历史数据进行数据归档或将其转移至外部存储介质；数据中台的归档数据如果在 3 年内都未被使用，则数据中台运维人员向数据退役归口管理部门提交数据销毁申请，审批通过后执行销毁操作。

【典型的文件证据】

数据全生命周期管理细则。

第 3 级：稳健级
DLC-DD-L3-4：制定了数据退役标准，定期检查退役数据的状态。

【标准解读】

本条款要求组织的数据退役归口管理部门基于数据退役标准对不同数据建立了符合组织利益相关者需求的数据保留和销毁策略，根据策略执行数据退役操作后，需要定期对退役数据进行备份恢复测试，并记录恢复测试过程及结果。

【实施案例介绍】

某金融企业制定了《退役数据管理制度》，据此规定了退役数据恢复检查的管理机制：信息科技部运维组备份管理员须每年对《系统备份策略表》中包含的所有系统执行一次备份恢复测试，恢复测试前须通过业务工单流程进行审批，并将恢复测试过程及结果记录至《备份恢复测试记录表》。

【典型的文件证据】

退役数据管理制度、数据全生命周期管理细则、备份恢复测试记录表。

第 3 级：稳健级
DLC-DD-L3-5：对数据恢复请求进行审批，相关人员同意后进行数据的恢复和查询。

【标准解读】

本条款要求组织的业务部门需要访问退役数据时，应当遵循退役数据查询管理流程向数据退役归口管理部门提出数据恢复请求，获得许可后方可在数据退役归口管理部门协助下对退役数据进行恢复和查询。

【实施案例介绍】

某金融企业制定了《退役数据管理制度》，据此规定了退役数据恢复应用的管理机制：业务部门需恢复已退役的生产数据时，须填写《退役数据恢复申请表》并提交信息科技部运维组负责人审批，再由运维组备份管理员按照标准操作流程完成备份数据的恢复，并将恢复过程及结果记录至《退役数据恢复记录表》。

【典型的文件证据】

退役数据管理制度、数据全生命周期管理细则、退役数据恢复记录表。

第 3 级：稳健级
DLC-DD-L3-6：根据数据优先级确定不同的存储设备。

【标准解读】

本条款要求组织的数据退役归口管理部门在对不同数据建立符合组织利益相关者需求的数据保留和销毁策略时，能够基于业务系统的重要程度、监管要求等因素为不同业务系统的退役数据确定优先级，并指定不同的存储设备。

【实施案例介绍】

某金融企业用于存放退役数据的归档存储设备为磁盘和磁带，考虑到满足监管对不同业务的数据恢复时间要求，当磁盘或磁带都能满足业务数据的恢复时间要求且磁盘容量充足时优选磁盘。

【典型的文件证据】

退役数据管理制度、数据全生命周期管理细则。

第 4 级：量化管理级
DLC-DD-L4-1：参考、评估并采用数据退役的行业最佳实践。

【标准解读】

本条款要求组织的数据退役的归口管理部门能够学习行业标杆在数据退役方面的成功经验，并能落实从而形成本组织的制度和管理办法，推动本组织在数据退役管理与技术方面能力的提高。

【实施案例介绍】

某组织的数据退役的归口管理部门与本行业的优秀企业建立定期交流的制度，学习优秀企业在数据退役方面的成功经验，全面收集了组织内部业务部门和外部监管部门数据退役需求，建立了组织层面统一的数据退役标准，对不同数据建立了符合需求的数据保留和销毁策略。根据数据优先级确定了不同的存储设备，为退役数据建立了定期检查状态和恢复请求审批的制度，定义并应用量化指标，衡量了数据退役管理运行有效性和经济性。对数据退役流程开展了持续改善措施，经过分析确认数据退役提升了数据访问性能、降低了数据存储成本，并保证了数据的安全。

【典型的文件证据】

某组织对其他组织的数据退役工作的学习文档、某组织的数据退役管理办法的参考附录部分。

第 4 级：量化管理级
DLC-DD-L4-2：定义并应用量化指标，衡量数据退役管理运行有效性和经济性。

【标准解读】

本条款要求组织的数据退役的归口管理部门能够对数据退役管理流程的运行有效性和经济性进行量化分析，以数据指标的方式体现数据退役管理工作的成效。例如，使用退役数据恢复可用率、单位数据存储成本等指标来衡量数据运维方案运行有效性。

【实施案例介绍】

某电力企业定义了量化指标：

数据可用率 = 退役数据恢复后可用表数量 / 退役数据表总数量 ×100%

并在《数字运营管理工作月报》应用该指标来衡量数据退役管理的有效性。

【典型的文件证据】

企业发布的数据运维月报、季报、半年报、年报使用量化指标对数据退役管理运行有效性和经济性进行的分析。

第 4 级：量化管理级
DLC-DD-L4-3：组织对数据退役流程开展持续改善措施。

【标准解读】

本条款要求组织的数据退役的归口管理部门能够针对数据退役流程的运行情况进行分析，并对流程持续开展改善措施，提升流程对实际工作的管理效率。

【实施案例介绍】

某电力企业在 2020 年对数据退役流程开展了持续改善措施，对《数据备份与恢复管理办法》进行了更新，完善业务数据下线流程，增加了数据下线备案表的内容定义。

【典型的文件证据】

企业数据运维归口管理部门制定的如下文件：数据退役管理规范的修订记录、数据全生命周期管理细则的修订记录。

第 5 级：优化级
DLC-DD-L5-1：数据退役提升了数据访问性能，降低了数据存储成本，并保证了数据的安全。

【标准解读】

本条款要求组织的数据退役的归口管理部门能够针对数据退役流程的运行效果进行量化分析，对比数据退役前后数据访问时延指标，统计数据退役节约出来的存储设备的经济价值，分析数据安全事件数量的发生趋势。

【实施案例介绍】

某电力企业开展僵尸系统下线专项行动，全面梳理123套业务应用系统的用户活跃度和系统应用情况，形成公司级业务系统名录，对“空跑”系统、“僵尸”系统明确了责任部门，做到应退尽退。经过梳理，2021年底前可下线或整合的自建业务应用系统数量为37套，目前已下线系统17套，整合下线系统1套，下线工作完成率48.6%。在专项行动过程中，信通公司与业务部门确认后，及时履行系统下线手续，对下线业务系统有关数据先归档后销毁，有效开展数据退役工作，降低了数据存储成本。

【典型的文件证据】

企业发布的数据运维月报、季报、半年报、年报使用量化指标分析数据退役后数据访问性能、数据存储成本和数据安全事件的发生频率的变化。

第5级：优化级
DLC-DD-L5-2：在业界分享最佳实践，成为行业标杆。

【标准解读】

本条款要求组织在数据退役方面，参考、评估并采用了数据退役的行业最佳实践，全面收集了组织内部业务部门和外部监管部门数据退役需求，建立了组织层面统一的数据退役标准，对不同数据建立了符合需求的数据保留和销毁策略。根据数据优先级确定了不同的存储设备，为退役数据建立了定期检查状态和恢复请求审批的制度，定义并应用量化指标，衡量了数据退役管理运行有效性和经济性。对数据退役流程开展了持续改善措施，经过分析确认数据退役提升了数据访问性能，降低了数据存储成本，并保证了数据的安全，成为行业内数据退役的标杆，得到行业内的认可，形成了完整的理论方法和工具，并能够积极在业界分享实践成功经验，是公认的行业最佳实践。

【实施案例介绍】

某组织公开发表了数据退役管理方面的著作，介绍了数据存储技术、数据备份与灾难恢复知识与实用技术，讨论了数据备份与灾难恢复策略、解决方案、数据库系统与网络数据的备份与恢复，分析了较成熟的技术和解决方案。

【典型的文件证据】

在有影响力的公共媒体上发布的介绍组织在数据退役方面的相关报道、获奖等。组织公开发表的数据退役管理方面的著作、理论文章。

9.5　小结

数据生存周期能力域分为数据需求、数据设计与开发、数据运维、数据退役四个能力项，针对处于不同生命周期阶段的数据，对数据管理方从制度、人员、内容、流程等能力维度上提出详细要求。

数据需求：要求建立数据需求管理制度，明确数据需求的管理组织，定义数据需求文档关键内容，建立数据需求管理流程；

数据设计和开发：要求建立数据解决方案设计和开发规范，明确数据提供方、数据设计开发团队，定义数据解决方案的质量标准、安全标准，建立数据设计和开发管理流程；

数据运维：要求建立数据运维管理规范，构建数据运维团队，制定统一的数据运维方案，建立数据运维管理流程；

数据退役：要求建立数据退役标准，明确数据退役的管理组织，制定数据保留销毁策略，建立数据退役管理流程。

数据生命周期管理的目的在于以上述四个能力项有关标准为依据，帮助组织在数据生命周期的各个阶段以最低的成本获得最大的价值，提高数据的整体管理水平。

第10章 数据管理能力成熟度评估

2018年3月，GB/T 36073—2018《数据管理能力成熟度评估模型》（简称DCMM）国家标准发布并于同年10月正式实施，该标准是我国在数据管理领域首个正式发布的国家标准，借鉴了国际上先进的数据管理理论框架和方法，在综合考虑国内数据管理情况发展的基础上，整合了标准规范、管理方法论、数据管理模型、成熟度分级等多方面内容。2020年4月，工信部印发了《关于工业大数据发展的指导意见》，强调要开展数据管理能力评估贯标，推广DCMM国家标准，构建工业大数据管理能力评估体系，引导企业提升数据管理能力，鼓励各级政府在实施贯标、人员培训、效果评估等方面加强政策引导和资金支持。2020年6月，中国电子信息行业联合会在DCMM评估工作推进会上公布北京市、天津市、河北省、山西省、上海市、江苏省、广东省、贵州省和浙江省宁波市作为首批数据管理能力成熟度评估试点地区。

10.1 评估目的与原则

10.1.1 评估目的

DCMM评估的主要目的是通过给企业或单位开展DCMM宣贯培训和能力评估，引导企业按照DCMM标准能力等级要求，全面梳理自身的数据管理现状，识别企业自身与行业最佳实践的差距，提出数据管理优化改进建议，持续开展数据管理能力提升建设，建立数据管理的常态工作机制，形成跨部门、跨专业、跨领域的数据管理体系，使得企业可充分高效地发挥数据的重要价值。同时，被评估组织可获取到中国电子信息行业联合会颁发的《数据管理能力成熟度评估模型》证书，以对外部客户或监管部门展示组织的数据管理能力，有利于提升组织在数据管理领域的声誉，并扩大对外宣传与经验分享，为中国数据管理水平提升做出更大的贡献。被评估组织也可通过评估获取到的等级横向与本行业的企业对比，了解自身数据管理能力在同行业中的水平和地位。

10.1.2 评估原则

评估是评估机构、评估人员、被评估组织和评估活动管理机构等多方组织互动的活动，涉及多方利益，需要遵循共同约定的原则予以开展。数据管理能力成熟度评估需要遵循审核工作的通用原则和数据管理能力评估特需的原则。遵守这些原则是得出相应和充分的评估结果的前提，也是评估人员独立工作时，在相似的情况下得出相似结论的前提。

1. 诚实正直

诚实正直是评估人员的基本职业基础，要以诚实、勤勉、负责任的精神和以不偏不倚的态度从事评估工作。在评估过程中，应对可能影响评估判断结果的任何因素保持警觉，能够了解并遵守任何适用的法律法规要求。

2. 公正表达

评估发现、评估结论和评估报告应真实和准确地反映评估活动。应报告在评估过程中遇到的重大障碍以及在评估组和被评估组织之间没有解决的分歧意见。

3. 独立性

评估人员应独立于被评估组织的活动，并且在任何情况下都应不带偏见，没有利益上的冲突，在整个评估过程中应保持客观性，以确保评估发现和评估结论仅建立在评估证据的基础上。

4. 保密性

数据安全是被评估组织的数据管理很重要的一项内容，评估过程中评估人员接触到的被评估组织的某些信息也是其数据安全管理的一部分，因此坚持保密性原则本身也是帮助被评估组织做好数据安全管理的一部分工作。评估人员应审慎使用和保护在评估过程获得的信息，评估人员或评估机构不应为个人利益不适当地或以损害被评估组织合法利益的方式使用评估信息，这些信息包括以正确方式处理的敏感信息和保密信息等。

5. 基于证据的方法

评估证据应该是能够验证的。由于评估人员在有限的时间和有限的资源条件下进行评估工作，因此评估证据的搜集是建立在可获得信息的样本的基础之上，应合理地进行抽样，以确保评估抽样与评估结论的可信性密切相关。

10.2　评估流程与方法

10.2.1　评估流程

数据管理能力成熟度评估是对数据管理活动进行监督、评价和改进的重要途径，通过综合检查和评估，把组织的数据管理现状与标准规范、行业最佳实践进行对比，发现组织数据管理过程的不规范及不足之处，提出评估意见和改进建议，促进组织实现数据管理的目标。

数据管理能力成熟度评估方式可以分为组织自评和第三方评估两种方式。组织自评是组织建立的一种自我检查、自我完善的持续改进活动，以组织内部人员为评估主体，依据组织内部数据管理制度并结合外部法律法规和标准，对数据管理活动进行评估，能够为数据管理体系的持续优化提供改进依据。第三方评估是由独立于组织且不受其经济利益制约和不存在行政隶属关系的第三方机构遵循DCMM标准等评估依据，按规定的程序和方法对组织的数据管理能力进行评估。第三方评估是中立性的评估模式，且由于其专业性，评估结果更加客观、真实，能够更合理地发现数据管理的不足之处，帮助组织优化数据管理。下文将详细描述第三方评估的流程和方法。

所有申请DCMM评估的组织均需向中国电子信息行业联合会授权的评估机构提出申请，只有在评估机构受理后方可进行评估流程。通常，评估流程分为四个阶段，分别是评估策划、资料收集与解读、正式评估、评估报告提交与证书发放：评估策划是评估前的准备工作；资料收集与解读是进行客观证据的审查；正式评估则是开展全面的现场评估工作，包括审查文件和记录、对过程和活动进行实际观察、人员访谈、成熟度定级和报告会议等内容；评估报告提交与证书发放是把被评估组织的数据管理现状、不足及建议等整合到评估报告里并提交中国电子信息行业联合会，由中国电子信息行业联合会召开专家评审会，通过后发放证书。

10.2.1.1 评估策划

评估策划是评估过程的首个活动，其策划的完整性与合理性是高质量和高效率评估的基础。评估策划包括确定评估目标与范围，并在评估之前和评估期间与利益相关者进行沟通，以确保他们参与其中。评估策划给予被评估组织明确的评估活动和人员安排，以便其提前准备和协调相关资源，确保评估顺利开展。评估策划的主要步骤包括：任命评估主要人员、收集被评估组织基本材料、确定评估目标、确定评估范围、评估过程策划、确认评估计划。

1. 任命评估主要人员

评估机构对被评估组织提交的评估申请材料审核通过后，评估机构应按照评估机构相关程序任命本评估的负责人，由该人员担任评估组组长，对评估的执行负责。评估组组长应获得中国电子信息行业联合会授权的中级DCMM评估师资格，评估组组员应具备中国电子信息行业联合会授权的中级DCMM评估师或DCMM评估师助理资格。

被评估组织在收到评估机构通知受理评估后，应在组织内部任命评估负责人，其主要任务是负责被评估组织的内部协调工作。该人员通常应具备以下条件：对DCMM有一定的了解，可直接向公司高层申请相关资源配合评估，有较强的沟通协调能力。

双方主要人员确定后，评估组组长与被评估组织负责人应建立直接的联系，沟通协调评估的具体安排。

2. 收集被评估组织基本材料

评估组组长需对被评估组织基本情况进行了解，主要了解的内容包括：被评估组织的组织架构、管理信息系统清单、数据管理制度清单、数据管理工具的使用、数据管理部门职责和人员角色等。被评估组织负责人应把以上信息通过书面方式提供给评估组组长，并在必要时向评估组组长介绍组织的基本情况，包括组织的业务领域、业务目标、组织在数据管理的投入情况和数据涉及领域等。

3. 确定评估目标

评估组组长需了解被评估组织的业务需求与目标，并进一步了解组织的数据管理基本情况。评估组组长将协助被评估组织负责人确定评估目的及目标等级，通常评估目的是基于业务目标而对数据治理工作进行更有针对性地审查、识别弱项和提出改进建议，以达到数据管理能力提升。目标等级是指被评估组织在本次评估中期望达到的数据管理能力成熟度等级，分别为：初始级（1 级）、受管理级（2 级）、稳健级（3 级）、量化管理级（4 级）和优化级（5 级）。

4. 确定评估范围

评估范围指评估期间在被评估组织中涉及的部门范围，通常覆盖数据生存周期各阶段管理活动的部门。

评估范围将由评估组组长基于对组织的了解而最终确定，被评估组织负责人应如实且全面提供组织的信息，如有故意误报或隐瞒而导致最终确定的评估范围不能全面反映组织情况的，评估组组长可终止评估。

5. 评估过程策划

基于对被评估组织的基本情况了解，评估组组长策划评估过程，策划的内容主要包括评估准备工作、资料收集与解读、正式评估、评估报告编写。

评估准备工作主要包括被评估组织对数据管理相关材料的收集、整理，评估组组长则需向评估机构申请安排评估组成员，建立评估组团队；资料收集与解读的活动主要是评估组对客观证据的审查和解读，并把客观证据与 DCMM 标准条款相匹配；正式评估工作主要包括评估首次会议、审查文件和记录、对数据管理过程和活动进行实际观察、人员访谈、等级评定、末次会议等，评估组组长确定评估安排后，需与被评估组织负责人确认出席人员并输出评估计划；评估报告编写工作主要是由评估组团队基于评估的发现编写正式评估报告。

6. 确认评估计划

评估组组长与被评估组织负责人确定评估计划后，需获取到双方对计划的确认。评估组组长和被评估组织负责人（一般为负责数据管理的高级管理者、体系负责人等）均需要在评估计划上签字，对评估计划上描述的评估范围、评估活动安排等表示同意和确认。双方对评估计划确认后，如有任何一方需要对计划进行变更，均需要与另一方进行沟通并征得对方的同意。

10.2.1.2 资料收集与解读

评估组组长与被评估组织负责人确定计划后，被评估组织开展资料收集，评估组针对被评估组织所提交的相关资料进行解读和整理。

1. 资料收集

在实施资料收集与解读前，评估组组长应向被评估组织负责人发送《资料收集清单》，该清单依据 DCMM 标准内容列明相关资料的名单。被评估组织依据该清单进行资料查找和收集，组织相关人员按照评估组所要求的规则进行整理。通常，常见的客观证据通常分为以下三类：

（1）组织或部门层面的数据管理制度、规定、规范、标准和准则等。这些管理制度、规定和标准等应是经过高层审批并在组织层面或部门层面进行发布的。组织应提供发布记录，如在组织内部 OA 系统发布的，应展示 OA 系统的记录。

（2）数据管理工作过程中产生的过程文档。这类文档为实际数据管理工作的记录，例如数据战略规划下某项目的立项书、计划书、里程碑报告、数据安全审计报告、质量报告等客观证据。

（3）数据管理系统 / 平台 / 工具。与数据管理相关的信息系统 / 平台 / 工具是非常重要的一类客观证据，因为海量的数据管理必然不能缺少信息管理系统 / 平台 / 工具，被评估组织可自建或购买相关的数据管理平台。常见的数据管理平台或系统包括 BI 系统、数据仓库、数据标准管理平台等。

在准备客观证据过程中，如果涉及敏感或保密信息，被评估组织应根据本组织的要求对材料进行脱敏处理。如果需要评估团队遵守组织特殊的保密要求，应及时向评估组提出。

2. 资料解读

评估组组长在接收到被评估组织反馈的《资料收集清单》后，可根据被评估组织的规模和评估组的人员数量分成不同的小组，每个小组负责不同能力域的资料解读。评估组成员根据 DCMM 的每个标准条款对被评估组织提交的资料进行判断，确保资料的正确性和充分性。

正确性是指该客观证据是适合的且真实反映了组织实施了该标准条款。例如：对于“数据战略规划”能力项的 3 级标准条款的第一条：“制定能反映整个组织业务发展需求的数据战略”，被评估组织提供的数据战略应该是能反映组织业务发展需求，如数据战略与业务发展需求毫无关联，则此证据是不正确的。充分性是指该客观证据足够、完整和充分地反映组织实施了该标准条款。例如：对于“数据制度建设”能力项的 1 级标准条款的第一条：“各个项目分别建立数据相关规范或细则”，被评估组织则应该提供所有项目的数据相关规范和细则，如果只提供部分项目的数据规范或细则，则此证据是不充分的。

评估组成员在资料解读期间发现问题时，应与被评估组织沟通，被评估组织应协调安排对应的接口人员与评估组进行确认。对于评估组反馈的问题，被评估组织如有更为正确或更为全面的资料，可向评估组提供补充。必要时，评估组应向被评估组织人员介绍或说明对于客观证据的详细要求。

在资料解读后，被评估组织应根据评估组的反馈进行资料整理和完善。在正式评估时，被评估组织需把完善后的证据提供给评估组。

10.2.1.3　正式评估

评估组组长与被评估组织负责人确定正式评估时间后，评估组将依照计划开展正式评估活动，正式评估主要包括以下活动：首次会议，审查文件和记录，对数据管理过程和活动进行实际观察，人员访谈，沟通初步发现，成熟度定级，末次会议，编写评估推荐性意见表。

评估组在正式评估前，应提前把正式评估的详细安排通知被评估组织的负责人，以便被评估组织负责人对评估资源进行协调安排，确保正式评估所需资源（会议室、网络、投影仪等设备）的可用性和人员的到位。

1. 首次会议

评估组到达评估现场后，应召开正式评估的首次会议，其目的是让参与评估人员了解评估的安排并获取被评估组织高层对本次评估的支持。正式评估首次会议上，评估组应向被评估组织介绍本次评估的目的、评估范围、评估准则 / 依据、评估日程安排、评估等级判定方法和保密承诺等内容。正式评估首次会议的参与人员应该包括评估组所有成员、被评估组织高层代表、被评估组织所有的被访谈人员。

2. 实施评估

实施评估的方法包括但不限于：审查文件和记录、观察数据管理过程和活动、人员访谈。

3. 审查文件和记录

被评估组织应准备相关的客观证据审查环境（会议室、网络、网盘、投影仪等）并提供完整的客观证据，评估组开展客观证据的审查。由于在资料收集与解读时已经对客观证据进行详细的审查，正式评估时应着重检查和验证在资料收集与解读中发现的问题。如组织基于资料收集与解读的结果找到新的证据，应在客观证据里标识为新证据，评估组对新证据进行确认，如该证据的确是合适且有效的，评估组应更新相关的评估记录。

4. 观察数据管理过程和活动

评估组应对被评估组织的数据管理的过程和活动进行观察，重点了解数据管理系统 / 平台 / 工具的相关功能和使用记录。评估组应根据前期了解的基本情况以及资料收集与解读阶段收集到的信息，向被评估组织明确需要观察和评审的数据管理系统 / 平台 /

工具，被评估组织需安排人员进行演示。表 10-1 列举了在评估时需关注的数据管理系统及评估关注重点。

表 10-1　常见数据管理系统及评估关注重点

能力域	常用系统 / 平台 / 工具	基本功能	评估关注重点	备注
数据战略	OA 平台	流程管理、公文管理、人事信息、客户信息、行政信息等	数据战略发布流程与发布记录	
	项目管理平台	项目规划、预算、立项、进度监控、成本监控等	数据管理相关项目的预算、进度和成本的监控	
数据治理	OA 平台	流程管理、公文管理、人事信息、客户信息、行政信息等	1. 企业组织架构与人员岗位 2. 数据管理制度的发布流程与发布记录	
数据架构	数据中台	数据采集、数据转换处理、数据目录、数据脱敏、数据加解密、资源目录服务、可视化报表、服务资源目录、应用目录管理、元数据管理	1. 数据中台与其他业务系统的数据互联互通关系 2. 数据资源目录 3. 数据地图 4. 元数据存储与应用	
	数据库设计工具	模型设计、数据库操作与维护等	1. 数据模型 2. 数据分布关系	如：DbSchema，Toad Data Modeler，DbVisualizer，PowerDesigner 等
数据应用	数据中台	数据采集适配、数据转换处理、数据目录、数据脱敏、数据加解密、资源目录服务、可视化报表、服务资源目录、应用目录管理	1. 数据中台可视化报表与数据源关系 2. 可视化报表的呈现方式与提供的算法 3. 数据服务目录维护、服务调用审核与授权等	
	报表平台	数据源连接、报表编制、报表呈现、权限管理等	1. 报表平台与数据源关系 2. 报表平台的呈现方式与提供的算法 3. 统计报表的主要作用以及使用对象	如：BI 系统

表 10-1（续）

能力域	常用系统 / 平台 / 工具	基本功能	评估关注重点	备注
数据标准	主数据管理系统	主数据制定、审查、发布、更新	1. 主数据管理系统与其他信息系统的数据关联关系 2. 主数据标准定义与数据字典 3. 数据溯源 4. 标准定义与实际数据的一致性	如：Informatica Relate 360
	数据标准管理平台	数据标准制定、审查、发布、更新	1. 数据标准管理平台与其他信息系统的数据关联关系 2. 数据资源目录 3. 数据标准定义与数据字典 4. 数据溯源 5. 标准定义与实际执行的一致性	
数据安全	数据加密工具	数据加密、数据脱敏、密级标识	1. 数据加密过程与记录 2. 数据脱敏过程与记录	
	数据安全管理平台	通过认证、加密、监控和追踪等手段提供系统数据保护、文档加密、应用保护	1. 数据加密过程与记录 2. 权限管理 3. 数据脱敏过程与记录 4. 操作行为记录	
数据质量	数据质量监控平台	数据质量检查、质量问题定位、告警和反馈	1. 数据质量问题定位及告警 2. 数据质量监控流程 3. 数据质量规则管理：配置、识别、输出	
	数据清洗工具	数据质量提升	1. 数据清洗执行记录 2. 数据转换执行记录 3. 数据整合执行记录	如：Google Refine，DataWrangler
	数据质量检查工具	数据质量检查、分析、评价	1. 数据质量检核规则库 2. 数据质量评价维度与指标 3. 数据质量报告	
数据生存周期	数据库管理工具	数据库操作与维护等	1. 数据运维脚本与执行记录 2. 备份脚本与执行记录 3. 数据销毁脚本与执行记录	如：Navicat，SQLyog，PhpMyadmin，Workbench，toad，sql deverloper

5. 人员访谈

人员访谈的目的是验证组织实施数据管理过程，确认其实施过程与客观证据相一致。通常人员访谈是按 DCMM 的八个能力域来分类进行，即每一场访谈只聚焦于某一个能力域的内容。评估组可根据组织和评估组的规模进行分工，各小组负责不同能力域的访谈。访谈对象应是该能力域的执行人员，例如数据质量的访谈人员应该是数据质量分析人员，而数据架构的访谈人员应该是数据架构师。表 10-2 为各能力域常见的访谈对象，仅做参考，实际评估时根据被评估组织的情况确定合适的访谈对象。

表 10-2　评估时的访问对象示例

能力域	访谈对象
数据战略	组织负责人、数据管理负责人、数据管理执行官等
数据治理	人事部负责人、数据管理负责人、数据管理执行官等
数据架构	数据架构师、数据建模师、数据模型管理员等
数据应用	应用架构师、BI 架构师、报表开发人员等
数据标准	数据管理专员、数据提供者、数据分析师等
数据安全	数据安全管理员、IT 审计师等
数据质量	数据质量分析师等
数据生存周期	技术工程师、应用架构师、DBA 等

为提高访谈的效率和针对性，评估组在进行访谈前，应根据资料收集与解读的情况提前准备好访谈问题单。访谈问题单应覆盖组织评估范围内所有的标准条款，但可重点关注在资料收集与解读时发现的不符合项。在设计访谈问题时，应制定开放性问题，尽可能避免制定是否问题。访谈问题的目的是获取访谈对象对其实际工作流程的描述。例如，对于标准条款“制定能反映整个组织业务发展需求的数据战略”，设计的访谈问题可以是“组织内部由哪位同事负责制定数据战略”和“数据战略与业务发展需求是如何进行关联的，它们有何关系”等，但不应该是“是否制定了反映组织业务发展需求的数据战略”。

在正式访谈中评估组可依据访谈问题单进行提问，同时也可基于访谈对象的回答进行更多衍生性的提问。访谈对象应根据自身的工作情况如实回答，而评估组成员则要对访谈对象的回答进行记录。在记录过程中，要遵守客观和完整的原则，如实记录访谈对象的回答。

评估组成员在访谈过程中应注意自身的口头语言和肢体语言，不应该向访谈对象做出任何有引导性的提示。

6. 沟通评估发现

评估组应综合评估过程中各项结果，整理出目前在被评估组织内发现的与 DCMM

标准条款不符合的问题项。评估组应先在小组内部对发现的问题项达成一致意见，再与被评估组织进行沟通确认。沟通的目的是验证和确认评估组发现的问题项。被评估组织的参与人员应该包括所有的评估参与人员，评估参与人员如对问题项不认同的且可提供实质证据的，可重新提供证据。评估组成员在初步发现沟通后，应对被评估组织提供的新证据进行再次审查，并判断新证据是否有效。如果新证据有效，评估组需要基于新证据更新相关记录。

7. 成熟度定级

评估组在评估发现沟通完毕后，可对被评估组织的数据管理能力成熟度进行评价和定级。评估组内各小组应先对各自负责的能力域进行打分，提交至评估组组长进行整合，评估组长把整合的结果向评估组所有组员展示并获取确认。具体的定级方法在 10.2.2 有详细的描述。

8. 末次会议

评估组在组内确定被评估组织的成熟度定级后，应召开正式评估的末次会议。末次会议由评估组组长主持，向被评估组织宣告评估结果。评估组长应在末次会议上宣布本次评估目的、评估范围、评估准则 / 依据、评估发现问题项、推荐的成熟度等级等。末次会议的参与人员应包括评估组全体成员、被评估组织的高层和被评估组织的所有参与人员。最后，评估组需告知被评估组织在后续的活动与流程以及被评估组织需要配合的工作。例如，后续的活动包括需要提交评估结果到评估机构进行审核。

10.2.1.4　评估报告提交与证书发放

现场评估结束后，评估组应开展评估报告的编制工作。评估报告主要目的是全面如实反映被评估组织的数据管理现状和评估的结果，同时应给被评估组织提供数据管理能力提升的改进建议。

1. 报告内容

评估报告的内容应全面如实地反映被评估组织的数据管理现状和评估的过程、结果，通常其内容包括：

（1）评估工作介绍，此部分主要是描述评估工作的基本信息，例如：评估模型、评估主体、被评估组织、评估时间、评估团队和评估活动等。

（2）被评估组织在各能力域所取得的成就，此部分应描述被评估组织已经实现的数据管理成果，并根据 DCMM 的 28 个能力项进行编写。

（3）被评估组织在各能力项存在的不足，此部分应基于 DCMM 的标准条款要求，描述被评估组织在哪些方面尚未达到标准要求，此部分内容应与现场评估时发现的问题项保持一致。

（4）评估组对各能力项的相关建议，此部分为评估组基于被评估组织的实际情况提供更加优秀的实践做法。基于对被评估组织实际情况的了解，评估组在现场评估后如有新的建议，亦可在评估报告中提出。

（5）最终成熟度的评估结论，此部分应描述 DCMM 各个能力域和各个能力项的分数，同时对组织数据管理能力成熟度给予最终的评价。

2. 编写原则

评估组在编写评估报告时，应遵循以下原则：

（1）真实性。评估报告应如实反映评估的实际情况，包括被评估组织的组织架构、评估范围、评估活动、被评估组织数据管理现状等均应如实编写。例如，数据质量管理工作由集团公司的子公司执行的，则评估报告应记录为子公司而不能记录为集团公司执行了数据质量管理工作。

（2）客观性。编写人员在编写报告时应保持客观的态度，不能根据个人的主观意识给出非客观性的描述或结论。评估报告的内容应有客观证据支持或由评估组在现场与被评估组织确认。

（3）一致性。评估报告的内容应与评估组获取到的信息内容保持一致，包括各能力项所取得的成就、存在的不足和相关建议等，例如评估组在现场评估中发现 10 个问题项，在评估报告中不能对存在问题项进行随意地增加或删减。

（4）完整性。评估报告的内容应完整地反映评估过程获取到的信息和评估结果。评估机构应确定评估报告模板，明确评估报告需要填写的内容，评估组成员应严格按照评估报告模板填充完整的信息。

（5）清晰明确。评估报告的内容应该是明确具体的，且为阅读人员容易理解的，而不应该使用模棱两可的语言。

3. 报告评审

评估组完成评估报告的编写后，应开展评估报告评审。评审的维度可以参考评估报告的编写原则，即从真实性、客观性、一致性、完整性和清晰明确等维度来对评估报告内容进行核实。评估组组内评审后应提交给评估机构的技术评审委员会进行审批。

4. 报告提交

评估机构内部对评估报告评审完毕后，应按中国电子信息行业联合会的要求提交评估报告和相关材料，由中国电子信息行业联合会召开专家评审会对评估结果进行最终评审和确认。对于申请 DCMM3 级的企业，由评估机构在专家会上汇报组织的数据管理整体情况；对于申请 DCMM4 级和 DCMM5 级的企业，由被评估组织代表亲自汇报组织的数据管理整体情况。

5. 证书发放

中国电子信息行业联合会在专家评审会结束后，根据专家组的评审意见，在官网公布被评估组织的最终评估结果。公示七个工作日无异议后，即颁发 DCMM 证书。

10.2.2 评估方法

为了保证评估的客观性和规范性，评估过程应该遵循一定的评估方法，以尽可能保证不同的评估人员对同一企业的评估结果是一致的。而 DCMM 评估过程中，最重要的评估方法莫过于等级的判定。DCMM 评估等级判定方法大致如下：评估组对每个能力项的每个条款进行判定打分（0%，50%，70%，100%），算出能力项的每个级别（初始级，受管理级，稳健级，量化管理级，优化级）下面所有条款的平均分，再把能力项所有级别平均分相加即为该能力项的得分。每个能力域的分数为该能力域下各能力项的平均分。被评估组织的最终得分为各能力域的平均分。下文将介绍详细的打分标准与方法。

10.2.2.1 条款得分判断

DCMM 标准对每个能力项提出了各个等级（初始级，受管理级，稳健级，量化管理级，优化级）的条款要求，如何判断被评估组织在每个条款的满足情况及得分，需要制定条款得分判定依据。依据评估证据的充分性和适宜性，可以将条款要求的满足程度划分为四种类型——满足要求、大部分满足、部分满足和严重不符合，分别对应的分数是 0%、50%、70%、100%，如表 10-3 所示。

表 10-3　能力项条款满足情况判别标准

类别	得分	描述
满足要求	100%	存在准确良好的直接证据 有其他间接证据和观察、访谈的验证支持 有效实施了标准的要求
大部分满足	70%	存在准确的直接证据 有其他的间接证据和观察、访谈的验证支持 实施情况存在个别轻微不足
部分满足 （一般不符合）	50%	缺少直接证据或证据不够充分 仅仅实施了标准要求的某些部分 管理文件和实施结果存在明显的不足
严重不符合	0	对标准的要求缺少必要的管理文件 没有直接和间接的证据表明实施了标准的要求（包括不能提供的观察和访谈验证） 对标准要求没有可替代的实践

表 10-4～表 10-8 以“数据治理组织”要求为例，分别从五个能力等级中抽一到两个条款来展示四种等级的满足情况。

表 10-4　数据治理组织要求符合度示例——初始级要求

数据治理组织
初始级要求： 在具体项目中体现数据管理和数据应用的岗位、角色及职责
1. 满足初始级要求的情形示例（得分为 100%）： 以人力资源数据治理项目为例，查阅人力资源数据治理项目实施方案书，明确了数据治理项目的分工和职责，如人力资源部负责数据治理需求与员工基本信息库构建、信息系统部负责建设和维护人力资源管理系统、财务管理部负责人力财务信息等；在项目实施过程中，明确项目负责人和项目组主要成员，以及可能涉及的业务部门及其职责，让相关人员做好配合工作的准备。 2. 大部分满足初始级要求的情形示例（得分为 70%）： 以人力资源数据治理项目为例，查阅人力资源数据治理项目实施方案书，明确了数据治理项目的分工和职责，通过访谈发现一些项目成员并不清楚自己的职责。 3. 部分满足初始级要求的情形示例（得分为 50%）： 以人力资源数据治理项目为例，通过访谈发现项目成员基本能够意识到各自职责，但职责相对混乱，且并未查阅到相关职责分配的证据。 4. 严重不符合初始级要求的情形示例（得分为 0）： 未发现数据管理和数据应用的岗位、角色及职责，也未设置相应人员

表 10-5　数据治理组织要求符合度示例——受管理级要求

数据治理组织
受管理级要求： （1）制定了数据相关的培训计划，但没有制度化； （2）在单个数据职能域或业务部门，设置数据治理兼职或专职岗位，岗位职责明确
1. 满足受管理级要求的情形示例（得分为 100%）： （1）通过访谈发现某公司按计划对员工开展数据管理知识培训，抽查培训计划发现证据存在，培训计划可能记载了培训的主题、时间、地点、主讲人员、培训人员等内容。 （2）查阅岗位设置文件，发现某公司设置了数据安全专员，任职书呈现了其工作岗位职责和绩效指标；鉴于客户数据的重要性，某公司设置了客户关系管理组和管理专员，对涉及客户信息的数据开展管理和运维。 2. 大部分满足受管理级要求的情形示例（得分为 70%）： （1）通过访谈和查阅记录，确认存在数据相关的培训计划。 （2）查阅岗位设置文件，发现某公司设置了数据安全专员，但是数据安全专员的职责不是很明确；鉴于客户数据的重要性，某公司设置了客户关系管理组和管理专员，对涉及客户信息的数据开展管理和运维。 3. 部分满足受管理级要求的情形示例（得分为 50%）： （1）未制定正式的数据相关的培训计划，培训计划较为随意，系统性不强。 （2）在单个数据职能域（即数据战略、数据治理、数据架构、数据应用、数据安全、数据质量、数据标准、数据生存周期）或业务部门（销售部门、市场部门、×× 产品事业部等），设置了数据治理兼职岗位，但是其职责较多，能够承担数据治理任务的精力很少，存在只有岗位没有履职的现象。 4. 严重不符合受管理级要求的情形示例（得分为 0）： （1）未发现数据相关培训计划，通过访谈发现未制定过培训计划。 （2）未设置数据治理兼职或专职岗位，岗位职责设置不明确、不合理

表 10-6　数据治理组织要求符合度示例——稳健级要求

数据治理组织
稳健级要求： （1）管理层负责数据治理工作相关的决策，参与数据管理相关工作； （2）在组织范围内明确统一的数据治理归口部门，负责组织协调各项数据职能工作
1. 满足稳健级要求的情形示例（得分为 100%）： （1）管理层负责数据治理工作相关的决策，例如数据治理项目需求论证、数据治理重要资源调配、数据治理里程碑事件策划等，参与数据管理相关工作；通过访谈管理层和数据管理专员予以验证，或者通过项目文件记录以及管理评审报告。 （2）设置了数据治理委员会，成立了数据治理中心或者数据管理部，统筹负责数据治理工作，或者明确信息中心负责数据治理工作。 2. 大部分满足稳健级要求的情形示例（得分为 70%）： （1）管理层负责数据治理工作相关的决策，例如数据治理项目需求论证、数据治理重要资源调配、数据治理里程碑事件策划等，参与数据管理相关工作；通过访谈管理层和数据管理专员予以验证，或者通过项目文件记录以及管理评审报告；但上述证明材料不完善。 （2）设置了数据治理委员会，成立了数据治理中心或者数据管理部，统筹负责数据治理工作，或者明确信息中心负责数据治理工作，但上述归口管理部门的设置是以非正式的方式予以确认，归口管理部门存在感不高。 3. 部分满足稳健级要求的情形示例（得分为 50%）： （1）管理层负责数据治理工作相关的决策的证明材料不完善。 （2）未明确设置数据归口管理部门，但有某个部门在负责数据管理的部分工作。 4. 严重不符合稳健级要求的情形示例（得分为 0）： （1）管理层未负责数据治理工作相关的决策，也未参与数据管理相关工作。 （2）未设置统一的数据治理归口部门，数据管理组织混乱

表 10-7　数据治理组织要求符合度示例——量化管理级要求

数据治理组织
量化管理级要求： 建立数据人员的职业晋升路线图，可帮助数据团队人员明确发展目标
1. 满足量化管理级要求的情形示例（得分为 100%）： 明确了数据人员的职业晋升路线图，例如设置了数据相关人员不同等级岗位，明确了不同岗位的职责和要求；晋升路线可以包括本岗位类别内晋升，也包括跨岗位晋升。 2. 大部分满足量化管理级要求的情形示例（得分为 70%）： 从以往人员晋升路径可以总结数据人员的职业晋升路线。 3. 部分满足量化管理级要求的情形示例（得分为 50%）： 未明确数据人员的职业晋升路线图，但在以往人员晋升路径上可以总结数据人员的职业晋升路线，但路线可复制性较差。 4. 严重不符合量化管理级要求的情形示例（得分为 0）： 晋升路径极少，很多数据人员对未来可能晋升的路径完全不清楚

表 10-8　数据治理组织要求符合度示例——优化级要求

数据治理组织
优化级要求： 在业界分享最佳实践，成为行业标杆
1. 满足优化级要求的情形示例（得分为 100%）： 查阅对外发布的经验分析成果物，例如白皮书、标准、论文、大会报告、新媒体文章等，行业对其成果物认可度较高。 2. 严重不符合优化级要求的情形示例（得分为 0）： 未在业界分享最佳实践，行业影响力不够，暂时还无法成为行业标杆

10.2.2.2　能力项得分计算

前面已对每个条款的打分规则进行了详细的说明。当评估组给每个条款均判定了得分后，接下来则可以统计出能力项的得分。能力项的评估分数计算规则分为两个步骤：一是在能力项下，按各个能力等级划分，获取等级下各条款的平均分；二是把各个能力等级条款平均分相加，得出该能力项的总分。如表 10-9 所示，以数据治理组织能力项为例，其能力项得分计算过程是：先对所有的条款进行打分，如 C 列所示；然后获取各个等级的分数，如在第 2 等级中，有 4 个条款，各个条款的得分分别是 100%、100%、100%、70%，这 4 个条款的平均分是 0.925，此为数据治理组织能力项在第 2 个等级获得的分数；整个能力项的得分等于第 1 级、第 2 级、第 3 级、第 4 级、第 5 级的得分相加，本案例中数据治理组织的得分是 1+0.925+0.914+0.25+0≈3.09。

表 10-9　数据治理组织能力各条款得分

A	B	C	D
能力等级	能力标准	条款得分 /%	等级得分
1	在具体项目中体现数据管理和数据应用的岗位、角色及职责	100	1
	依靠个人能力解决数据问题，未建立专业组织	100	
2	制定了数据相关的培训计划，但没有制度化	100	0.925
	在单个数据职能域或业务部门，设置数据治理兼职或专职岗位，岗位职责明确	100	
	数据治理工作的重要性得到管理层的认可	100	
	明确数据治理岗位在新建项目中的管理职责	70	

表 10-9（续）

A	B	C	D
能力等级	能力标准	条款得分 /%	等级得分
3	管理层负责数据治理工作相关的决策，参与数据管理相关工作	100	0.914
	在组织范围内明确统一的数据治理归口部门，负责组织协调各项数据职能工作	100	
	数据治理人员的岗位职责明确，可体现在岗位描述中	100	
	建立了数据管理工作的评价标准，建立了对相关人员的奖惩制度	70	
	在组织范围内建立、健全数据责任体系，覆盖管理、业务和技术等方面的人员，明确各方在数据管理过程中的职责	100	
	在组织范围内推动数据归口管理，确保各类数据都有明确的管理者	100	
	定期进行培训和经验分享，不断提高员工能力	70	
4	建立数据人员的职业晋升路线图，可帮助数据团队人员明确发展目标	50	0.25
	建立复合型的数据团队，能覆盖管理、技术和运营等	0	
	建立适用于数据工作相关岗位人员的量化绩效评估指标，并发布考核结果，评估相关人员的岗位绩效	50	
	业务人员能落实、执行各自相关的数据管理职责	0	
5	在业界分享最佳实践，成为行业标杆	0	0

10.2.2.3　能力域得分计算与组织整体得分

在能力项的得分统计出来后，能力域的得分则是其下面所有能力项的平均分，例如数据治理能力域下面划分成数据治理组织能力项、数据制度建设能力项和数据治理沟通能力项，假设这三个能力项的得分分别是 3.09，2.5，2.9，那么数据治理能力域的分数是（3.09+2.5+2.9）/3=2.83。被评估组织的整体得分则为八个能力域的平均分。例如八个能力域的分数分别是 2.5，2.8，2.9，3，3.1，3.3，2.2，2.3，则该组织的整体得分为（2.5+2.8+2.9+3+3.1+3.3+2.2+2.3）/8≈2.76。根据中国电子信息行业联合会目前所定义的规则，如表 10-10 所示，被评估组织的整体得分大于或等于 2 分且小于 3 分的属于稳健级（3 级）。

表 10-10 数据管理能力成熟度各等级得分范围

得分范围	等级
0≤得分<1	初始级（1 级）
1≤得分<2	受管理级（2 级）
2≤得分<3	稳健级（3 级）
3≤得分<4	量化管理级（4 级）
4≤得分≤5	优化级（5 级）

10.2.2.4 常用的评估技巧

评估人员除了需要了解以上基本的分数判定与等级判定方法外，还需要熟悉以下几项常用的评估技巧：

（1）善于提问和交谈。评估人员可基本上按访谈问题单开展提问，但应表现得自然、和谐。评估人员的耐心、礼貌和保持微笑有助于克服被评估组织代表的畏怯和胆怯心理。评估人员可以就同一问题提问不同人员，或与被提问者作深入交谈，获得客观的答案。

（2）注意倾听。评估人员要注意听取被访谈人员的回答，并做出适当的反应。首先必须对回答表现出兴趣，保持视线接触，用适当的话语（如“嗯”，“我明白了”）表明自己的理解。当被访谈人员误解了问题或答非所问时，评估人员应客气地加以引导，而不是粗暴打断。

（3）仔细观察和查阅。评估人员要仔细观察被评估组织的数据管理系统的运行情况，查阅数据管理战略、数据安全策略等管理制度，以及与制度执行有关的记录，如数据安全风险评估报告、信息系统安全审计报告、数据管理相关法律法规识别和登记记录、人员培训记录等。评估人员要善于从众多的记录中选取有代表性的样本。当发现问题时要进行深入检查确认。

（4）记录要证据确切。评估人员应“口问手写”，对调查获取的信息和证据作好记录。记录应全面包括有效实施的记录和不符合记录。所作的记录信息通常包括时间、地点、人物、事实描述、凭证材料、涉及的信息系统和文件、各种标识等。

（5）善于追踪验证。评估人员应善于比较、追踪不同来源的信息，从差别中判断实际的数据管理运行状况；评估人员应善于追踪记录和文件、记录与现状的符合情况，并作出结论；评估人员应善于追踪数据管理能力体系执行的来龙去脉，发现问题，获取客观证据，而不是轻信口头答复。

另外，评估人员应该具备全面的数据管理知识，包括战略管理理论、信息系统建设方法、数据处理模型、数据架构知识，以及数据安全相关法律法规，这在现场评估中也是十分重要的。

10.3　评估成效

DCMM 评估是通过第三方有资质的评估机构全面评审组织的数据管理水平与能力，识别组织在 DCMM 八大能力域和 28 个能力项的优势和不足，帮助组织了解行业内八大数据管理领域的最佳实践，为后续数据管理能力提升指明方向并提供科学参考。整体来说，DCMM 评估的成效可以理解为给被评估组织的数据管理现状做了一次全面的“体检”，全面识别被评估组织在数据管理能力方面的不足，并提供改进方向与思路，促使被评估组织往正确健康的数据管理能力提升道路上走下去。DCMM 评估在八个能力域和 28 个能力项的主要成果如下。

10.3.1　数据战略

1. 数据战略规划

评估组织是否已建立和维护了成熟的数据管理战略；评估组织是否制定了数据战略的管理制度和流程；评估公司是否能为数据战略提供资源保障；识别公司在制定和维护数据战略时存在的不足并提出针对性建议。

2. 数据战略实施

评估组织是否已建立数据任务的评估准则；评估组织是否定期对实施情况进行监控；识别组织在推动数据战略实施时存在的不足并提供针对性建议。

3. 数据战略评估

评估组织是否已建立数据职能项目的业务案例，是否符合组织目标和业务驱动要求；评估组织是否已建立一个或一组可持续的投资模型，用以指导数据项目的决策；评估组织是否已通过成本收益准则指导数据职能项目的实施优先级安排；识别组织在开展数据战略评估工作时存在的不足并提供针对性建议。

10.3.2　数据治理

1. 数据治理组织

评估组织是否已建立完善的数据管理组织架构及对应的工作流程机制；评估组织是否已明确数据管理归口管理部门，并设置足够的专、兼职岗位，管理层是否能够负责数据治理工作相关的决策；识别组织在数据治理组织方面存在的不足并提供针对性建议。

2. 数据制度建设

评估组织是否已建立完善数据制度体系，并在组织范围发布；评估组织是否已建立数据制度的管理流程，并按要求进行制度的检查、更新、发布、推广；评估组织是否定期开展数据制度相关的培训和宣贯；识别组织在建立数据制度体系时存在的不足并提出针对性建议。

3. 数据治理沟通

评估组织是否已建立组织级的沟通机制，明确不同数据管理活动的沟通路径；评估组织是否制定并审批了相关沟通计划和培训计划；评估组织是否明确了数据工作综合报告的内容组成，定期发布组织的数据工作综合报告；识别组织在进行数据治理沟通时存在的不足并提出针对性建议。

10.3.3 数据架构

1. 数据模型

评估组织是否已建立并维护覆盖组织业务经营管理和决策数据需求的组织级数据模型；评估组织是否已编制组织级数据模型的设计规范；评估组织是否已使用组织级数据模型来指导应用系统的建设；识别组织在建设数据模型时存在的不足并提出针对性建议。

2. 数据分布

评估组织是否已建立统一的数据分布关系管理规范；评估组织是否已梳理数据和业务流程、组织、系统之间的关系；评估组织是否建立了数据分布关系应用和维护机制；识别组织在维护数据分布关系时存在的不足并提出针对性建议。

3. 数据集成与共享

评估组织是否已经建立了组织级数据集成和共享平台并对组织内部数据进行了集中管理，实现了统一采集，集中共享；评估组织是否制定了数据集成与共享管理的管理方法、流程和规范；识别组织在进行数据集成与共享时存在的不足并提出针对性建议。

4. 元数据管理

评估组织是否已制定了组织级的元数据分类及每一类元数据的范围；评估组织是否建立了组织级集中的元数据存储库，统一管理多个业务领域及其应用系统的元数据；评估组织是否实现了丰富的元数据应用；识别组织在管理元数据时存在的不足并提出针对性建议。

10.3.4 数据应用

1. 数据分析

评估组织是否在组织级层面建立了统一报表平台，整合报表资源；评估组织是否建立了统一的数据分析应用的管理办法；评估组织是否建立了专门的数据分析团队，并能遵循统一的数据溯源方式来进行数据资源的协调；识别组织在开展数据分析工作时存在的不足并提出针对改进建议。

2. 数据开放共享

评估组织是否已在组织层面制定了统一的数据开放共享策略，数据开放共享是否可满足安全、监管和法律法规的要求；评估组织是否已建立统一管理数据开放共享平台并制定了统一的开放共享数据目录；识别组织在开放共享数据时存在的不足并提出针对性建议。

3. 数据服务

评估组织是否已建立了统一的数据服务方式，并由统一的平台提供；评估组织是否在组织层面制定了数据服务目录；评估组织是否通过数据服务探索组织对外提供服务或产品的数据应用模式，满足外部用户的需求；识别组织在对外提供数据服务时存在的不足并提出针对性建议。

10.3.5　数据安全

1. 数据安全策略

评估组织是否已经建立统一的数据安全标准和策略；评估组织是否明确了数据安全利益相关者在数据安全管理过程中的职责；识别组织在建立数据安全标准和策略时存在的不足并提出针对性建议。

2. 数据安全管理

评估组织是否已对组织内部的数据进行分级管理，关注数据的安全管理需求；评估组织是否对数据在组织内部流通的各个环节进行安全监控和安全管理，保证数据安全；评估组织是否定期分析潜在的数据安全风险，并制定风险预防方案和监督实施；识别组织在进行数据安全管理时存在的不足并提出针对性建议。

3. 数据安全审计

评估组织是否已在组织层面统一了数据安全审计的流程、相关文档模板和规范；评估组织是否制定了数据安全审计计划，是否评审了数据安全管理岗位、职责、流程的设置和执行情况；评估组织是否定期发布数据安全审计报告；识别组织在进行数据安全审计时存在的不足并提出针对性建议。

10.3.6　数据质量

1. 数据质量需求

评估组织是否已形成明确的数据质量管理目标，并在确定目标时考虑了外部监管、合规方面的要求；评估组织是否明确了各类数据质量管理需求和管理机制；评估组织是否设计了组织统一的数据质量评价体系以及相应的规则库；识别组织在进行数据质量需求管理时存在的不足并提出针对性建议。

2. 数据质量检查

评估组织是否已明确组织级统一的数据质量检查制度、流程和工具，并定义了相关人员的职责；评估组织是否在组织层面统一开展数据质量的校验，并对数据质量问题进行跟踪和监控；评估组织是否建立了数据质量相关考核制度；识别组织在进行数据质量检查时存在的不足并提出针对性建议。

3. 数据质量分析

评估组织是否定期分析组织数据质量情况并对关键数据质量问题的根本原因、影响范围进行分析；评估组织是否定期编制和发布数据质量报告；分析组织在进行数据质量分析时存在的不足并提出针对性建议。

4. 数据质量提升

评估组织是否已建立组织层面的数据质量提升管理制度；评估组织是否结合利益相关者的诉求制定数据质量改进方案，从业务流程优化、系统改进、制度和标准完善等层面进行数据质量提升；识别组织在进行数据质量提升时存在的不足并提出针对性建议。

10.3.7 数据标准

1. 业务术语

评估组织是否已创建和应用组织级的业务术语标准；评估组织是否在组织内明确了业务术语发布的渠道，并提供了浏览、查询功能；评估组织是否统一管理业务术语的创建和变更；识别组织在进行业务术语管理时存在的不足并提出针对性建议。

2. 参考数据和主数据

评估组织是否已实现组织级的参考数据和主数据的统一管理；评估组织是否已经建立机制以确保各应用系统中的参考数据和主数据与组织级的参考数据和主数据保持一致；识别组织在进行参考数据和主数据管理时存在的不足并提出针对性建议。

3. 数据元

评估组织是否已建立统一的数据元管理规范；评估组织是否建立了统一的数据元目录；评估组织是否建立数据元的应用机制，并进行应用偏差分析；识别组织在进行数据元管理时存在的不足并提出针对性建议。

4. 指标数据

评估组织是否已根据组织的业务战略、外部监管需求建立统一的指标框架；评估组织是否建立组织内部统一的指标数据字典，是否明确了各类指标数据的归口管理部门；评估组织是否建立了统一的指标数据管理流程；识别组织在进行指标数据管理时存在的不足并提出针对性建议。

10.3.8 数据生存周期

1. 数据需求

评估组织是否已建立数据需求管理制度和流程，统一管理各类数据需求；评估组织是否根据业务、管理等方面的要求制定了数据需求的优先级；评估组织是否对数据需求开展了相关评审；识别组织在进行数据需求管理时存在的不足并提出针对性建议。

2. 数据设计和开发

评估组织是否已建立了组织级数据设计和开发标准流程并执行；评估组织是否对应用解决方案与数据架构、数据标准的一致性进行检查；识别组织在进行数据设计和开发时存在的不足并提出针对性建议。

3. 数据运维

评估组织是否已建立组织级数据提供方管理流程和标准；评估组织是否建立了组织级的数据运维方案；评估组织是否定期发布数据运维管理工作报告；识别组织在进行数据运维时存在的不足并提出针对性建议。

4. 数据退役

评估组织是否已建立组织层面统一的数据退役标准；评估组织是否建立了符合需求的数据保留和销毁策略并执行；评估组织是否定期检查退役数据的状态，是否对数据恢复请求进行审批并执行；识别组织在进行数据退役时存在的不足并提出针对性建议。

10.4　小结

通过以上八大能力域和 28 个能力项的全面“体检”和优化建议实施落地，可以帮助组织加快达到以下几大目标。

一是规范组织数据战略规划与实施。一个企业的数据管理工作都是基于数据战略的规划，数据战略的好坏直接从根源上影响了组织的数据管理工作的方向。组织通过 DCMM 评估，能够规范数据战略的规划流程，明确各相关方及职责，保障数据战略的实施资源等，落实实施效果的评估机制。

二是建立和优化数据管理组织架构。通过 DCMM 评估，建立和优化数据管理组织架构，明确各部门、各组织、各角色的数据管理工作职责，确保该组织架构能满足企业整体在数据管理规划、治理、安全管理、质量管理等方面需求。通过该组织架构，保证数据管理资源和信息流通的有序性，稳定和提升相关资源在实现数据治理目标上的效率和作用。

三是梳理组织数据资产。数据资产正逐渐成为组织的战略资产和核心要素，通过数据管理能力的构建将加快数据红利释放，提升组织的核心竞争力。组织通过 DCMM 评估，能够推动组织开展系统梳理和全面分析数据资产现状，明确数据被哪些部门、系统和人员使用，形成数据资产清单，进而在组织内部形成共同的“数据语言”，推动组织运营过程中数据的高质量汇聚，打通数据孤岛。

四是提升组织数据应用。组织通过 DCMM 贯标与评估，推动组织提高数据的一致性以及准确性，引导组织用好各个业务环节的数据，帮助组织以数据管理驱动数据应用，准确量化当前组织管理中的重点、堵点、难点，指导组织围绕战略规划，建立数据管理架构，运用数据应用方法，有效改变运营模式，由业务驱动转向“数据驱动”的新模式和新业态。

五是降低组织数据风险。组织通过DCMM贯标与评估，确保组织建立了数据安全标准和策略，制定了数据访问的授权、分类分级的控制、监控数据的访问等管理制度，推动组织对数据全生命周期的数据安全管理。通过DCMM评估，检查组织内数据安全管理制度流程与外部法律法规的匹配关系，保证组织符合监管与法律的要求，保护组织重要敏感数据不外泄，降低数据应用的安全风险。

六是建立数据标准和优化数据质量。数据标准和质量是数据价值的保证，低质量的数据对组织的意义也将大打折扣。组织通过DCMM贯标和评估，可依据国家或行业的标准对组织主数据、指标数据等进行统一定义，明确详细的数据标准，规范标准管理流程。同时，建立数据质量的量化目标，从组织层面向部门和项目层面进行推广，进行全面的数据质量评估和监控，持续性提升组织数据质量，建立数据质量闭环改进和提升机制，帮助组织从被动性处理到主动性预防转变。

未来与展望

信息世界与物理世界的深度融合是未来世界发展的总趋势。当前国内外形势日益严峻、新冠疫情影响长期深远，全球经贸环境愈加复杂，我国产业发展正处于优化经济结构、转换增长动力的关键转型时期。目前，我国产业发展外部面临发达国家“高端回流”和发展中国家“中低端分流”双重压力，内部产能面临“低端过剩、高端不足、创新能力不强”问题，数字化转型成为我国发展必然趋势。我国高度重视数据发展，近年为加快数据相关产业发展，充分发挥国内海量数据规模和丰富应用场景优势，激活数据要素潜能，已陆续出台了一系列积极政策措施。尤其是2022年12月出台《中共中央　国务院关于构建数据基础制度更好发挥数据要素作用的意见》（简称“数据二十条”），明确提出“加快推进数据管理能力成熟度国家标准及数据要素管理规范贯彻执行工作”，数据管理工作面临重大机遇。

在工信部信发司支持下，电子联合会及各评估单位、各行业组织积极加强DCMM宣传推广，提高DCMM在各行业的影响力，加快推动更多企业贯标；同时积极建立贯标遴选、咨询、评估、培训等合作机制，推进优秀企业DCMM贯标落地实施；培育专业化服务机构和开展DCMM相关人员培训，提升数据管理服务市场规模和活力。

随着我国DCMM评估进一步扩大实施，可以有效帮助企业全面梳理数据管理工作，为企业数据管理提供详细的模型指导和方法体系，最大限度帮助企业提升数据治理水平，为充分利用数据价值打好坚实基础。同时，可以定义和细化国内不同领域企业数据管理的能力，评估金融、通信、电力、互联网等数据领先行业的企业数据管理能力水平，总结梳理各行业优秀企业数据管理和应用的最佳实践、解决方案，引导更广泛的中小企业提高对数据管理的认识并逐步提升数据管理能力水平，进而提升我国各行业的整体数据管理能力。

由于本书对部分观点的把握还存在不足，敬请各位读者提出宝贵意见，我们将在修订过程中不断修改和完善。

附录

术语表

章节	序号	中文	英文	释义
序	1	数据	Data	通过对客观事物的观察、试验、计算得出的数值，是组织的原始数据，是进行统计、计算的基础
	2	数据管理能力	Data Management Capability	组织和机构对数据进行管理和应用的能力［GB/T 36073—2018，定义 3.1］
	3	数据冗余	Data Redundant	在数据库中一个字段在多个表里重复出现的现象
	4	数据资产	Data Asset	由个人或企业拥有或者控制的，能够为企业带来未来经济利益的，以物理或电子的方式记录的数据资源
	5	数据管理组织	Data Management Organization	对数据进行管理和应用的组织
	6	数据要素	Data Elements	数据要素是一种新型生产要素，可与各传统生产方式深入结合，驱动贸易、教育、交通等传统产业进行数字化转型升级，为经济发展带来新的机遇
	7	数字经济	Digital Economy	以数据资源为关键要素，以现代信息网络为主要载体，以信息通信技术融合应用、全要素数字化转型为重要推动力，促进公平与效率更加统一的新经济形态
	8	数字化转型	Digital Transformation	建立在数字化转换（Digitization）、数字化升级（Digitalization）基础上，进一步触及公司核心业务，以新建一种商业模式为目标的高层次转型
第 1 章	9	数据管理模型	Data Management Model	用于对组织的数据进行管理的理论框架和方法，国内外的数据管理模型包括 DAMA 数据管理模型、DMM 数据管理能力成熟度模型、DCAM 数据管理模型和 DCMM 数据管理能力成熟度评估模型等
	10	DMBOK	Data Management Body of Knowledge	国际数据管理协会（简称 DAMA 国际）撰写的用于对组织的数据管理职能过程进行管理的模型
	11	DMM	Data Management Maturity	2014 年由卡内基梅隆大学软件工程研究所正式提出的数据管理能力成熟度模型
	12	DCAM	The Data Management Capability Model	由美国企业数据管理协会 EDM Council 主导的数据管理能力成熟度模型

续表

章节	序号	中文	英文	释义
第 1 章	13	数据管理能力成熟度评估模型（DCMM）	Data Management Capability Maturity Assessment Model	用于对组织的数据管理能力成熟度进行评估的模型 ［GB/T 36073—2018，定义 3.2］
	14	能力域	Capability Area	数据管理相关活动、过程等集合以及一组相关数据能力子域的集合 ［GB/T 36073—2018，定义 3.3］
	15	大数据	Big Data	具有体量巨大、来源多样、生成极快，且多变等特征，并且难以用传统数据体系结构有效处理的包含大量数据集的数据 ［GB/T 35295—2017，定义 2.1.1］
第 2 章	16	战略	Strategy	一组选择和决策的集合，共同绘制出一个高层次的行动方案，以实现高层次目标
	17	信息化战略	Information Strategy	与企业信息化能力相关的愿景、目标、任务和计划等。组织通过集成聚合现代化信息技术，开发应用信息资源，并优化组织制度以获取未来竞争优势的长远运作机制和体系
	18	数据战略	Data Strategy	组织开展数据工作的愿景、目的、目标和原则 ［GB/T 36073—2018，定义 3.4］
	19	数据孤岛	Data Silos	数据在不同部门相互独立存储，独立维护，彼此间相互孤立
	20	数据战略规划	Data Strategic Planning	为组织数据管理工作定义愿景、目的、目标和原则，并且使其在所有利益相关者之间达成共识。从宏观及微观两个层面确定开展数据管理及应用的动因，并且综合反映数据提供方和消费方的需求
	21	利益相关者	Stakeholder	与企业生产经营行为和后果具有利害关系的群体或个人
	22	业务数据化	Business Data	将业务过程中产生的各种痕迹或原始信息记录并转变为数据的过程。
	23	数据业务化	Data Commercialization	在实际业务环境中，将已有的数据转变为带有价值的信息，从而提升产品的商业价值，帮助客户实现商业目的
	24	数据战略实施	Data Strategy Implementation	实现数据战略规划并逐渐实现数据职能框架的过程 ［GB/T 36073—2018，定义 6.2.1］

续表

章节	序号	中文	英文	释义
第 2 章	25	数据战略评估	Data Strategy Evaluation	建立对应的业务案例和投资模型，并在整个数据战略实施过程中跟踪进度，同时做好记录供审计和评估使用 [GB/T 36073—2018，定义 6.3.1]
	26	业务案例	Business Case	指在项目启动之前，管理层或项目经理对项目立项原因以及项目存在价值的分析，通常包括替代方案比较、项目产出、时间与成本的估算、项目实施思路等。其目的是描述项目的所有目标、成本和收益，以向利益相关者说明该项目价值。此处项目指的是针对特定场景的数据解决方案
	27	投资模型	Investment Model	以量化相对投资风险而建立的风险与回报之间平衡关系的数学模型
	28	任务效益评估模型	Task Benefit Evaluation Model	从时间、成本、收入等方面评价数据任务效益的数学模型
	29	TCO	Total Cost of Ownership	即总拥有成本，包括产品采购以及后期使用、维护的成本，是一种公司经常采用的技术评价标准，主要用于对重要工作的投入成本估算
第 3 章	30	数据治理	Data Governance	数据治理是对企业数据资产管理行使权力和控制的活动集合（规划、监控和执行），是建立企业数据管理制度，指导企业执行数据规划、数据环境建设、数据安全管理、元数据管理、数据质量管理等其他数据管理活动的持续改进过程和管控机制
	31	数据治理组织	Data Governance Organization	包括组织架构、岗位设置、团队建设、数据责任等内容，是各项数据职能工作开展的基础 [GB/T 36073—2018，定义 7.1.1]
	32	数据制度建设	Data System Construction	保障数据管理和数据应用各项功能的规范化运行，建立对应的制度体系 [GB/T 36073—2018，定义 7.2.1]
	33	数据制度框架	Data System Framework	根据数据职能的层次和授权决策次序，数据制度框架通常分为政策、制度、细则三个层次
	34	数据治理沟通	Data Governance Communication	确保组织内全部利益相关者都能及时知悉相关政策、标准、规范、流程、角色、职责、计划的最新情况，以及各项数据职能任务的进展状态 [GB/T 36073—2018，定义 7.3.1]

续表

章节	序号	中文	英文	释义
第 4 章	35	技术架构	Technical Architecture	技术架构，是将产品需求转变为技术实现的过程。技术架构是确定组成应用系统实际运行的技术组件、技术组件之间的关系，以及部署到硬件的策略
	36	业务架构	Business Architecture	阐述企业为客户和其他利益相关者创造价值的业务模型、业务流程等
	37	数据架构	Data Architecture	通过组织级数据模型定义数据需求，指导对数据资产的分布控制和整合，部署数据的共享和应用环境，以及元数据管理的规范 [GB/T 36073—2018，定义 3.6]
	38	应用架构	Application Architecture	描述了组织中应用程序的结构和功能，以及应用程序的行为，例如它们之间以及与用户的交互方式
	39	数据流	Data Stream	一组有序，有起点和终点的字节的数据序列。包括输入流和输出流。此处特指组织内源端业务系统、数据采集工具、数据存储平台、数据应用、数据产品之间的数据流转关系
	40	数据模型	Data Model	使用结构化的语言将收集到的组织业务经营、管理和决策中使用的数据需求进行综合分析，按照模型设计规范将需求重新组织 [GB/T 36073—2018，定义 8.1.1]
	41	主题域模型	Subject Domain Model	最高层级的、以主题概念及其之间的关系为基本构成单元的模型，主题是对数据表达事物本质概念的高度抽象 [GB/T 36073—2018，定义 8.1.1]
	42	概念模型	Conceptual Model	以数据实体及其之间的关系为基本构成单元的模型，实体名称一般采用标准的业务术语命名 [GB/T 36073—2018，定义 8.1.1]
	43	逻辑模型	Logical Model	在概念模型的基础上细化，以数据属性为基本构成单元 [GB/T 36073—2018，定义 8.1.1]
	44	物理模型	Physical Model	逻辑模型在计算机信息系统中依托于特定实现工具的数据结构 [GB/T 36073—2018，定义 8.1.1]
	45	组织级数据模型	Organization Level Data Model	包括主题域模型、概念模型和逻辑模型三类 [GB/T 36073—2018，定义 8.1.1]

续表

章节	序号	中文	英文	释义
第 4 章	46	系统应用级数据模型	System Application Level Data Model	包括逻辑模型和物理数据模型两类 ［GB/T 36073—2018，定义 8.1.1］
	47	数据建模	Data Modeling	数据建模是指创建数据模型的过程，常用的数据模型主要有三类，即关系型、维度型和实体关系型（E-R）
	48	数据结构	Data Structure	计算机存储、组织数据的方式，相互之间存在一种或多种特定关系的数据元素的集合
	49	数据资源目录	Data Resource Directory	组织按照一定的分类方法，对数据资源进行排序、编码、描述而形成的目录、清单或索引，其目的是便于检索、定位与获取组织数据资源
	50	数据分布	Data Distribution	针对组织级数据模型中数据的定义，明确数据在系统、组织和流程等方面的分布关系，定义数据类型，明确权威数据源，为数据相关工作提供参考和规范 ［GB/T 36073—2018，定义 8.2.1］
	51	权威数据源	Authoritative Data Source	各数据的唯一采集来源和存储系统，且该来源或系统是经过组织确认的
	52	数据集成与共享	Data Integration and Sharing	建立起组织内各应用系统、各部门之间的集成共享机制，通过组织内部数据集成共享相关制度、标准、技术等方面的管理，促进组织内部数据的互联互通 ［GB/T 36073—2018，定义 8.3.1］
	53	结构化数据	Structured Data	一般是指可以使用关系型数据库表示和存储，可以用二维表来逻辑表达实现的数据
	54	非结构化数据	Unstructured Data	数据结构不规则或不完整，没有固定结构的数据，无法用数据库二维逻辑表来存储，包括所有格式的办公文档、文本、图片、HTML、各类报表、图像和音频 / 视频信息等
	55	元数据	Metadata	关于数据或数据元素的数据（可能包括其数据描述），以及关于数据拥有权、存取路径、访问权和数据易变性的数据 ［GB/T 35295—2017，定义 2.2.7］
	56	元模型	Meta model	规定一个或多个其他数据模型的数据模型 ［GB/T 18391.1—2009，定义 3.3.20］
	57	元数据应用	Metadata Application	基于数据管理和数据应用需求，对于组织管理的各类元数据进行分析应用

续表

章节	序号	中文	英文	释义
第 4 章	58	血缘分析	Consanguinity Analysis	血缘分析是指针对数据流转过程中产生并记录的各种信息进行采集、处理和分析，对数据之间的血缘关系进行系统性梳理、关联，并将梳理完成信息进行存储
	59	影响分析	Impact Analysis	影响分析是指分析对当前对象的改动所涉及的相关数据元以及对下游的影响范围
	60	数据分析	Data Analysis	对组织各项经营管理活动提供数据决策支持而进行的组织内外部数据分析或挖掘建模，以及对应成果的交付运营、评估推广等活动 [GB/T 36073—2018，定义 9.1.1]
	61	常规报表分析	General Report Analysis	按照规定的格式对数据进行统一的组织、加工和展示 [GB/T 36073—2018，定义 9.1.2]
	62	多维分析	Multidimensional Analysis	各分类之间的数据度量之间的关系，从而找出同类性质的统计项之间数学上的联系 [GB/T 36073—2018，定义 9.1.2]
	63	动态预警	Dynamic Early Warning	基于一定的算法、模型对数据进行实时监测，并根据预设的阈值进行预警 [GB/T 36073—2018，定义 9.1.2]
	64	趋势预报	Trend Forecast	根据客观对象已知的信息而对事物在将来的某些特征、发展状况的一种估计、测算活动，运用各种定性和定量的分析理论与方法，对发展趋势进行预判 [GB/T 36073—2018，定义 9.1.2]
	65	数据溯源	Data Provenance	追溯到数据的源头和走向，以此来进行数据分析的相关操作
	66	数据分析模型	Data Analysis Model	数据分析的指标和框架
	67	数据开放共享	Open Data Sharing	按照统一的管理策略对组织内部的数据进行有选择的对外开放，同时按照相关的管理策略引入外部数据供组织内部应用 [GB/T 36073—2018，定义 9.2.1]
	68	数据服务	Data Service	通过对组织内外部数据的统一加工和分析，结合公众、行业和组织的需要，以应用的形式对外提供跨领域、跨行业的数据服务 [GB/T 36073—2018，定义 9.3.1]

续表

章节	序号	中文	英文	释义
第 4 章	69	数据产品	Data Products	根据数据服务需求对数据进行汇总、加工并发挥数据价值的数据应用程序
第 6 章	70	数据安全	Data Security	数据的机密性、完整性和可用性 ［GB/T 36073—2018，定义 3.11］
	71	网络安全	Network Security	网络系统的硬件、软件及其系统中的数据受到保护，不因偶然的或者恶意的原因而遭受到破坏、更改、泄露，系统连续可靠正常地运行，网络服务不中断
	72	信息安全	Information Security	为数据处理系统建立和采用的技术、管理上的安全保护，为的是保护计算机硬件、软件、数据不因偶然和恶意的原因而遭到破坏、更改和泄露
	73	数据安全策略	Data Security Policy	根据数据安全标准制定的适用于组织现状的数据安全管理措施
	74	数据安全管理	Data Security Management	在数据安全标准与策略的指导下，通过对数据访问的授权、分类分级的控制、监控数据的访问等进行数据安全的管理工作，满足数据安全的业务需要和监管需求，实现组织内部对数据生存周期的数据安全管理 ［GB/T 36073—2018，定义 10.2.1］
	75	数据安全审计	Data Security Audit	一项控制活动，负责定期分析、验证、讨论、改进数据安全管理相关的政策、标准和活动 ［GB/T 36073—2018，定义 10.3.1］
	76	信息化安全审计	Information Security Audit	一项控制活动，负责定期分析、验证、讨论、改进信息安全管理相关的政策、标准和活动
第 7 章	77	数据质量	Data Quality	在指定条件下使用时，数据的特性满足明确的和隐含的要求的程度 ［GB/T 25000.12—2017，定义 4.3］
	78	数据质量需求	Data Quality Requirements	度量和管理数据质量的依据，需要依据组织的数据管理目标、业务管理的需求和行业的监管需求并参考相关标准来统一制定、管理 ［GB/T 36073—2018，定义 11.1.1］
	79	数据质量评价维度	Data Quality Evaluation Dimension	根据数据质量管理的目标，明确数据质量的评价方面与角度，例如完整性、一致性、及时性等维度

续表

章节	序号	中文	英文	释义
第 7 章	80	数据质量检查	Data Quality Inspection	根据数据质量规则中的有关技术指标和业务指标、校验规则与方法对组织的数据质量情况进行实时监控，从而发现数据质量问题，并向数据管理人员进行反馈 [GB/T 36073—2018，定义 11.2.1]
	81	数据质量分析	Data Quality Analysis	对数据质量检查过程中发现的数据质量问题及相关信息进行分析，找出影响数据质量的原因，并定义数据质量问题的优先级，作为数据质量提升的参考依据 [GB/T 36073—2018，定义 11.3.1]
	82	数据价值链	Data Value Chain	通过对价值链各节点上数据的采集、传输、存储、分析以及应用，实现数据的价值创造以及在传递过程中的价值增值
	83	数据质量提升	Data Quality Improvement	对数据质量分析的结果，制定、实施数据质量改进方案，包括错误数据更正、业务流程优化、应用系统问题修复等，并制定数据质量问题预防方案，确保数据质量改进的成果得到有效保持 [GB/T 36073—2018，定义 11.4.1]
	84	数据标准化	Data Standardization	组织对数据的定义、组织、监督和保护进行规范化和标准化的过程，使数据总体符合某种要求
	85	数据转换	Data Transfer	将数据从一种表示形式变为另一种表现形式的过程
第 8 章	86	数据标准	Data Standard	数据的命名、定义、结构和取值的规则 [GB/T 36073—2018，定义 3.7]
	87	值域	Range	数据的所有合规数据值的集合
	88	业务术语	Business Terms	组织中业务概念的描述，包括中文名称、英文名称、术语定义等内容 [GB/T 36073—2018，定义 12.1.1]
	89	主数据	Master Data	组织中需要跨系统、跨部门进行共享的核心业务实体数据 [GB/T 36073—2018，定义 3.12]
	90	参考数据	Reference Data	对其他数据进行分类和规范的数据 [GB/T 36073—2018，定义 3.13]
	91	编码规则	Coding Rules	数据编码过程所要遵循的规则，如数据编码的完整性、一致性、一贯性、伸缩性等原则

续表

章节	序号	中文	英文	释义
第 8 章	92	SOR	System of Record	记录系统，这里特指参考数据与主数据的记录系统
	93	数据元	Data Element	由一组属性规定其定义、标识、表示和允许值的数据单元 [GB/T 18391.1—2009，定义 3.3.8]
	94	数据字典	Data Dictionary	对数据的数据项、数据结构、数据流、数据存储、处理逻辑等进行定义和描述，是描述数据的信息集合，是对系统中使用的所有数据元素的定义的集合
	95	指标数据	Indicator Data	组织在经营分析过程中衡量某一个目标或事物的数据，一般由指标名称、时间和数值等组成 [GB/T 36073—2018，定义 12.4.1]
	96	指标数据框架	Indicator Data Framework	根据组织业务管理需求所制定的指标数据分类管理框架，目标是保证指标分类框架的全面性和各分类之间的独立性
第 9 章	97	数据生存周期	Data Life-cycle	将原始数据转化为可用于行动的知识的一组过程 [GB/T 35295—2017，定义 2.1.2]
	98	数据需求	Data Requirements	组织对业务运营、经营分析和战略决策过程中产生和使用数据的分类、含义、分布和流转的描述 [GB/T 36073—2018，定义 13.1.1]
	99	数据设计与开发	Data Design and Development	设计、实施数据解决方案，提供数据应用，持续满足组织的数据需求的过程 [GB/T 36073—2018，定义 13.2.1]
	100	数据库结构	database	在计算机等存储设备上，按照数据结构来组织、存储和管理数据的仓库的结构。一个数据库结构包含数据库、数据表、字段、过滤器等
	101	数据解决方案	Data Solutions	通常包括概要设计和详细设计，其设计内容主要是面向具体的应用系统设计逻辑数据模型、物理数据模型、物理数据库、数据产品、数据访问服务、数据整合服务等 [GB/T 36073—2018，定义 13.2.2]
	102	数据准备	Data Preparation	数据准备工作通常包括梳理组织的各类数据，明确数据提供方，制定数据提供方案等

续表

章节	序号	中文	英文	释义
第 9 章	103	数据运维	Data Operation and Maintenance	数据平台及相关数据服务建设完成上线投入运营后，对数据采集、数据处理、数据存储等过程的日常运行及其维护过程 ［GB/T 36073—2018，定义 13.3.1］
	104	数据退役	Data Retirement	对历史数据的管理，根据法律法规、业务、技术等方面需求对历史数据的保留和销毁 ［GB/T 36073—2018，定义 13.4.1］
	105	数据退役标准	Data Retirement Standard	组织保留和销毁历史数据的规则、准则、指南或依据等

参考文献

[1] 全国信息技术标准化技术委员会 . GB/T 36073—2018 数据管理能力成熟度评估模型 [S]. 北京：中国标准出版社，2018.

[2] 王兆君，王钺，曹朝辉 . 主数据驱动的数据治理——原理、技术与实践 [M]. 北京：清华大学出版社，2019.

[3] 付登坡，江敏，任寅姿，等 . 数据中台：让数据用起来 [M]. 北京：机械工业出版社，2019.

[4] 中国信息通信研究院云计算与大数据研究所 . 数据资产管理实践白皮书（4.0 版）[R/OL]. (2019-06-04) [2021-12-10].

[5] 普华永道 & 光大银行：商业银行数据战略白皮书 [R/OL].

[6] 西门子：数据战略让数据资产创造价值白皮书 [R/OL].

[7] 陕西工业云：数据管理能力成熟度模型比较 [EB/OL]. (2019-12-05) [2021-12-10]. https: //www.sohu.com/a/358450516_120334298

[8] 梁铭图：初探数据管理能力成熟度模型 DMM[EB/OL]. (2019-10-18) [2021-12-10]. https: //www.jianshu.com/p/d1ed33c82fc8

[9] DCAM：数据管理能力评估模型 [EB/OL]. [2021-12-10].

[10] 全国信息技术标准化技术委员会 . GB/T 18391.1—2009 信息技术　元数据注册系统（MDR） 第 1 部分：框架 [S]. 北京：中国标准出版社，2009.

[11] 全国信息技术标准化技术委员会 . GB/T 35295—2017 信息技术　大数据　术语 [S]. 北京：中国标准出版社，2017.

[12] 刘寒 . 大数据环境下数据质量管理、评估与检测关键问题研究 [D]. 长春：吉林大学，2019.

[13] 全国信息技术标准化技术委员会 . GB/T 25000.12—2017 系统与软件工程　系统与软件质量要求和评价（SQuaRE） 第 12 部分：数据质量模型 [S]. 北京：中国标准出版社，2017.

[14] 全国信息技术标准化技术委员会 . GB/T 36344—2018 信息技术　数据质量评价指标 [S]. 北京：中国标准出版社，2018.

[15] 陈劲，杨文池，于飞 . 数字化转型中的生态协同创新战略——基于华为企业业务

集团（EBG）中国区的战略研讨 [J]. 清华管理评论，2019(06): 22.
[16] 大数据产品设计与运营：业务数据化与数据业务化深度解析 [EB/OL]. [2020-08-21].
[17] 刘小茵，李尧，程广明，等 . 云端数据治理 [M]. 北京：电子工业出版社，2017.
[18] MBA 智库百科：利益相关者模型 [EB/OL]. [2014-11-19].
[19] MBA 智库百科：数据孤岛 [EB/OL]. [2020-02-26].
[20] 简书：企业架构概述及业务架构详解 [EB/OL]. [2022-04-23].
[21] 胡斌：技术架构的战略和战术原则 [EB/OL]. [2021-12-29].
[22] 张晋：数据结构（计算机存储、组织数据方式）[EB/OL]. [2021-12-10].
[23] 百度百科：非结构化数据 [EB/OL]. [2022-09-30].
[24] 百度百科：结构化数据 [EB/OL]. [2022-09-30].
[25] 网词百科 . 网络传播 . 2021(06): 94.